普通高等教育"十一五"国家级规划教材

高等学校数学类专业系列教材

实变函数论与泛函分析

（第4版）（下册）

曹广福　严从荃　编

Functions of a Real Variable
and Functional Analysis

U0181275

中国教育出版传媒集团

高等教育出版社·北京

内容提要

本书分上、下册。下册系统介绍了泛函分析的基础知识,共分三章:距离空间、Banach 空间上的有界线性算子以及 Hilbert 空间上的有界线性算子,授完约需 72 学时。其中关于几类函数空间以及这些空间上特殊类算子的章节为选学内容,读者可以根据需要选择,不影响对泛函分析理论的理解与掌握。

本书文字流畅,论证严密,对概念、定理的背景与意义交代得十分清楚,介绍了新旧知识之间、泛函分析与其他数学分支之间的内在联系。本书特别注重培养学生如何提出问题,以及如何从分析问题的过程中寻求解决方法的能力。

本书可供综合性大学与师范院校数学类专业本科生作为教材或教学参考书,也可作为工科部分专业高年级本科生与研究生的教材或教学参考书。同时,本书对于有一定数学基础的读者而言,也是一部很好的自学参考书。

图书在版编目（CIP）数据

实变函数论与泛函分析. 下册 / 曹广福,严从荃编. -- 4 版. -- 北京 : 高等教育出版社,2022.6
　　ISBN 978-7-04-058578-0

　　Ⅰ. ①实… Ⅱ. ①曹… ②严… Ⅲ. ①实变函数论-高等学校-教材②泛函分析-高等学校-教材 Ⅳ. ①O17

中国版本图书馆 CIP 数据核字（2022）第 063371 号

Shibianhanshulun yu Fanhanfenxi

策划编辑　高　旭	责任编辑　高　旭	封面设计　张申申	版式设计　杨　树
责任校对　刘娟娟	责任印制　刘思涵		

出版发行	高等教育出版社	网　　址	http://www.hep.edu.cn
社　　址	北京市西城区德外大街 4 号		http://www.hep.com.cn
邮政编码	100120	网上订购	http://www.hepmall.com.cn
印　　刷	三河市华润印刷有限公司		http://www.hepmall.com
开　　本	787 mm×1092 mm　1/16		http://www.hepmall.cn
印　　张	11.25	版　　次	1999 年 7 月第 1 版
字　　数	200 千字		2022 年 6 月第 4 版
购书热线	010-58581118	印　　次	2022 年 6 月第 1 次印刷
咨询电话	400-810-0598	定　　价	28.80 元

本书如有缺页、倒页、脱页等质量问题,请到所购图书销售部门联系调换
版权所有　侵权必究
物 料 号　58578-00

目 录

第 一 章

距离空间

20 世纪初叶,人们从 Fredholm(弗雷德霍姆)的著作中便已经发现了分析学一般化的萌芽,随之,Hilbert(希尔伯特)建立了 Hilbert 空间,到了 20 世纪 20 年代,已经形成了一般分析学即泛函分析的基本概念.众多数学分支中,许多概念与方法存在着惊人的相似性,例如,代数方程、微分方程与积分方程无论是其理论还是近似求解方法都有相似之处,读者如果学习过常微分方程,从中应该已经有所体会.泛函分析的产生与此密切相关,正是分析学、代数学等学科中思想与方法的相似性促使数学家们试图从这些貌似迥异但方法相似的理论中发现本质的东西,从而寻求一种统一的处理方法,这就是泛函分析.

非欧几何的出现使人们对空间的概念有了全新的认识,特别是维数概念的产生让数学家们发现了分析与几何之间的某种相似性,从而引导他们探索几何的分析化,也可以说,泛函分析是无穷维空间中的解析几何.

了解控制论的人都知道,控制论中有个变分原理,它是泛函分析在控制论中的重要应用之一.

无论是研究代数方程、微分方程还是积分方程,都离不开一定的范围.例如微分方程

$$Lf(x) = \frac{\mathrm{d}^2 f(x)}{\mathrm{d}x^2} + p(x)\frac{\mathrm{d}f(x)}{\mathrm{d}x} + q(x) = g(x)$$

对给定的 $g(x)$ 是否有解?若有解,解具有什么性质? 如果把

$$L = \frac{\mathrm{d}^2}{\mathrm{d}x^2} + p(x)\frac{\mathrm{d}}{\mathrm{d}x} + q(x)$$

看成作用在某些函数上的变换(算子),它作用于什么样的函数? 这些函数的范围有多大? 这就产生了一般的空间概念.一个显而易见的事实是,如果 L 可以作用在 f_1 与 f_2 上,那么必定可以作用在它们的线性组合 $\alpha f_1 + \beta f_2$ 上,这就是线性代数中耳熟能详的线性运算.若一个集合对线性运算封闭,便称之为线性空间,也称为向量

空间(类比于向量的线性运算). 然而, 不同的空间可能有着完全不同的结构, 例如实变函数中介绍的函数空间 $C([a,b])$, $L^p([a,b])$ $(0<p\leqslant\infty)$ 便有着丰富的结构, 对不同的 p, $L^p([a,b])$ 可能完全不同. 如果区间是无限的, 甚至是一般的可测集 E, $L^p(E)$ 又可能有着不同的结构. 如何把这些不同空间中共同的特征提取出来形成一般空间的概念? 这正是本章力求搞清楚的问题.

问题 1   如何从有限维线性空间、连续函数空间 $C([a,b])$、$L^p([a,b])$ 空间中提取出共同的特征进而定义一般的线性(向量)空间、两点之间的距离及向量的长度(范数)?

问题 2   极限是分析学的灵魂, 众所周知, 有理数序列的极限未必是有理数, 但实数列的极限必定是实数, 有理数集与实数集的这种差异意味着什么? 对于一般空间也存在类似问题吗? 试考察 $C([a,b])$ 与 $L^p([a,b])$ $(1\leqslant p<\infty)$ 之间的关系, 这个关系说明了什么?

问题 3   任何空间都可以像有理数集完备化那样找到一个对极限运算封闭的空间吗? 如何描述这种空间? 它与原来的空间具有什么关系?

问题 4   为什么要在欧氏空间中定义开集、闭集? 一般空间中的点集是否可以类似欧氏空间定义开集、闭集等概念? 这些点集与欧氏空间中的点集有类似特征吗? 例如, 有界无穷集是否必有聚点? 有限覆盖原理是否仍然成立? 如果欧氏空间中点集的性质在一般空间中不再成立, 会带来什么问题? 如何解决这些问题?

问题 5   能将 Newton(牛顿)切线法程式化吗? 类似的方法可否运用到一般空间中的映射? 需要附加什么条件?

§1   线性距离空间

1.1   线性空间

回忆有限维线性空间的定义, 不难启发我们该如何定义一般线性空间.

定义 1   设 X 是非空集合, K 是数域(实数或复数域), 若于 X 上定义了一种**加法**运算, 使得对任意 $x,y\in X$, 都对应 X 中一个元素 z, 用 $z=x+y$ 表示; 又定义了**数乘**运算, 使得对任意 $\alpha\in K$ 及任意 $x\in X$, 都对应 X 中一个元素 y, 用 $y=\alpha x$ 表示. 假如 X 上的加法与数乘运算还满足下列条件:

(i) $x+y=y+x$ $(\forall x,y\in X)$, 符号 $\forall$ 表示"对任意";

(ii) $x+(y+z)=(x+y)+z$ $(\forall x,y,z\in X)$;

(iii) 存在唯一元素 $\theta\in X$, 使得对任意 $x\in X$, $x+\theta=x$, 称 θ 为 X 中的**零元素**, 有

时也简记为 0;

（iv）对任意 $x \in X$，存在唯一的元素 $-x \in X$，使得 $x + (-x) = 0$；

（v） $\alpha(x+y) = \alpha x + \alpha y$ （$\forall x, y \in X, \alpha \in K$）；

（vi） $(\alpha+\beta)x = \alpha x + \beta x$ （$\forall x \in X, \alpha, \beta \in K$）；

（vii） $\alpha(\beta x) = (\alpha\beta)x$ （$\forall x \in X, \alpha, \beta \in K$）；

（viii） $1 \cdot x = x$，

则称 X 按上述加法与数乘成为数域 K 上的**线性空间**，若 K 是实数域，则简称 X 为**实线性空间**，若 K 是复数域，则称 X 为**复线性空间**. 线性空间也称作**向量空间**，空间中的元素称作**向量**或**点**.

一般情况下，我们所说的"线性空间"均指复线性空间，实际上复线性空间必然也是实线性空间，所以如无特别声明，我们考虑的都是复线性空间. 但所有的结论关于实线性空间情形也是正确的.

不难验证，在线性空间 X 中，对任意向量 x 和数 α 都有

（ix） $0x = 0$；

（x） $(-1)x = -x$；

（xi） $\alpha 0 = 0$.

为方便计，以后总将 $x + (-y)$ 记作 $x - y$. 显然在线性空间 X 中，消去律也成立，即有

（xii） $x + y = x + z \Rightarrow y = z$；

（xiii）若 $\alpha x = \alpha y$ 且 $\alpha \neq 0$，则 $x = y$；

（xiv）若 $\alpha x = \beta x$ 且 $x \neq 0$，则 $\alpha = \beta$.

定义 2 设 X 是线性空间，M 是 X 的子集，若对任意 $x, y \in M$ 及数 α，都有 $x+y \in M, \alpha x \in M$，则称 M 为 X 的**（线性）子空间**.

显然 $\{0\}$ 与 X 本身都是 X 的线性子空间，通常称它们是平凡的子空间. 若 X 的子空间 M 既不为空集，也不等于 X，则称 M 为 X 的**真子空间**.

在后面要定义的线性距离空间 X 中，若 X 的子空间 M 是 X 的闭子集，则称 M 为 X 的**闭子空间**.

在有限维欧氏空间中，研究空间结构及几何性质的一个基本方法是建立坐标系（可以是直角坐标，也可以是斜坐标），用线性代数的语言来叙述，即寻找最大线性无关组. 在抽象的线性空间中，线性无关概念也是十分重要且常用的，其定义与有限维情形类似.

定义 3 设 $x_1, x_2, \cdots, x_n \in X, \alpha_1, \alpha_2, \cdots, \alpha_n$ 是 n 个数，形如 $\alpha_1 x_1 + \alpha_2 x_2 + \cdots + \alpha_n x_n$ 的元素称为 $x_1, x_2, \cdots, x_n$ 的**线性组合**.

设 $S \subset X$ 是 X 的非空子集，S 本身对于线性运算未必封闭，但我们可以将 S 中所有元素的有限线性组合放在一起构成新的集合 M_S，显然 M_S 是 X 的子空间，通常称为由 S

张成的子空间,简记作 $M_S = V\{S\}$. 易知 M_S 具有下面的性质:

M_S 是 X 中所有含 S 的子空间之交.

这说明 M_S 是 X 中含 S 的最小子空间,即若 N 是含 S 的子空间,则必有 $N \supset M_S$.

定义 4   设 $x_1, x_2, \cdots, x_n$ 是 X 中的 n 个元素,若存在不全为 0 的数 $\alpha_1, \alpha_2, \cdots, \alpha_n$,使得

$$\sum_{i=1}^{n} \alpha_i x_i = 0,$$

则称 $x_1, x_2, \cdots, x_n$ 是**线性相关**的,否则称为**线性无关**. 若 X 的一个子集 S 中任意有限个向量均线性无关,则称 S 为**线性无关**的,否则称 S 为**线性相关**的.

定义 5   设 X 是线性空间,$x_1, x_2, \cdots, x_n$ 是 X 中的 n 个向量,若它们满足:

(i) $x_1, x_2, \cdots, x_n$ 线性无关;

(ii) 对任意 $x \in X, x, x_1, x_2, \cdots, x_n$ 都是线性相关的,

则称 $x_1, x_2, \cdots, x_n$ 为 X 的**基**,X 称为 n **维线性空间**,n 称为 X 的**维数**,记作 $n = \dim X$.

只含零元素的空间称为**零空间**. 若 X 不是有限维的,则称为**无限维线性空间**.

与代数学不同的是,分析学中所研究的空间不仅具有代数结构,更重要的一点是:点和点之间具有"远近"的概念! 也就是所谓的距离,有了距离,才能定义"极限"与"连续性",这正是我们下面要讨论的问题.

1.2 距离空间

如果将 n 维欧氏空间 $\mathbf{R}^n$ 中的距离"抽象"出来,仅采用其性质,则不难得到一般空间中的距离概念.

定义 6   设 X 是一集合,ρ 是 $X \times X$ 到 $\mathbf{R}$ 的映射,满足:

(i) (非负性)   对任意 $x, y \in X$,有 $\rho(x, y) \geqslant 0$,且 $\rho(x, y) = 0$ 当且仅当 $x = y$;

(ii) (对称性)   对任意 $x, y \in X, \rho(x, y) = \rho(y, x)$;

(iii) (三角不等式)   对任意 $x, y, z \in X$,有 $\rho(x, z) \leqslant \rho(x, y) + \rho(y, z)$,

则称 X 为**距离空间**(或**度量空间**),记作 (X, ρ),$\rho(x, y)$ 称为 x 与 y 的**距离**.

在线性空间中定义距离,自然应该考虑到它与线性运算的相容性,具体说来即下面的

定义 7   设 (X, ρ) 是距离空间,且 X 是线性空间,若 ρ 满足:

(i) 当 $\rho(x_n, x) \to 0, \rho(y_n, y) \to 0$ 时,$\rho(x_n + y_n, x + y) \to 0$;

(ii) 当 $\rho(x_n, x) \to 0$ 时,$\rho(\alpha x_n, \alpha x) \to 0 (\forall \alpha \in K)$;

(iii) 当 $\alpha_n \to \alpha, x \in X$ 时,$\rho(\alpha_n x, \alpha x) \to 0$,

则称 (X, ρ) 为**线性距离空间**.

有了距离,便可以定义"收敛"概念了,这就是下面的

定义8 设 (X,ρ) 是距离空间, $\{x_n\}_{n=1}^{\infty}$ 是 X 中的点列,若

$$\lim_{n\to\infty}\rho(x_n,x)=0,$$

则称 $\{x_n\}_{n=1}^{\infty}$ 按距离 ρ **收敛**到 x,记作 $x_n\xrightarrow{\rho}x(n\to\infty)$. 在不致引起混淆的情况下,也记 $x_n\to x(n\to\infty)$.

应该看到,从 n 维欧氏空间到抽象距离空间绝不是一种简单的推广,它使得我们可以将相当广泛的一类集合用统一的方法来处理. 事实证明,泛函分析的思想和方法已成为现代科学技术研究中一种普适的框架,从而渗透到科学的各个领域. 我们不妨熟悉一下几类重要的距离空间,由此初步领略一番泛函分析的"抽象"风光!

例1 记 $l^{\infty}=\{\{x_n\}_{n=1}^{\infty}\mid x_n\in K,n=1,2,\cdots,\sup_n|x_n|<\infty\}$,在 l^{∞} 中定义线性运算如下:

(i) 对任意 $x=\{x_n\}_{n=1}^{\infty},y=\{y_n\}_{n=1}^{\infty},x+y\xlongequal{\text{def}}\{x_n+y_n\}_{n=1}^{\infty}$;

(ii) 对任意 $x=\{x_n\}_{n=1}^{\infty},\alpha\in K,\alpha x\xlongequal{\text{def}}\{\alpha x_n\}_{n=1}^{\infty}$.

不难验证 l^{∞} 是线性空间.

对任意 $x=\{x_n\}_{n=1}^{\infty},y=\{y_n\}_{n=1}^{\infty}\in l^{\infty}$,定义

$$\rho(x,y)=\sup_n|x_n-y_n|,$$

容易验证 ρ 是 l^{∞} 上的距离,从而 (l^{∞},ρ) 是线性距离空间.

让我们来看一看, l^{∞} 中点列的收敛意味着什么. 设 $x^{(k)}=\{x_n^{(k)}\}_{n=1}^{\infty}$ 是 l^{∞} 中的点列, $x=\{x_n\}_{n=1}^{\infty}\in l^{\infty}$,且 $\rho(x^{(k)},x)=\sup_n|x_n^{(k)}-x_n|\to0(k\to\infty)$,则对任意 $\varepsilon>0$,存在 k_0,使得当 $k\geq k_0$ 时,有

$$\rho(x^{(k)},x)<\varepsilon,$$

从而对一切 n,有

$$|x_n^{(k)}-x_n|<\varepsilon\quad(\forall k\geq k_0),$$

这说明, $x^{(k)}$ 按坐标一致收敛到 x.

反之,设 $x^{(k)}$ 按坐标一致收敛到 x,即对任意 $\varepsilon>0$,存在 k_0,使得当 $k\geq k_0$ 时,对一切 n,有

$$|x_n^{(k)}-x_n|<\varepsilon,$$

从而 $\sup_n|x_n^{(k)}-x_n|\leq\varepsilon$,即 $\rho(x^{(k)},x)\leq\varepsilon$. 这说明 $x^{(k)}\xrightarrow{\rho}x(k\to\infty)$ 等价于 $x^{(k)}$ 按坐标一致收敛到 x.

例2 设 $1\leq p<\infty$,记 $l^p=\{\{x_n\}_{n=1}^{\infty}\mid x_n\in K,n=1,2,\cdots$ 且 $\sum_{n=1}^{\infty}|x_n|^p<\infty\}$,对任意 $x=\{x_n\}_{n=1}^{\infty},y=\{y_n\}_{n=1}^{\infty}\in l^p$ 及 $\alpha\in K$,定义 $x+y\xlongequal{\text{def}}\{x_n+y_n\}_{n=1}^{\infty},\alpha x\xlongequal{\text{def}}\{\alpha x_n\}_{n=1}^{\infty}$,可以证明 l^p 是一个线性空间. 事实上, αx 显然在 l^p 中,为证 $x+y\in l^p$,只需注意到对任

意复数 a,b, 下列不等式成立:

$$|a+b|^p \leqslant (|a|+|b|)^p \leqslant (2\max\{|a|,|b|\})^p \leqslant 2^p(|a|^p+|b|^p),$$

由此立知 l^p 确是线性空间. 在 l^p 上定义

$$\rho(x,y) = \Big(\sum_{n=1}^{\infty} |x_n-y_n|^p\Big)^{\frac{1}{p}},$$

完全类似 L^p 空间情形(参见本书上册第四章§5)可证

$$\Big(\sum_{n=1}^{\infty} |x_n+y_n|^p\Big)^{\frac{1}{p}} \leqslant \Big(\sum_{n=1}^{\infty} |x_n|^p\Big)^{\frac{1}{p}} + \Big(\sum_{n=1}^{\infty} |y_n|^p\Big)^{\frac{1}{p}},$$

故 ρ 满足距离的定义, 从而 (l^p,ρ) 是线性距离空间.

现设 $x^{(k)} = \{x_n^{(k)}\}_{n=1}^{\infty}$ 是 l^p 中的点列, 按距离 ρ 收敛到 l^p 中的点 $x=\{x_n\}_{n=1}^{\infty}$, 即

$$\Big(\sum_{n=1}^{\infty} |x_n^{(k)}-x_n|^p\Big)^{\frac{1}{p}} \to 0 \quad (k\to\infty),$$

于是对任意 $\varepsilon>0$, 存在 k_0, 使得当 $k \geqslant k_0$ 时, 有

$$\Big(\sum_{n=1}^{\infty} |x_n^{(k)}-x_n|^p\Big)^{\frac{1}{p}} < \frac{\varepsilon^{\frac{1}{p}}}{2},$$

从而对任意 N, 有

$$\sum_{n \geqslant N} |x_n^{(k)}-x_n|^p < \frac{\varepsilon}{2^p}.$$

由于 $\{x_n\}_{n=1}^{\infty} \in l^p$, 故存在 N_0, 使得 $\sum_{n \geqslant N_0} |x_n|^p < \dfrac{\varepsilon}{2^p}$, 于是

$$\Big(\sum_{n \geqslant N_0} |x_n^{(k)}|^p\Big)^{\frac{1}{p}} \leqslant \Big(\sum_{n \geqslant N_0} |x_n^{(k)}-x_n|^p\Big)^{\frac{1}{p}} + \Big(\sum_{n \geqslant N_0} |x_n|^p\Big)^{\frac{1}{p}} < \frac{\varepsilon^{\frac{1}{p}}}{2} + \frac{\varepsilon^{\frac{1}{p}}}{2} = \varepsilon^{\frac{1}{p}},$$

即

$$\sum_{n \geqslant N_0} |x_n^{(k)}|^p < \varepsilon.$$

此外, 对任意 n, 显然有 $x_n^{(k)} \to x_n (k\to\infty)$.

另一方面, 若对任意 $n, x_n^{(k)} \to x_n(k\to\infty)$, 且对任意 $\varepsilon>0$, 存在 k_0, N_0, 使得对任意 $k>k_0$ 有

$$\sum_{n \geqslant N_0} |x_n^{(k)}|^p < \varepsilon,$$

则由 ε 的任意性及

$$\rho(x^{(k)},x) = \Big(\sum_{n=1}^{\infty} |x_n^{(k)}-x_n|^p\Big)^{\frac{1}{p}}$$

$$\leqslant \Big(\sum_{n<N_0} |x_n^{(k)}-x_n|^p\Big)^{\frac{1}{p}} + \Big(\sum_{n \geqslant N_0} |x_n^{(k)}-x_n|^p\Big)^{\frac{1}{p}}$$

$$\leqslant \Big(\sum_{n<N_0} |x_n^{(k)}-x_n|^p\Big)^{\frac{1}{p}} + \Big(\sum_{n \geqslant N_0} |x_n^{(k)}|^p\Big)^{\frac{1}{p}} + \Big(\sum_{n \geqslant N_0} |x_n|^p\Big)^{\frac{1}{p}}$$

不难得到 $\rho(x^{(k)},x)\to0(k\to\infty)$，由此可见 l^p 中的点列 $\{x^{(k)}\}=\{\{x_n^{(k)}\}_{n=1}^{\infty}\}$ 收敛到 $x=\{x_n\}_{n=1}^{\infty}$ 当且仅当

（i）对每个 $n,x_n^{(k)}\to x_n(k\to\infty)$；

（ii）对任意 $\varepsilon>0$，存在 k_0,N_0，使得对任意 $k>k_0$ 及 $N\geqslant N_0,\sum\limits_{n\geqslant N}|x_n^{(k)}|^p<\varepsilon$.

1.3 线性赋范空间

我们把线性空间中的点称作向量并不奇怪，因为它和平面、三维空间中的向量有着类似的特征. 有限维欧氏空间中的向量按自然方式有长度，但一般线性空间中的向量却未必有"长度"，除非我们事先赋予某种定义.

定义 9 设 X 是数域 K 上的线性空间，ρ 是 X 到实数域 $\mathbf{R}$ 的映射（这样的映射称为 X 上的实值泛函），满足：

（i）（非负性） 对任意 $x\in X,\rho(x)\geqslant0$，且 $\rho(x)=0$ 当且仅当 $x=0$；

（ii）（正齐性） 对任意 $x\in X,\alpha\in K,\rho(\alpha x)=|\alpha|\rho(x)$；

（iii）（三角不等式） 对任意 $x,y\in X,\rho(x+y)\leqslant\rho(x)+\rho(y)$，

则称 X 为 K 上的**线性赋范空间**，记作 (X,ρ)，$\rho(x)$ 称为 x 的**范数**.

按习惯记法，通常用" $\|\cdot\|_X$ "记范数，即 $\|x\|_X\xlongequal{\text{def}}\rho(x)$.

实变函数中熟知的连续函数空间 $C([a,b])$ 按 $\|f\|=\max\limits_{a\leqslant x\leqslant b}|f(x)|$ 构成线性赋范空间，$L^p(E)$ 空间按 $\|f\|_p=\left(\int_E|f(x)|^p\mathrm{d}x\right)^{\frac{1}{p}}$ 也构成线性赋范空间. 前面例 1、例 2 中的空间 l^{∞},l^p 分别按 $\|x\|_{\infty}=\sup\limits_{1\leqslant n<\infty}|x_n|$ 及 $\|x\|_p=\left(\sum\limits_{n=1}^{\infty}|x_n|^p\right)^{\frac{1}{p}}$ 构成线性赋范空间. 下面再来看两个例子.

例 3 设 $V[a,b]$ 是区间 $[a,b]$ 上的实有界变差函数全体，依照通常的线性运算，它是线性空间，对 $f\in V[a,b]$，定义

$$\|f\|=|f(a)|+V_a^b(f)，$$

则 $V[a,b]$ 按 $\|f\|$ 成为线性赋范空间.

记 $V_0[a,b]=\{f\mid f\in V[a,b],f$ 在 (a,b) 中每一点是右连续的，且 $f(a)=0\}$，则 $V_0[a,b]$ 是 $V[a,b]$ 的线性子空间，在 $V_0[a,b]$ 上，范数 $\|f\|$ 等于全变差 $V_a^b(f)$.

例 4 设 D 是复平面 $\mathbf{C}$ 内的单位圆盘，即 $D=\{z\in\mathbf{C}\mid|z|<1\}$，记

$$L_a^2(D)=\left\{f\,\middle|\,f \text{ 在 } D \text{ 中解析，且} \int_D|f(z)|^2\mathrm{d}\sigma<\infty\right\}，$$

其中 $\mathrm{d}\sigma$ 是 D 上的面积元素，显然 $L_a^2(D)$ 按通常的线性运算成为线性空间. 对任意 $f\in L_a^2(D)$，定义

$$\|f\|_2 = \left(\int_D |f(z)|^2 \mathrm{d}\sigma\right)^{\frac{1}{2}},$$

不难验证 $\|f\|_2$ 是 $L_a^2(D)$ 中的范数,于是 $(L_a^2(D), \|\cdot\|_2)$ 是线性赋范空间,称它为 **Bergman(伯格曼)空间**.

在线性赋范空间 $(X, \|\cdot\|_X)$ 中,由范数可以诱导一个距离,即

$$\rho(x,y) = \|x-y\|_X \quad (\forall x,y \in X),$$

不难证明 ρ 的确是 X 上的距离,且线性运算按此距离连续,故而 (X, ρ) 是线性距离空间. X 中的序列 $\{x_n\}$ 若按此距离收敛到某个元素 x,即

$$\|x_n - x\|_X \to 0 \quad (n \to \infty),$$

则称它按范数收敛到 x,记作 $x_n \xrightarrow{\|\cdot\|_X} x(n \to \infty)$ 或 $x_n \to x(n \to \infty)$.

应该注意的是,对给定的线性空间 X,在 X 上通常可以定义多个范数,这就存在不同范数之间的比较问题,为此引入下面的

定义 10 设 $\|\cdot\|_1, \|\cdot\|_2$ 都是线性空间 X 上的范数,若存在常数 $M>0$,使得对任意 $x \in X$,有

$$\|x\|_1 \leqslant M\|x\|_2,$$

则称 $\|\cdot\|_2$ **强于** $\|\cdot\|_1$. 若既有 $\|\cdot\|_1$ 强于 $\|\cdot\|_2$,又有 $\|\cdot\|_2$ 强于 $\|\cdot\|_1$,则称 $\|\cdot\|_1$ 与 $\|\cdot\|_2$ **等价**.

§2 距离空间的完备性

2.1 完备性的定义及例子

在欧氏空间 $\mathbf{R}^n$ 中,序列的收敛性有一个基本的判别准则,这就是 Cauchy(柯西)准则,在本书的上册中已经看到 L^p 空间中 Cauchy 准则也成立,在一般的距离空间中,类似结论是否总是正确的呢? 我们先来看一个例子.

例 1 设 $X = \{r \mid r$ 是 $\mathbf{R}$ 中的有理数$\}$,$\mathbf{Q}$ 是有理数域,则按通常的运算,X 是 $\mathbf{Q}$ 上的线性空间,按通常的距离 $\rho(x,y) = |x-y|$,(X, ρ) 成为线性赋范空间.

众所周知,$\mathbf{R}$ 中有理数全体在 $\mathbf{R}$ 中稠密,设 $\{r_n\}$ 是 $\mathbf{R}$ 中收敛到某个无理数的有理数列,则 $\{r_n\}$ 显然是 Cauchy 列,然而 $\{r_n\}$ 在 X 中不收敛. 可见并非在所有的距离空间中 Cauchy 准则都成立,因此有必要引入下面的

定义 1 设 (X, ρ) 是距离空间(或赋范空间),若 X 中的点列 $\{x_n\}$ 满足

$$\rho(x_n, x_m) \to 0 \quad (n, m \to \infty),$$

则称 $\{x_n\}$ 是 X 中的**基本列**(或 **Cauchy 列**). 若 X 中任意基本列都在 X 中收敛,则称

(X,ρ) 是**完备的距离空间**(或**完备的赋范空间**).

本书上册已讨论过 $L^p(1\leqslant p<\infty)$ 空间的完备性,除此而外,完备空间的例子是很多的.例如,$C([a,b])$ 按距离 $\rho(x,y)=\max\limits_{a\leqslant t\leqslant b}|x(t)-y(t)|$ 是完备的.$l^p(1\leqslant p\leqslant\infty)$ 也是完备的,不过其完备性证明并不是一件很轻松的事,有兴趣的读者不妨一试.

注   可以证明 $L^p(1\leqslant p<\infty)$,$l^p(1\leqslant p<\infty)$ 及 l^∞ 分别按范数 $\|f\|_p\xlongequal{\text{def}}$ $\left(\int_E|f|^p\mathrm{d}m\right)^{\frac{1}{p}}$,$\|x\|_p\xlongequal{\text{def}}\left(\sum\limits_{n=1}^{\infty}|x_n|^p\right)^{\frac{1}{p}}$ 及 $\|x\|_\infty\xlongequal{\text{def}}\sup\limits_n|x_n|$ 构成完备的线性赋范空间.

例 2   记 $L^\infty(E)$ 为可测集 E 上几乎处处有界的可测函数全体,对任意 $f,g\in L^\infty(E)$,定义

$$\rho(f,g)=\operatorname*{esssup}_{x\in E}|f(x)-g(x)|\xlongequal{\text{def}}\inf_{mE_0=0,E_0\subset E}\left(\sup_{x\in E-E_0}|f(x)-g(x)|\right),\qquad(1)$$

则 ρ 是 $L^\infty(E)$ 上的距离,

$$\|f\|_\infty=\rho(f,0)\xlongequal{\text{def}}\inf_{mE_0=0,E_0\subset E}\left(\sup_{x\in E-E_0}|f(x)|\right)\qquad(2)$$

是 $L^\infty(E)$ 上的范数.$(L^\infty(E),\|\cdot\|_\infty)$ 是完备的线性赋范空间.

可以证明,(2)式中的下确界 $\inf\limits_{mE_0=0,E_0\subset E}$ 是可达的,即对任意 $f\in L^\infty(E)$,存在 E 的零测子集 E_0,使得

$$\|f\|_\infty=\sup_{x\in E-E_0}|f(x)|$$

(请读者自行验证).

现设 f_n 是 $L^\infty(E)$ 中的 Cauchy 列,对每个 f_n,存在零测集 $E_n\subset E$,使得

$$\|f_n\|_\infty=\sup_{x\in E-E_n}|f_n(x)|,$$

对任意 n,m,也存在零测集 $E_{nm}\subset E$,使得

$$\rho(f_n,f_m)=\|f_n-f_m\|_\infty=\sup_{x\in E-E_{nm}}|f_n(x)-f_m(x)|,$$

记 $E_0=\left(\bigcup\limits_{n=1}^{\infty}E_n\right)\cup\left(\bigcup\limits_{n,m=1}^{\infty}E_{nm}\right)$,则 $mE_0=0$,且对任意 $n,m=1,2,\cdots$,

$$\rho(f_n,f_m)=\sup_{x\in E-E_{nm}}|f_n(x)-f_m(x)|\geqslant\sup_{x\in E-E_0}|f_n(x)-f_m(x)|\geqslant\rho(f_n,f_m).$$

由 $\{f_n\}$ 是 Cauchy 列立得 $\sup\limits_{x\in E-E_0}|f_n(x)-f_m(x)|\to 0(n,m\to\infty)$,即 $\{f_n\}$ 是 $E-E_0$ 上一致收敛意义下的 Cauchy 列,故存在 $E-E_0$ 上的可测函数 f,使得

$$\sup_{x\in E-E_0}|f_n(x)-f(x)|\to 0\quad(n\to\infty).$$

在 E_0 上令 $f=0$,于是 f 可看作 E 上的可测函数.注意到

$$\sup_{x\in E-E_0}|f_n(x)|\leqslant\sup_{x\in E-E_n}|f_n(x)|=\|f_n\|_\infty,$$

且由 $\{f_n\}$ 是 Cauchy 列易知 $\{\|f_n\|_\infty\}$ 有界, 所以 $\{f_n\}$ 在 $E-E_0$ 上一致有界, 从而 f 在 E 上有界, 故 $f \in L^\infty(E)$, 并且

$$\rho(f_n, f) \leqslant \sup_{x \in E-E_0} |f_n(x) - f(x)| \to 0 \quad (n \to \infty).$$

2.2　完备空间的重要性

欧氏空间中许多结论均依赖于空间的完备性, 如直线上的闭区间套定理、平面内的闭矩形套定理等. 在完备的距离空间中, 许多与欧氏空间情形类似的结论仍然成立.

定义 2　设 (X, ρ) 是距离空间, $x_0 \in X$, 称

$$S(x_0, r) \xlongequal{\text{def}} \{x \in X \mid \rho(x, x_0) < r\} \quad (r > 0)$$

为以 x_0 为中心, r 为半径的**开球**; 称

$$\overline{S(x_0, r)} \xlongequal{\text{def}} \{x \in X \mid \rho(x, x_0) \leqslant r\} \quad (r > 0)$$

为以 x_0 为中心, r 为半径的**闭球**.

命题 1 (闭球套定理)　设 (X, ρ) 是完备的距离空间, $\overline{S_n} = \{x \in X \mid \rho(x, x_n) \leqslant \varepsilon_n\}$ 是一列闭球,

$$\overline{S_1} \supset \overline{S_2} \supset \cdots \supset \overline{S_n} \supset \cdots,$$

如果球的半径 $\varepsilon_n \to 0$, 则存在唯一的点 $x \in \bigcap_{n=1}^{\infty} \overline{S_n}$.

证明　由命题的条件, 不难看到球心组成的序列 $\{x_n\}$ 是一个 Cauchy 列. 事实上, 对任意 n, m, 若 $n \geqslant m$, 则由 $x_n \in \overline{S_n} \subset \overline{S_m}$ 得

$$\rho(x_n, x_m) \leqslant \varepsilon_m.$$

由此立得 $\{x_n\}$ 是一个 Cauchy 列. 由 X 是完备的知存在 $x \in X$, 使得 $\rho(x_n, x) \to 0 (n \to \infty)$, 在不等式

$$\rho(x_m, x) \leqslant \rho(x_n, x) + \rho(x_m, x_n) \leqslant \rho(x_n, x) + \varepsilon_m$$

中, 固定 m 并令 $n \to \infty$ 得 $\rho(x_m, x) \leqslant \varepsilon_m$. 这说明 $x \in \overline{S_m}, m = 1, 2, \cdots$, 故 $x \in \bigcap_{n=1}^{\infty} \overline{S_n}$.

若另有 $y \in \bigcap_{n=1}^{\infty} \overline{S_n}$, 且 $y \neq x$, 则对任意 n, 有

$$\rho(y, x_n) \leqslant \varepsilon_n,$$

由不等式

$$\rho(x, y) \leqslant \rho(x, x_n) + \rho(x_n, y) \leqslant 2\varepsilon_n$$

及 $\varepsilon_n \to 0 (n \to \infty)$ 立得 $\rho(x, y) = 0$, 从而 $x = y$, 这就得到矛盾, 所以 $\bigcap_{n=1}^{\infty} \overline{S_n}$ 必是单点集. 证毕.

在直线上的闭区间套定理中,即使区间的长度不趋于0,所有区间的交仍然是非空的.然而,在一般距离空间中,即使空间是完备的,假如闭球套的半径不趋于0,则其交可能是空集.

从直线上 Cauchy 准则与闭区间套定理的等价性,人们自然会提出这样的问题:

在距离空间中,闭球套定理与空间的完备性是否等价?

答案是肯定的.事实上,假设在距离空间(X,ρ)中闭球套定理成立,为证空间的完备性,假设$\{x_n\}$是 X 中的 Cauchy 列,于是存在正整数列 $n_1<n_2<\cdots<n_k<\cdots$,使得当 n, $m\geqslant n_k$ 时,

$$\rho(x_n,x_m)<\frac{1}{2^{k+1}}.$$

作闭球$\overline{S_k}=\overline{S\left(x_{n_k},\frac{1}{2^k}\right)}$,$k=1,2,\cdots$,则对任意 $y\in\overline{S_{k+1}}$,由

$$\rho(x_{n_k},y)\leqslant\rho(x_{n_k},x_{n_{k+1}})+\rho(x_{n_{k+1}},y)<\frac{1}{2^{k+1}}+\frac{1}{2^{k+1}}=\frac{1}{2^k},$$

知 $y\in\overline{S_k}$,故$\{\overline{S_k}\}$是一个闭球套,于是存在唯一的 $x\in\bigcap_{k=1}^{\infty}\overline{S_k}$. 由 $\rho(x,x_{n_k})<\frac{1}{2^k}\to0$ 知 $x_{n_k}\to x(k\to\infty)$,又由

$$\rho(x,x_n)\leqslant\rho(x_n,x_{n_k})+\rho(x,x_{n_k})$$

立得 $x_n\to x(n\to\infty)$,即$\{x_n\}$在 X 中收敛,从而(X,ρ)完备.

以后还会看到完备空间的更多重要性质.

既然空间的完备性如此重要,对于给定的空间,有没有什么方法使其完备呢?下面就来讨论这个问题.

2.3　空间的完备化

定义 3　设(X,ρ)是距离空间,M,N 是 X 的两个子集,且 $M\subset N$,若对任意$\varepsilon>0$及任意 $x\in N,M\cap S(x,\varepsilon)\neq\varnothing$,则称 M 在 N 中**稠密**.

定义 4　设(X,ρ)是距离空间.若有完备的距离空间$(\widetilde{X},\widetilde{\rho})$及映射 $T:X\to\widetilde{X}$,使得

$$\rho(x,y)=\widetilde{\rho}(Tx,Ty),\quad\forall x,y\in X,$$

且 TX 在 $\widetilde{X}$ 中稠密,则称 $\widetilde{X}$ 为 X 的**完备化空间**. T 通常称为(X,ρ)到$(\widetilde{X},\widetilde{\rho})$的**等距映射**.

在等距意义下 X 可视为 $\widetilde{X}$ 的子集,即将 X 与 TX 等同,此时也称 X 与 TX **等距同构**.

定理 1   任何距离空间都有完备化空间.

证明   设 (X, ρ) 是任一距离空间,我们希望构造一个空间,使得 X 中的 Cauchy 列在其中都有一个极限. 为此,不妨将 (X, ρ) 中的 Cauchy 列全体所构成的集合记作 $\widetilde{X}$. 显然,有三个问题需要考虑:

(i) 如何在 $\widetilde{X}$ 中定义距离?

(ii) X 能否等距地映到 $\widetilde{X}$ 中,且在 $\widetilde{X}$ 中稠密?

(iii) $\widetilde{X}$ 是否完备?

首先来定义距离. 对任意 $\xi = \{x_n\}$, $\eta = \{y_n\} \in \widetilde{X}$, 由 ξ, η 均是 Cauchy 列可知 $\rho(x_n, y_n)$ 是收敛数列,所以我们可以定义

$$\widetilde{\rho}(\xi, \eta) = \lim_{n \to \infty} \rho(x_n, y_n).$$

$\widetilde{\rho}$ 是不是 $\widetilde{X}$ 上的距离呢?由 ρ 是距离不难证明 $\widetilde{\rho}$ 满足非负性、对称性及三角不等式,但 $\widetilde{\rho}(\xi, \eta) = 0$ 并不意味着 ξ 与 η 是两个相同的 Cauchy 列. 解决此问题的方法是在 $\widetilde{\rho}$ 中作一等价类,凡使得 $\widetilde{\rho}(\xi, \eta) = 0$ 的 ξ 与 η 视为相同,易知这是一个等价关系,记此等价关系为 $\sim$. 在 $\widetilde{X}/\sim$ 中定义

$$d(\widetilde{\xi}, \widetilde{\eta}) = \widetilde{\rho}(\xi, \eta) \qquad (\xi, \eta \in \widetilde{X}),$$

其中 $\widetilde{\xi}, \widetilde{\eta}$ 分别是 ξ, η 在 $\widetilde{X}/\sim$ 中的等价类. 可以证明 d 不依赖于 $\widetilde{\xi}, \widetilde{\eta}$ 中代表元的选取. 事实上,若 $\xi = \{x_n\} \sim \xi_1 = \{x_n'\}$, $\eta = \{y_n\} \sim \eta_1 = \{y_n'\}$, 则 $\lim\limits_{n \to \infty} \rho(x_n, x_n') = 0$, $\lim\limits_{n \to \infty} \rho(y_n, y_n') = 0$,从而由

$$\rho(x_n', y_n') \leqslant \rho(x_n', x_n) + \rho(x_n, y_n) + \rho(y_n, y_n')$$

得 $\widetilde{\rho}(\xi_1, \eta_1) \leqslant \widetilde{\rho}(\xi, \eta)$. 类似可得相反不等式. 由此可见 d 确是 $\widetilde{X}/\sim$ 上的距离. 为简便计,仍用 $\widetilde{X}$ 记 $\widetilde{X}/\sim$.

如何将 X 映到 $\widetilde{X}$ 中呢?显而易见, X 的 Cauchy 列中包含形如 $\{x_n \equiv x\}$ $(x \in X)$ 的点列,我们称这样的点列为**常驻列**. 对任意 $x \in X$,可以将 x 对应到通项为 x 的常驻列,并记为 $\widetilde{x}$,即作映射 T 如下:

$$Tx = \widetilde{x} = \{x, x, \cdots\} \quad (x \in X).$$

显然,对任意 $x, y \in X$,有

$$d(\widetilde{x}, \widetilde{y}) = d(Tx, Ty) = \lim_{n \to \infty} \rho(x_n, y_n) = \rho(x, y),$$

故 T 是 X 到 $\widetilde{X}$ 中的等距映射.

往证 TX 在 $\widetilde{X}$ 中稠密. 设 $\xi=\{x_n\}\in\widetilde{X}$, 记 $\widetilde{x}_k=Tx_k$, 对任意 $\varepsilon>0$, 存在 N, 当 $n,m\geqslant N$ 时, $\rho(x_n,x_m)<\varepsilon$, 于是当 $k\geqslant N$ 时,

$$d(\xi,\widetilde{x}_k)=\lim_{n\to\infty}\rho(x_n,x_k)\leqslant\varepsilon,$$

这说明 $\widetilde{x}_k\xrightarrow{d}\xi(k\to\infty)$, 故 TX 在 $\widetilde{X}$ 中稠密.

还需证明 $\widetilde{X}$ 是完备的. 设 $\{\xi_k\}_{k=1}^{\infty}$ 是 $\widetilde{X}$ 中的 Cauchy 列, 要证 $\{\xi_k\}_{k=1}^{\infty}$ 收敛到 $\widetilde{X}$ 中某一点. 由于 X 在 $\widetilde{X}$ 中稠密, 故对每个 ξ_k, 存在 $x_k\in X$, 使得

$$d(\xi_k,\widetilde{x}_k)\leqslant\frac{1}{k}.$$

记 $\xi=\{x_k\},\xi\in\widetilde{X}$, 往证 ξ 是 Cauchy 列. 事实上, 由不等式

$$\rho(x_n,x_m)=d(\widetilde{x}_n,\widetilde{x}_m)\leqslant d(\widetilde{x}_n,\xi_n)+d(\xi_n,\xi_m)+d(\xi_m,\widetilde{x}_m)\leqslant\frac{1}{n}+d(\xi_n,\xi_m)+\frac{1}{m}$$

及 $\{\xi_k\}_{k=1}^{\infty}$ 是 Cauchy 列立得 $\{x_k\}_{k=1}^{\infty}$ 是 Cauchy 列. 注意到

$$d(\xi_k,\xi)\leqslant d(\xi_k,\widetilde{x}_k)+d(\widetilde{x}_k,\xi)<\frac{1}{k}+d(\widetilde{x}_k,\xi)=\frac{1}{k}+\lim_{n\to\infty}\rho(x_k,x_n).$$

由此不难得知 $d(\xi_k,\xi)\to 0(k\to\infty)$. 证毕.

定理 1 的证明方法应该归功于 Cantor(康托尔)关于实数完备化的证明, Cantor 正是用有理数的基本列来定义实数并证明了实数系的完备性.

空间的完备性对于方程的求解是十分重要的, 正是由于对有理数进行了完备化, 才使得诸如 $x^2=2$ 这样的方程成为可解的. 而对函数空间的完备化则可使一些微分方程或积分方程成为可解的, L^p 空间理论的产生正源于此.

既然任何距离空间都存在完备化空间, 以后我们将主要讨论完备的距离空间, 而且大多数情况下将仅讨论完备的线性赋范空间, 人们把这样的空间称为 **Banach(巴拿赫)空间**, 以纪念 S. Banach 在这方面的杰出成就.

§3 内积空间

3.1 内积空间的定义

在平面与空间的几何理论中, 有一个非常重要的基本概念, 这就是"角". 正是由于有了角度, 人们才能在平面或空间建立各种坐标(直角坐标或斜坐标)系与几何理论.

在 n 维欧氏空间中, 向量的"夹角"是利用内积来定义的. 所谓两个向量 u,v 的夹角, 指的是

$$\theta \overset{\text{def}}{=\!=\!=} \arccos \frac{(u,v)}{\parallel u \parallel \cdot \parallel v \parallel},$$

其中 (u,v) 是 u 与 v 的内积，$\parallel u \parallel$ 是 u 的模或长度，它等于 $\sqrt{(u,u)}$. 如果抛开 $\mathbf{R}^n$ 中内积的具体形式，将其性质抽象出来，则可以得到抽象空间上的内积概念.

定义 1 设 X 是复数域上的线性空间，$(\cdot,\cdot)$ 是 $X \times X$ 到复数域 $\mathbf{C}$ 的二元函数，使得对任意 $x,y,z \in X$ 及 $\alpha \in \mathbf{C}$ 满足：

(i) $(x,x) \geqslant 0$，且 $(x,x)=0$ 当且仅当 $x=0$；

(ii) $(x+y,z)=(x,z)+(y,z)$；

(iii) $(\alpha x,y)=\alpha(x,y)$；

(iv) $(x,y)=\overline{(y,x)}$，

则称 $(\cdot,\cdot)$ 为 X 上的**内积**，称 X 为具有内积 $(\cdot,\cdot)$ 的**内积空间**，有时，也记此空间为 $(X,(\cdot,\cdot))$.

由内积定义不难验证还有 $(x,\alpha y)=\overline{\alpha}(x,y)$.

例 1 在 $L^2(E)$ 上定义

$$(f,g)=\int_E f(x)\overline{g(x)}\,\mathrm{d}x \quad (f,g \in L^2(E)),$$

则 $L^2(E)$ 是内积空间.

与欧氏空间类似，内积也可以诱导出向量"长度"，若 X 是内积空间，定义

$$\parallel x \parallel = \sqrt{(x,x)} \quad (x \in X), \tag{1}$$

我们将证明 $\parallel \cdot \parallel$ 是 X 上的范数，称为由内积诱导的**范数**. 为此，首先证明下面的

定理 1（Cauchy–Schwarz（柯西–施瓦茨）不等式） 设 $(X,(\cdot,\cdot))$ 是内积空间，则对任意 $x,y \in X$，有

$$|(x,y)| \leqslant \parallel x \parallel \cdot \parallel y \parallel.$$

证明 不妨设 $y \neq 0$，对任意 $\lambda \in \mathbf{C}$，有

$$0 \leqslant (x+\lambda y,x+\lambda y)=(x,x)+\lambda(y,x)+(x,\lambda y)+(\lambda y,\lambda y)$$

$$=\parallel x \parallel^2+\lambda(y,x)+\overline{\lambda}(x,y)+|\lambda|^2 \parallel y \parallel^2,$$

取 $\lambda=-\dfrac{(x,y)}{\parallel y \parallel^2}$，代入上式得

$$\parallel x \parallel^2-2\frac{|(x,y)|^2}{\parallel y \parallel^2}+\frac{|(x,y)|^2}{\parallel y \parallel^4}\cdot \parallel y \parallel^2 \geqslant 0,$$

即 $\parallel x \parallel^2 \cdot \parallel y \parallel^2-|(x,y)|^2 \geqslant 0$，进而 $|(x,y)| \leqslant \parallel x \parallel \cdot \parallel y \parallel$. 证毕.

定理 2 内积空间 $(X,(\cdot,\cdot))$ 按 (1) 式定义的范数成为线性赋范空间.

证明 只需证明 $\parallel \cdot \parallel$ 确是范数就可以了. $\parallel \cdot \parallel$ 显然满足范数定义中的非负性与正齐性，下证三角不等式. 事实上，对任意 $x,y \in X$，有

$$\|x+y\|^2 = (x+y,x+y) = (x,x)+(y,x)+(x,y)+(y,y)$$
$$\leq \|x\|^2+2\|x\|\cdot\|y\|+\|y\|^2 = (\|x\|+\|y\|)^2,$$

故 $\|x+y\| \leq \|x\|+\|y\|$. 证毕.

命题 1　在内积空间 $(X,(\cdot,\cdot))$ 中,内积 $(\cdot,\cdot)$ 是关于范数 $\|\cdot\|$ 的连续函数,即当 $\|x_n-x\|\to 0$, $\|y_n-y\|\to 0(n\to\infty)$ 时,有 $(x_n,y_n)\to(x,y)(n\to\infty)$.

证明　设 $x_n \xrightarrow{\|\cdot\|} x, y_n \xrightarrow{\|\cdot\|} y(n\to\infty)$,则 $\{x_n\},\{y_n\}$ 显然都是有界序列,不妨设 $\|x_n\|\leq M$, $\|y_n\|\leq M$,则

$$|(x_n,y_n)-(x,y)| = |(x_n-x,y_n)+(x,y_n-y)|$$
$$\leq \|x_n-x\|\cdot\|y_n\|+\|x\|\cdot\|y_n-y\|$$
$$\leq M\|x_n-x\|+\|x\|\cdot\|y_n-y\|\to 0(n\to\infty).$$

证毕.

既然内积可以诱导一个范数,人们自然产生这样的疑问:线性赋范空间中的范数能否诱导出一个内积呢? 回答这个问题的关键在于内积能否用范数来表示,还是让我们来进一步分析内积与范数的关系.

设 x,y 是复内积空间 X 中的任意两个元素,则直接验证可得

$$\|x+y\|^2 = (x,x)+(x,y)+(y,x)+(y,y), \tag{2}$$
$$\|x-y\|^2 = (x,x)-(x,y)-(y,x)+(y,y), \tag{3}$$
$$\|x+iy\|^2 = (x,x)-i(x,y)+i(y,x)+(y,y), \tag{4}$$
$$\|x-iy\|^2 = (x,x)+i(x,y)-i(y,x)+(y,y). \tag{5}$$

(2)式减去(3)式再加上(4)式减去(5)式的 i 倍得

$$4(x,y) = \|x+y\|^2-\|x-y\|^2+i\|x+iy\|^2-i\|x-iy\|^2.$$

于是我们有

定理 3(极化恒等式)　设 $(X,(\cdot,\cdot))$ 是内积空间,则对任意 $x,y\in X$,有

$$(x,y) = \frac{1}{4}(\|x+y\|^2-\|x-y\|^2+i\|x+iy\|^2-i\|x-iy\|^2). \tag{6}$$

是否任何一个线性赋范空间都可以利用(6)式定义内积呢? 将(2)式与(3)式相加可以看出,由内积导出的范数应满足:

$$\|x+y\|^2+\|x-y\|^2 = 2\|x\|^2+2\|y\|^2. \tag{7}$$

这很像平面几何中的平行四边形法则,实际上人们也把(7)式称作**平行四边形法则**. 这就是说,任何内积诱导的范数都满足平行四边形法则. 因此,假如范数能诱导出内积,它应该满足平行四边形法则. 然而,不是所有的范数都满足这一点,例如,取 $C([0,1])$ 中两个元素 $x(t)\equiv 1, y(t)=t$,则

$$\|x+y\|_\infty = \|1+t\|_\infty = 2,$$
$$\|x-y\|_\infty = \|1-t\|_\infty = 1,$$

$$\|x\|_\infty = 1, \quad \|y\|_\infty = 1.$$

显然 $\|x+y\|_\infty^2 + \|x-y\|_\infty^2 > 2\|x\|_\infty^2 + 2\|y\|_\infty^2$. 可见并非所有的范数都可以诱导一个内积, 从极化恒等式的证明不难证明如下的

定理 4　设 $(X, \|\cdot\|)$ 是线性赋范空间, 则 $(X, \|\cdot\|)$ 可以赋予内积的充要条件为 $\|\cdot\|$ 满足平行四边形法则.

证明　显然, 仅需证充分性. 设 $\|\cdot\|$ 满足 (7) 式, 对任意 $x, y \in X$, 定义

$$(x,y) = \frac{1}{4}(\|x+y\|^2 - \|x-y\|^2 + i\|x+iy\|^2 - i\|x-iy\|^2),$$

可以验证 (x,y) 满足内积的定义 (详情可参考文献 [9]). 证毕.

定义 2　完备的内积空间称为 **Hilbert 空间**.

例 2　证明 l^2 是 Hilbert 空间.

证明　回忆 $l^2 = \left\{ \{x_n\}_{n=1}^\infty \mid x_n \in \mathbf{C}, \sum_{n=1}^\infty |x_n|^2 < \infty \right\}$, 对任意 $x = \{x_n\}_{n=1}^\infty$, $y = \{y_n\}_{n=1}^\infty$, 定义

$$(x,y) = \sum_{n=1}^\infty x_n \overline{y_n},$$

由 Hölder (赫尔德) 不等式知 $(x,y) \leqslant \|x\|_2 \cdot \|y\|_2 < \infty$, 不难验证 $(\cdot, \cdot)$ 确为 l^2 中的内积, 从而 $(l^2, (\cdot, \cdot))$ 成为内积空间. 往证 l^2 是完备的.

设 $x_k = \{x_n^{(k)}\}_{n=1}^\infty$, $k = 1, 2, \cdots$ 是 l^2 中的 Cauchy 列, 于是对任意 $\varepsilon > 0$, 存在正整数 N, 当 $k, j \geqslant N$ 时, 有

$$\|x_k - x_j\|_2 = \left(\sum_{n=1}^\infty |x_n^{(k)} - x_n^{(j)}|^2 \right)^{\frac{1}{2}} < \varepsilon,$$

因此对每个正整数 n, 有

$$|x_n^{(k)} - x_n^{(j)}| < \varepsilon \quad (\forall k, j \geqslant N),$$

这说明对每个 n, $\{x_n^{(k)}\}_{k=1}^\infty$ 是 Cauchy 列, 故存在有限数 $x_n^{(0)}$, 使得 $x_n^{(k)} \to x_n^{(0)} (k \to \infty)$, 记 $x_0 = \{x_n^{(0)}\}$. 由 $\|x_k - x_j\|_2 < \varepsilon$ 知, 对任意正整数 m 有

$$\left(\sum_{n=1}^m |x_n^{(k)} - x_n^{(j)}|^2 \right)^{\frac{1}{2}} < \varepsilon \quad (\forall k, j \geqslant N),$$

令 $j \to \infty$ 得

$$\left(\sum_{n=1}^m |x_n^{(k)} - x_n^{(0)}|^2 \right)^{\frac{1}{2}} \leqslant \varepsilon \quad (\forall k \geqslant N),$$

再令 $m \to \infty$ 得

$$\left(\sum_{n=1}^\infty |x_n^{(k)} - x_n^{(0)}|^2 \right)^{\frac{1}{2}} \leqslant \varepsilon \quad (\forall k \geqslant N).$$

由此可见当 $k \geqslant N$ 时, $x_k - x_0 \in l^2$, 因 l^2 是线性空间, 故 $x_0 \in l^2$. 从不等式 $\|x_k - x_0\| \leqslant \varepsilon (k \geqslant N)$ 及 ε 的任意性知 $x_k \to x_0 (k \to \infty)$, 所以 l^2 是完备的.

可以证明 $L^2(E)$ 也是 Hilbert 空间(此处 $L^2(E)$ 表示 E 上平方可积的复值可测函数空间). 事实上, 对任意 $f, g \in L^2(E)$, 只需定义

$$(f, g) = \int_E f(x) \overline{g(x)} \, dx,$$

容易验证 $(\cdot, \cdot)$ 是 $L^2(E)$ 中的内积, 且由此内积诱导的范数恰好是本书上册第四章 §5 中 $(p = 2)$ 定义的范数. 那里已证明 $L^2(E)$ 是完备的, 故它是 Hilbert 空间.

由完备化定理(2.3 小节定理 1)知任何距离空间都有完备化空间, 而在内积空间中, 内积可以自然地诱导一个范数, 那么, 按此范数的完备化空间是不是 Hilbert 空间? 下面的定理肯定地回答了这一问题.

定理 5 设 $(H, (\cdot, \cdot))$ 是内积空间, 则 H 按范数 $\|\cdot\| = \sqrt{(\cdot, \cdot)}$ 的完备化空间是 Hilbert 空间.

证明 H 按 $\|\cdot\| = \sqrt{(\cdot, \cdot)}$ 确定的范数成为线性赋范空间, 记其完备化空间为 $\widetilde{H}$, 按完备化空间的定义知对任意 $x, y \in \widetilde{H}$, 有 H 中的 Cauchy 列 $\{x_n\}, \{y_n\}$, 使得 $x = \{x_n\}, y = \{y_n\}$. 现在的问题是如何在 $\widetilde{H}$ 中定义内积, 注意到 $\{\|x_n\|\}$, $\{\|y_n\|\}$ 必有界, 且

$$|(x_n, y_n) - (x_m, y_m)| \leq |(x_n, y_n) - (x_n, y_m)| + |(x_n, y_m) - (x_m, y_m)|$$
$$\leq \|x_n\| \cdot \|y_n - y_m\| + \|x_n - x_m\| \cdot \|y_m\|.$$

故 $\{(x_n, y_n)\}$ 是 Cauchy 列, 从而收敛. 因此, 我们可以定义

$$(x, y) = \lim_{n \to \infty} (x_n, y_n).$$

若 $\{x_n'\}, \{y_n'\}$ 是 H 中另两个 Cauchy 列, 使得 $x = \{x_n'\}, y = \{y_n'\}$, 则由 $\|x_n - x_n'\| \to 0$, $\|y_n - y_n'\| \to 0 (n \to \infty)$ 不难得知

$$\lim_{n \to \infty} (x_n, y_n) = \lim_{n \to \infty} (x_n', y_n'),$$

这就是说 (x, y) 的定义与具体 Cauchy 列的选取无关, 所以定义是无歧义的. 不难验证 $(\cdot, \cdot)$ 满足内积定义, 从而 $(\widetilde{H}, (\cdot, \cdot))$ 成为内积空间, 按完备化构造所确定的 $\widetilde{H}$ 中范数为

$$\|x\| = \lim_{n \to \infty} \|x_n\| = \lim_{n \to \infty} \sqrt{(x_n, x_n)} = \sqrt{(x, x)} \quad (x = \{x_n\} \in \widetilde{H}),$$

这说明 $\|x\|$ 的确是由内积 $(\cdot, \cdot)$ 诱导的范数, 故而 $\widetilde{H}$ 是 Hilbert 空间. 证毕.

有了内积概念, 便可以定义内积空间中两个向量的夹角了, 特别地, 可以定义两个向量直交(或垂直)的概念.

定义 3 设 $(H, (\cdot, \cdot))$ 是内积空间, $x, y \in H$, 若 $(x, y) = 0$, 则称 x, y 为**相互直交**的, 此时, 记 $x \perp y$. 特别地, 若 x 与 y 是相互直交的单位向量, 即 $\|x\| = \|y\| = 1$, 则称它们是**正规直交向量**, 简称为**正交向量**.

3.2　正规直交（正交）基

在欧氏空间中,由于有了向量的直交概念,所以可以在空间中建立直角坐标系,进而可以将几何问题转化为代数问题来研究.

由 Schmidt(施密特)正交化过程可知,任何有限维内积空间都有正规直交基(或直角坐标系).无限维空间中情形如何? 从 Schmidt 正交化方法可以看出,只要有内积,便可施行这一过程.因此,我们总可以从一个线性无关序列出发,通过 Schmidt 正交化过程得到一个相互正交的序列.

定义 4　设 $M \subset H$ 是相互正交的点集(即对任意 $x, y \in M$,有 $\|x\| = \|y\| = 1$,且若 $x \neq y$,有 $(x, y) = 0$),通常称 M 为 H 中的**正规直交集**,简称为**正交集**.若 H 中不存在与 M 中每个向量都直交的非零向量,则称 M 为 H 的**完备正交集**.

上面已经看到,在内积空间中,从一个线性无关的序列出发施行 Schmidt 正交化过程,可以得到一个正交序列,但这与我们的目标还有一段距离,我们的目的是要在空间中找到一个**正交基**(或直角坐标系).首先,何谓基? 应该如何恰当地定义它? 其次,我们并不清楚是否每个内积空间(至少完备的内积空间)都有正交基.还有,由于空间维数是无限的,我们没有理由认为在任何(完备)内积空间中都可以找到一个正交向量序列构成它的基.为弄清楚这些问题,还是让我们来先做些准备工作.

引理(**Bessel**(贝塞尔)**不等式**)　设 H 是内积空间,若 $M = \{e_\lambda \mid \lambda \in \Lambda\}$ 是 H 中的正交集,则对任意 $x \in H$,有

$$\sum_{\lambda \in \Lambda} |(x, e_\lambda)|^2 \leq \|x\|^2. \tag{8}$$

证明　注意对任意正整数 n 及 $\lambda_1, \lambda_2, \cdots, \lambda_n \in \Lambda$,有

$$0 \leq \left\| x - \sum_{i=1}^{n} (x, e_{\lambda_i}) e_{\lambda_i} \right\|^2$$

$$= \left(x - \sum_{i=1}^{n} (x, e_{\lambda_i}) e_{\lambda_i}, x - \sum_{i=1}^{n} (x, e_{\lambda_i}) e_{\lambda_i} \right)$$

$$= \|x\|^2 - \sum_{i=1}^{n} |(x, e_{\lambda_i})|^2.$$

于是

$$\sum_{i=1}^{n} |(x, e_{\lambda_i})|^2 \leq \|x\|^2. \tag{9}$$

由此不难看出,对任意正整数 k,使 $|(x, e_\lambda)| > \dfrac{1}{k}$ 的 $\lambda \in \Lambda$ 至多有有限个,从而使 $(x, e_\lambda) \neq 0$ 的 $\lambda \in \Lambda$ 至多有可数个,这说明(8)式左边实际是可数项求和,从而由(9)式不难得证.证毕.

有了 Bessel 不等式,下面的定义便是合乎情理的.

定义 5 设 $M=\{e_\lambda\mid\lambda\in\Lambda\}$ 是内积空间 H 中的正交集,若对任意 $x\in H$,总有

$$x=\sum_{\lambda\in\Lambda}(x,e_\lambda)e_\lambda,$$

则称 M 为 H 的一个**正交基**,其中 $\{(x,e_\lambda)\mid\lambda\in\Lambda\}$ 称为 x 关于基 $\{e_\lambda\mid\lambda\in\Lambda\}$ 的**Fourier (傅里叶)系数**. 这里 $\sum_{\lambda\in\Lambda}(x,e_\lambda)e_\lambda$ 表示最多只有可数个 $(x,e_\lambda)\neq0$,且级数按范数收敛.

由 Bessel 不等式可以证明,若 H 是 Hilbert 空间,则对任意 $x\in H$ 及 H 中任一正交集 $M=\{e_\lambda\mid\lambda\in\Lambda\}$,必有 $\sum_{\lambda\in\Lambda}(x,e_\lambda)e_\lambda\in H$. 事实上,由于 $(x,e_\lambda)\neq0$ 的 λ 最多可数,故不妨设

$$\sum_{\lambda\in\Lambda}(x,e_\lambda)e_\lambda=\sum_{i=1}^\infty(x,e_{\lambda_i})e_{\lambda_i}.$$

由 Bessel 不等式立知 $\sum_{i=1}^\infty|(x,e_{\lambda_i})|^2$ 收敛,故有

$$\left\|\sum_{i=n}^m(x,e_{\lambda_i})e_{\lambda_i}\right\|^2=\sum_{i=n}^m|(x,e_{\lambda_i})|^2\to0\quad(n,m\to\infty).$$

这说明 $x_n=\sum_{i=1}^n(x,e_{\lambda_i})e_{\lambda_i}$ 是 Cauchy 列,由 H 是完备的知

$$\sum_{\lambda\in\Lambda}(x,e_\lambda)e_\lambda=\lim_{n\to\infty}\sum_{i=1}^n(x,e_{\lambda_i})e_{\lambda_i}\in H.$$

进一步,由 $\left(x-\sum_{i=1}^\infty(x,e_{\lambda_i})e_{\lambda_i}\right)\perp\sum_{i=1}^\infty(x,e_{\lambda_i})e_{\lambda_i}$ 知

$$\left\|x-\sum_{i=1}^\infty(x,e_{\lambda_i})e_{\lambda_i}\right\|^2=\|x\|^2-\sum_{i=1}^\infty|(x,e_{\lambda_i})|^2=\|x\|^2-\sum_{\lambda\in\Lambda}|(x,e_\lambda)|^2.\quad(10)$$

什么样的正交集构成空间的正交基? 下面的定理给出了一种判别方法.

定理 6 设 H 是 Hilbert 空间,$M=\{e_\lambda\mid\lambda\in\Lambda\}$ 是正规直交集,则下列各断言等价:

(i) M 是正交基;

(ii) M 是完备的;

(iii) Parseval(帕塞瓦尔)等式成立,即对任意 $x\in H$,

$$\|x\|^2=\sum_{\lambda\in\Lambda}|(x,e_\lambda)|^2.$$

证明 (i)$\Rightarrow$(ii). 若 M 不完备,则存在 $x\in H,x\neq0$,使得

$$(x,e_\lambda)=0\quad(\forall\lambda\in\Lambda).$$

但因 M 是基,故 $x=\sum_{\lambda\in\Lambda}(x,e_\lambda)e_\lambda=0$,从而得到矛盾.

(ii)$\Rightarrow$(iii). 若存在 $x\in H$,使 Parseval 等式不成立,则由(10)式知

$$\left\| x - \sum_{\lambda \in \Lambda}(x,e_\lambda)e_\lambda \right\|^2 = \|x\|^2 - \sum_{\lambda \in \Lambda}|(x,e_\lambda)|^2 > 0.$$

记 $y = x - \sum_{\lambda \in \Lambda}(x,e_\lambda)e_\lambda$，则有 $y \neq 0$，且与 M 中每个元素正交，这与 M 是完备的相矛盾.

（iii）$\Rightarrow$（i）. 设 Parseval 等式成立，则由（10）式得

$$\left\| x - \sum_{\lambda \in \Lambda}(x,e_\lambda)e_\lambda \right\|^2 = \|x\|^2 - \sum_{\lambda \in \Lambda}|(x,e_\lambda)|^2 = 0,$$

即 $x = \sum_{\lambda \in \Lambda}(x,e_\lambda)e_\lambda$，所以 M 是 H 的正交基. 证毕.

利用定理 6 可以证明 Hilbert 空间中基的存在性.

定理 7　每个非零的 Hilbert 空间都有正交基.

证明　设 H 是非零的 Hilbert 空间，记 $\mathscr{F}$ 为 H 中正规直交集全体，显然 $\mathscr{F}$ 是非空的（任取非零元素 $x \in H$，$\left\{\dfrac{x}{\|x\|}\right\}$ 便是一个正规直交集）. 在 $\mathscr{F}$ 中按通常的集合包含关系定义序，即对任意 $M_1, M_2 \in \mathscr{F}$，若 $M_1 \subset M_2$，则定义 $M_1 < M_2$，不难看出 $\mathscr{F}$ 按"$<$"构成一个偏序集. 若 $\{M_\lambda\}_{\lambda \in \Lambda}$ 是 $\mathscr{F}$ 中的全序子集，则 $\bigcup_{\lambda \in \Lambda} M_\lambda \in \mathscr{F}$（事实上，对任意 $x, y \in \bigcup_{\lambda \in \Lambda} M_\lambda$，存在 $\lambda_1, \lambda_2 \in \Lambda$，使得 $x \in M_{\lambda_1}, y \in M_{\lambda_2}$，因 $\{M_\lambda\}_{\lambda \in \Lambda}$ 是全序集，故 $M_{\lambda_1} \subset M_{\lambda_2}$，或者 $M_{\lambda_1} \supset M_{\lambda_2}$，从而 x, y 在同一个 M_λ 中，于是只要 $x \neq y$，必有 $x \perp y$），$\bigcup_{\lambda \in \Lambda} M_\lambda$ 显然是 $\{M_\lambda\}_{\lambda \in \Lambda}$ 的一个上界，由 Zorn（佐恩）引理知 $\mathscr{F}$ 中存在极大元 M，由反证法立知 M 必定是 H 的正交基. 证毕.

定理 8　若 H 是可分的 Hilbert 空间（即 H 有一个可数的稠密子集），则 H 有一个可数的正交基.

证明　由于 H 可分，故 H 中存在可数的稠密子集 M，由 Zorn 引理可知存在 M 的线性无关子集 $\{x_n\}$，使得 M 中每个元素都可以表示成 $\{x_n\}$ 中某些元素的线性组合. 对 $\{x_n\}$ 施行 Schmidt 正交化过程得正规直交集 $\{e_n\}$. 若存在 $e \in H$，使

$$(e, e_n) = 0, \quad n = 1, 2, \cdots,$$

则 $(e, x_n) = 0$ $(n = 1, 2, \cdots)$，这是因为每个 x_n 都可以写成形式 $\sum_{i=1}^{n} \alpha_i e_i$. 注意到 M 中任意元素可以表示为形如 $\sum_{i=1}^{k} \alpha_i x_{n_i}$ 的形式，所以对任意 $x \in M$，$(e, x) = 0$. 现任取 $y \in H$，则由 M 在 H 中的稠密性知存在序列 $y_n \in M$，使得 $\|y_n - y\| \to 0 (n \to \infty)$，于是

$$|(e, y)| = |(e, y - y_n) + (e, y_n)| = |(e, y - y_n)|$$

$$\leq \|e\| \cdot \|y - y_n\| \to 0 \quad (n \to \infty).$$

这说明 $(e, y) = 0$，特别地，取 $y = e$，则得 $\|e\|^2 = (e, e) = 0$，即 $e = 0$. 由此可见 $\{e_n\}_{n=1}^{\infty}$

是完备正规直交集,从而必是 H 的正交基. 证毕.

§4　距离空间中的点集

4.1　开集与闭集

定义 1　(i) 设 O 是距离空间 (X,ρ) 中的点集,$x\in O$,若存在 $r>0$,使得以 x 为中心,以 r 为半径的开球 $S(x,r)=\{y\mid\rho(y,x)<r\}\subset O$,则称 x 是 O 的**内点**,O 的内点全体称为 O 的**内部**.若 O 中每一点都是内点,则称 O 是 X 中的**开集**.

(ii) 设 $x\in X$,U 是 X 中的开集,若存在 $r>0$,使得 $S(x,r)\subset U$,则称 U 是 x 的**开邻域**,简称为**邻域**.

(iii) 设 M 是 X 中的点集,$x\in X$,若对任意 $r>0$,$(S(x,r)-\{x\})\cap M\neq\varnothing$,则称 x 为 M 的**极限点**.M 的极限点全体记作 M',称为 M 的**导集**.若 $M'\subset M$,则称 M 是 X 中的**闭集**,$\overline{M}=M\cup M'$ 称为 M 的**闭包**.

(iv) 设 M 是 X 中的点集,$M\cap M'=\varnothing$,则称 M 是**孤立点集**.若 $M'=\varnothing$,则称 M 是**离散点集**.若 $M\subset M'$,则称 M 是**自密集**.若 $M=M'$,则称 M 是**完全集**.

(v) 设 M 是 X 中的点集,$x\in X$,若对任意 $r>0$,$S(x,r)\cap M\neq\varnothing$ 且 $S(x,r)\cap(X-M)\neq\varnothing$,则称 x 为 M 的**边界点**,M 的边界点全体记作 ∂M,显然 $\partial M=\overline{M}\cap\overline{X-M}$.若存在 $r>0$,使得 $S(x,r)\cap\overline{M}=\varnothing$,则称 x 为 M 的**外点**,M 的外点全体称为 M 的**外部**.显然 M 的外部为 $X-\overline{M}$.

有关开集、闭集的性质与 n 维欧氏空间情形类似,其证明方法也大同小异,因此我们只给出相关的结论,略去证明.

定理 1　设 (X,ρ) 是距离空间,则

(i) 空集 $\varnothing$ 与 X 是开集;

(ii) 任意有限个开集的交集是开集;

(iii) 任意多个开集的并集是开集.

定理 2　设 G 是距离空间 (X,ρ) 中的点集,则 G 的内部是开集.

定理 3　设 G 是距离空间 (X,ρ) 中的点集,则 G 是开集当且仅当它与其内部相等.

定理 4　设 F 是距离空间 (X,ρ) 中的点集,则 F 是闭集当且仅当 F 的任一收敛点列必收敛到 F 中的一点.

定理 5　设 F 是距离空间 (X,ρ) 中的点集,则 F 为闭集当且仅当其余集 $X-F$ 为开集.

定理 6   设 (X,ρ) 是距离空间,则

（ i ）空集 $\varnothing$ 及 X 是闭集;

（ii）任意有限个闭集的并集是闭集;

（iii）任意多个闭集的交集是闭集.

定理 7   若 G,F 分别是距离空间 (X,ρ) 中的开集与闭集,则 $G-F$ 是开集, $F-G$ 是闭集.

定理 8   对距离空间 (X,ρ) 中的任意集合 G,G' 与 $\overline{G}$ 均是闭集.

4.2   稠密性与可分空间

稠密集的一个好处在于,可以先对在某个集合中稠密的点集证明相关的结论, 然后利用稠密性过渡到该集合. 某些逼近定理可以用距离空间中的稠密性概念重新表述,例如,由 Weierstrass(魏尔斯特拉斯)定理知 $[a,b]$ 上的任一连续函数可用多项式一致逼近,若记 $P[x]$ 为 $[a,b]$ 上的多项式全体, $C([a,b])$ 为 $[a,b]$ 上的连续函数全体,并在 $C([a,b])$ 上定义距离

$$\rho(f,g) = \max_{x\in[a,b]} |f(x)-g(x)|,$$

则 Weierstrass 定理可以改述为: $P[x]$ 在 $(C([a,b]),\rho)$ 中稠密.

本书上册第四章 §5 定理 6 也可以改述为: $C([a,b])$ 在 $L^p([a,b])$ 中稠密. 它可以看作 Luzin(卢津)定理的又一种表现形式.

如果在一个空间中找到元素尽可能"少"的点集,使其在该空间中稠密,那么对这种空间的研究自然会变得简单一些. 显然,对于无穷维空间而言,我们不可能指望找到仅含有限个元素的稠密集,可能的最小点集是可数集,这就是下面的

定义 2   设 X 是距离空间,若有 X 中的可数点集使其在 X 中稠密,则称 X 是**可分距离空间**,简称**可分空间**. 若 M 是 X 中的点集,且有可数点集在 M 中稠密,则称 M 是 X 中的**可分点集**.

例 1 $C([a,b])$ 与 $L^p([a,b])$ 均是可分空间.

事实上,由 Weierstrass 定理知,对任意 $f\in C([a,b])$,存在多项式序列 P_k,使得 $\|P_k-f\|_\infty = \max_x |P_k(x)-f(x)| \to 0(k\to\infty)$. 因为任意多项式显然可以用有理系数多项式一致逼近,故可以找到有理系数多项式序列,使其一致收敛到 f. 而有理系数多项式全体是可数的, 所以 $C([a,b])$ 可分. 至于 $L^p([a,b])$ 的可分性,由 $C([a,b])$ 在其中的稠密性及 $C([a,b])$ 的可分性立得.

例 2 l^∞ 不可分.

记 $K = \{\{x_i\}\in l^\infty \mid x_i=0 \text{ 或 } 1\}$,则对任意 $x=\{x_i\}, y=\{y_i\}\in K$,只要 $x\neq y$,则 $\rho(x,y) = \sup_i |x_i-y_i| = 1$,因为由 $0,1$ 组成的序列全体不可数,所以 K 是不可数集.

若 l^∞ 可分,则存在可数点集 $A=\{\{x_n\}\}$,它在 l^∞ 中稠密. 于是对任意 $y\in K,\ \overline{S}\left(y,\dfrac{1}{3}\right)\cap A\neq\varnothing$,注意到 K 中任意两个相异点间的距离为 1,所以

$$\overline{S}\left(y_1,\frac{1}{3}\right)\cap\overline{S}\left(y_2,\frac{1}{3}\right)=\varnothing\quad(\forall y_1,y_2\in K,y_1\neq y_2).$$

这说明 $\left\{\overline{S}\left(y,\dfrac{1}{3}\right)\ \middle|\ y\in K\right\}$ 是互不相交的不可数个闭球,然而,每个 $\overline{S}\left(y,\dfrac{1}{3}\right)$ 中均含 A 中的点,故至少有一个 $x\in A$ 属于两个不同的球 $\overline{S}\left(y_1,\dfrac{1}{3}\right)$ 与 $\overline{S}\left(y_2,\dfrac{1}{3}\right)$($y_1,y_2\in K$),这与 $\overline{S}\left(y_1,\dfrac{1}{3}\right)\cap\overline{S}\left(y_2,\dfrac{1}{3}\right)=\varnothing$ 矛盾. 这个矛盾说明 l^∞ 不可分.

注　用与例 2 类似的方法可以证明 $L^\infty([a,b])$ 是不可分空间.

与稠密集相对的概念是疏朗集.

定义 3　设 X 是距离空间,M 是 X 的子集,若 X 的任意非空开集中均有开邻域不含 M 中的点,则称 M 是**疏朗集**或**无处稠密集**.

距离空间中的点集 M 若能表示为至多可数个疏朗集的并,则称 M 为**第一纲集**. 否则称为**第二纲集**.

定理 9(**Baire**(贝尔)**纲定理**)　完备距离空间是第二纲集.

证明　反设完备距离空间 X 是第一纲集,则存在可数个疏朗集 $\{M_k\}_{k=1}^\infty$,使得 $X=\bigcup\limits_{k=1}^\infty M_k$,任取 $x\in X$,作开球 $S(x,1)$,由 M_1 是疏朗集知存在闭球 $\overline{S}(x_1,\varepsilon_1)\subset S(x,1)$ 使得 $M_1\cap\overline{S}(x_1,\varepsilon_1)=\varnothing$(必要时可取 $\widetilde{\varepsilon}_1=\dfrac{\varepsilon_1}{2},\overline{S}(x_1,\widetilde{\varepsilon}_1)\subset S(x_1,\varepsilon_1)$),由于 M_2 是疏朗集,故必有闭球 $\overline{S}(x_2,\varepsilon_2)\subset\overline{S}(x_1,\varepsilon_1)$ 使得 $M_2\cap\overline{S}(x_2,\varepsilon_2)=\varnothing$,不妨设 $\varepsilon_2<\dfrac{1}{2}$,按此方法继续下去可得一闭球套

$$\overline{S}(x_1,\varepsilon_1)\supset\overline{S}(x_2,\varepsilon_2)\supset\cdots\supset\overline{S}(x_k,\varepsilon_k)\supset\cdots,\ \overline{S}(x_k,\varepsilon_k)\cap M_k=\varnothing,$$

且 $0<\varepsilon_k<\dfrac{1}{k}$. 由闭球套定理知 $\bigcap\limits_{k=1}^\infty\overline{S}(x_k,\varepsilon_k)$ 是单点集,记为 $\{x_0\}$. 由于 $\overline{S}(x_k,\varepsilon_k)$ 与 M_k 不交,故 $x_0\notin M_k(k=1,2,\cdots)$,从而 $x_0\notin\bigcup\limits_{k=1}^\infty M_k$,但依假设 $X=\bigcup\limits_{k=1}^\infty M_k$,于是得到矛盾. 可见 X 不是第一纲集. 证毕.

4.3　列紧集与紧集

在欧氏空间 $\mathbf{R}^n$ 中,每个有界的无穷点集必有聚点,这一性质是分析中许多重要结论成立的基础. 因此,人们自然会想象,在一般的距离空间中,类似的结论是否仍然正

确？遗憾的是,答案是否定的.例如,记 A 为 l^∞ 中的点集:

$$A = \left\{ \varepsilon_n = \{ x_i^{(n)} \} \ \middle| \ x_i^{(n)} = \begin{cases} 1, & i = n, \\ 0, & i \neq n \end{cases} \right\},$$

则 A 是 l^∞ 中的有界无穷集,但对任意 n,m,若 $n \neq m$,则 $\| \varepsilon_n - \varepsilon_m \|_\infty = 1$,故 A 中没有收敛的点列,从而 A 不可能有聚点.为此,我们引进下面的概念:

定义 4　设 M 是距离空间 X 中的点集,若 M 中任何序列都有收敛的子列(该子列的极限未必还在 M 中),则称 M 是**列紧集**.列紧的闭集称为**自列紧集**.

例 3　$\mathbf{R}^n$ 中任意有界集都是列紧集.任意有界闭集都是自列紧集.

可以说有界集必为列紧集是有限维空间的特征.事实上,可以证明,若 X 是线性赋范空间,则 $(X)_1 = \{ x \in X \mid \| x \| \leq 1 \}$ 是列紧的当且仅当 $\dim X < \infty$.为此我们首先证明著名的 Riesz(里斯)引理.

定理 10(Riesz 引理)　设 M 是线性赋范空间 X 的子空间,且 $M \neq X$,则对任意正数 $\varepsilon < 1$,存在 $x_\varepsilon \in X$ 使得 $\| x_\varepsilon \| = 1$,且

$$\rho(x_\varepsilon, M) \overset{\text{def}}{=\!=\!=} \inf_{x \in M} \| x - x_\varepsilon \| \geq 1 - \varepsilon.$$

证明　令 $x_0 \in X - M$,则 $d \overset{\text{def}}{=\!=\!=} \rho(x_0, M) > 0$,对任意 $0 < \varepsilon < 1$ 及 $\eta > 0$,由 d 的定义知存在 $\tilde{x}_0 \in M$,使得

$$d \leq \| x_0 - \tilde{x}_0 \| < d + \eta.$$

令 $x_\varepsilon = \dfrac{1}{\| x_0 - \tilde{x}_0 \|} (x_0 - \tilde{x}_0)$,则 $x_\varepsilon \in X$,$\| x_\varepsilon \| = 1$,且对任意 $x \in M$,

$$\| x_\varepsilon - x \| = \left\| x - \frac{x_0 - \tilde{x}_0}{\| x_0 - \tilde{x}_0 \|} \right\| = \frac{1}{\| x_0 - \tilde{x}_0 \|} \| (\| x_0 - \tilde{x}_0 \| x + \tilde{x}_0) - x_0 \| \geq \frac{d}{d + \eta}.$$

取 $\eta \leq d\varepsilon$,则有 $\| x_\varepsilon - x \| \geq \dfrac{d}{d+\eta} \geq 1 - \varepsilon$.证毕.

若 $\dim X = \infty$,则任取 $x_1 \in X$,记 $M_1 = L(x_1)$,显然 $M_1 \neq X$,由定理 10 知存在 $x_2 \in X - M_1$,使得 $\| x_2 \| = 1$,且 $\rho(x_2, M_1) \geq \dfrac{1}{2}$;记 $M_2 = L(x_1, x_2)$,仍由定理 10 知存在 $x_3 \in X - M_2$,使 $\rho(x_3, M_2) \geq \dfrac{1}{2}$,以此类推,可找到一列 $\{x_n\}_{n=2}^\infty$ 满足 $\| x_n \| = 1$,$\rho(x_n, M_{n-1}) \geq \dfrac{1}{2}$,$M_{n-1} = L(x_1, x_2, \cdots, x_{n-1})$.特别地,对任意 n, m,只要 $n \neq m$,必有 $\| x_n - x_m \| \geq \dfrac{1}{2}$,显然 $\{x_n\}_{n=2}^\infty$ 无收敛子列,即 $(X)_1$ 不是列紧的.

与列紧性密切相关的概念是完全有界性.首先我们引入所谓的 ε 网.

定义 5　设 M, N 是距离空间 (X, ρ) 中的集合,ε 是给定的正数,若对 M 中任意

一点 x,存在 N 中的点 $\tilde{x}$,使得 $\rho(x,\tilde{x})<\varepsilon$,则称 N 是 M 的 ε 网.

定义 6　设 M 是距离空间 X 中的集合,若对任意 $\varepsilon>0$,总存在 X 中的有限点集构成 M 的 ε 网,则称 M 是**完全有界集**.

不难证明,M 是完全有界集当且仅当对任意 $\varepsilon>0$,存在 M 中的有限点集构成 M 的 ε 网(为什么?).区间 $[a,b]$ 是 $\mathbf{R}$ 中的完全有界集.事实上,对任意 $\varepsilon>0$,取正整数 N,使得 $\dfrac{b-a}{N}<\varepsilon$,令 $A_N=\left\{\dfrac{i}{N}(b-a)+a \,\middle|\, i=0,1,2,\cdots,N\right\}$,则 A_N 是有限集,且构成 $[a,b]$ 的 ε 网.实际上,可以证明,$\mathbf{R}$ 中任一有界点集都是完全有界的.

定理 11　距离空间 (X,ρ) 中的任一列紧集必是完全有界集.反之,若 (X,ρ) 是完备的距离空间,则 X 中任一完全有界集必是列紧集.

证明　设 M 是 X 中的列紧集,若它不是完全有界集,则存在 $\varepsilon_0>0$,使得 M 没有有限的 ε_0 网,任取 $x_1\in M$,必存在 $x_2\in M$,使得 $\rho(x_1,x_2)\geqslant\varepsilon_0$,若不然,$\{x_1\}$ 便构成 M 的 ε_0 网.同理存在 $x_3\in M$,使得 $\rho(x_3,x_i)\geqslant\varepsilon_0(i=1,2)$,继续这个过程,可得 M 中一点列 $\{x_k\}$ 使得 $\rho(x_m,x_n)\geqslant\varepsilon_0(n\neq m)$.显然 $\{x_k\}$ 不可能含收敛的子列,这与 M 的列紧性矛盾,故 M 必是完全有界集.

现设 (X,ρ) 是完备的距离空间,M 是 X 中的完全有界集,往证 M 是列紧的.为此,设 $\{x_k\}_{k=1}^{\infty}$ 是 M 中任一点列,不妨设 $\{x_k\}_{k=1}^{\infty}$ 有无穷多个元素,对任意自然数 k,M 有有限的 $\dfrac{1}{k}$ 网,于是存在 X 中以 $\varepsilon_1=1$ 为半径的球 S_1,使 $S_1\cap\{x_k\}_{k=1}^{\infty}$ 是无穷点集,记 $A_1=S_1\cap\{x_k\}_{k=1}^{\infty}$,由于 M 有有限的 $\dfrac{1}{2}$ 网,从而 A_1 也有有限的 $\dfrac{1}{2}$ 网,因此,有 X 中以 $\varepsilon_2=\dfrac{1}{2}$ 为半径的球 S_2,使得 $S_2\cap A_1$ 是无穷点集,记 $A_2=S_2\cap A_1$,以此类推,可得 $\{x_k\}_{k=1}^{\infty}$ 的一列无穷子集 $\{A_k\}_{k=1}^{\infty}$,满足

$$A_{k+1}\subset A_k\subset S_k,\quad k=1,2,\cdots.$$

取 $x_{n_1}\in A_1,x_{n_2}\in A_2-\{x_{n_1}\},\cdots,x_{n_k}\in A_k-\{x_{n_1},x_{n_2},\cdots,x_{n_{k-1}}\},\cdots.$ 则当 $i\geqslant k$ 时,$x_{n_i}\in S_k$,于是

$$\rho(x_{n_i},x_{n_j})<\frac{2}{k}\quad(j>k).$$

故 $\{x_{n_k}\}_{k=1}^{\infty}$ 是 Cauchy 列,由 X 是完备的立知 $\{x_{n_k}\}_{k=1}^{\infty}$ 收敛.证毕.

定理 12　距离空间中任一完全有界集都是可分的.

证明　设 M 是距离空间 (X,ρ) 中的完全有界集,则对任意自然数 k,存在 X 的有限子集 $A_k=\{x_1^{(k)},x_2^{(k)},\cdots,x_{N_k}^{(k)}\}$,使得 A_k 构成 M 的 $\dfrac{1}{k}$ 网,令

$$A = \bigcup_{k=1}^{\infty} A_k,$$

则 A 是 X 中的可数集,且对任意 $x \in M$ 及任意 $\varepsilon > 0$,存在 k,使得 $\dfrac{1}{k} \leqslant \varepsilon$,由 A_k 是 M 的 $\dfrac{1}{k}$ 网知存在 $x_k \in A_k \subset A$,使得 $\rho(x_k, x) < \dfrac{1}{k} \leqslant \varepsilon$,故 A 在 M 中稠密,从而 M 是可分点集. 证毕.

定义 7   设 M 是距离空间 X 中的点集,若 M 的任意开覆盖都有有限的子覆盖,则称 M 是**紧集**.

在 $\mathbf{R}^n$ 中,著名的有限覆盖定理指出:任一有界闭集的任何开覆盖都有有限的子覆盖. 容易看到,在一般的距离空间中,类似结论未必成立. 仍以 l^∞ 为例,记

$$A = \left\{ \varepsilon_n = \{ x_i^{(n)} \} \ \middle| \ x_i^{(n)} = \begin{cases} 1, & i = n, \\ 0, & i \neq n \end{cases} \right\},$$

则因 $A' = \varnothing$,故 A 是闭集,对任意 $\varepsilon < \dfrac{1}{2}$,令 $S_n = S(\varepsilon_n, \varepsilon)$,则 $\bigcup\limits_{n=1}^{\infty} S_n \supset A$,但因 $S_n \cap S_m = \varnothing \, (n \neq m)$,故 $\{ S_n \}_{n=1}^{\infty}$ 的任意有限个集合之并都不能包含 A,这就是说,不存在 $\{ S_n \}_{n=1}^{\infty}$ 的有限子集簇覆盖 A. 那么在距离空间中,对什么样的集合,有限覆盖定理成立? 或者说,什么样的集合是紧集? 下面的定理回答了这个问题.

定理 13   设 M 是距离空间 X 中的点集,则 M 是紧集当且仅当它是自列紧集.

证明   设 M 是紧集,$\{ x_n \}_{n=1}^{\infty}$ 是 M 中任一序列,假若 $\{ x_n \}_{n=1}^{\infty}$ 中不存在收敛于 M 中点的子列,则对任意 $x \in M$,存在 $\delta_x > 0$,使得 $S(x, \delta_x)$ 中不含 $\{ x_n \}_{n=1}^{\infty}$ 中异于 x 的点. 事实上,若对任意 $\varepsilon > 0$,$[S(x, \varepsilon) - \{ x \}] \cap \{ x_n \}_{n=1}^{\infty} \neq \varnothing$,取 $\varepsilon_k = \dfrac{1}{k}$,并取 $y_k \in [S(x, \varepsilon_k) - \{ x \}] \cap \{ x_n \}_{n=1}^{\infty}$,则 $\{ y_k \}_{k=1}^{\infty} \subset \{ x_n \}_{n=1}^{\infty}$,且 $\rho(y_k, x) < \varepsilon_k \to 0 \, (k \to \infty)$,这与假设矛盾. 注意

$$\bigcup_{x \in M} S(x, \delta_x) \supset M,$$

即 $\{ S(x, \delta_x) \}_{x \in M}$ 是 M 的一个开覆盖,由 M 是紧的知存在 $y_1, y_2, \cdots, y_m \in M$,使得

$$\bigcup_{i=1}^{m} S(y_i, \delta_{y_i}) \supset M \supset \{ x_n \}_{n=1}^{\infty}.$$

由于 $(S(y_i, \delta_{y_i}) - \{ y_i \}) \cap \{ x_n \}_{n=1}^{\infty} = \varnothing$,故 $S(y_i, \delta_{y_i}) \cap \{ x_n \}_{n=1}^{\infty}$ 是单点集或空集,这说明 $\{ x_n \}_{n=1}^{\infty}$ 只能是有限点集,从而 $\{ x_n \}_{n=1}^{\infty}$ 有收敛于 M 中某点的子列,这和假设矛盾,因此 M 是自列紧集.

反之,假设 M 是自列紧集,由定理 11 及定理 12 知 M 是可分点集,故存在 M 中可数点集 $A = \{ x_n \}_{n=1}^{\infty}$ 在 M 中稠密. 设 $\{ G_\lambda \}_{\lambda \in \Lambda}$ 是 M 的一个开覆盖,对任意 $x \in M$,存在 $\lambda \in \Lambda$,使 $x \in G_\lambda$,由于 G_λ 是开集,故存在 $\varepsilon > 0$,使得 $S(x, \varepsilon) \subset G_\lambda$. 因 A 在 M 中稠密,所以

$A \cap S\left(x, \dfrac{\varepsilon}{3}\right) \neq \varnothing$，任取 $x' \in A \cap S\left(x, \dfrac{\varepsilon}{3}\right)$，则存在有理数 $r(x') > 0$，使得 $x \in S(x', r) \subset$

$S(x, \varepsilon) \subset G_\lambda$（事实上，只要取有理数 $r(x')$ 满足 $\dfrac{\varepsilon}{3} < r(x') < \dfrac{\varepsilon}{2}$，则由 $x' \in A \cap S\left(x, \dfrac{\varepsilon}{3}\right)$ 知

对任意 $y \in S(x', r)$，有 $\rho(x, y) \leqslant \rho(x, x') + \rho(x', y) < \dfrac{\varepsilon}{3} + r < \varepsilon$，即 $y \in S(x, \varepsilon)$，从而 $S(x',$

$r) \subset S(x, \varepsilon)$，另一方面，由 $\rho(x, x') < \dfrac{\varepsilon}{3} < r(x')$ 知 $x \in S(x', r)$）. 记 $\mathscr{A}$ 是以 A 中的点为

球心，以有理数为半径且包含于某个 G_λ 中的开球全体. 显然 $\mathscr{A}$ 是可数集，故不妨设

$\mathscr{A} = \{S_k\}_{k=1}^\infty$，由上面的讨论知任意 $x \in M$ 均在某个 S_k 中，所以 $\mathscr{A}$ 是 M 的一个开覆盖，

由于对每个 S_k，存在 $\lambda_k \in \Lambda$ 使得 $S_k \subset G_{\lambda_k}$，故 $\{G_{\lambda_k}\}_{k=1}^\infty$ 是 M 的可数子覆盖. 往证 $\{G_{\lambda_k}\}_{k=1}^\infty$

中必有 M 的有限子覆盖. 若不然，对任意自然数 n，$M - \bigcup\limits_{k=1}^{n} G_{\lambda_k} \neq \varnothing$，故可取 $x_n \in M -$

$\bigcup\limits_{k=1}^{n} G_{\lambda_k}$，从而得 M 中一点列 $\{x_n\}_{n=1}^\infty$，由 M 是自列紧集知 $\{x_n\}_{n=1}^\infty$ 有收敛子列 $\{x_{n_j}\}_{j=1}^\infty$ 收

敛到 M 中某一点 x_0，由于 $x_n \notin \bigcup\limits_{k=1}^{n} G_{\lambda_k}$，故可证明 $x_0 \notin \bigcup\limits_{k=1}^{\infty} G_{\lambda_k}$. 事实上，若有 k_0 使 $x_0 \in$

$G_{\lambda_{k_0}}$，则存在 $\varepsilon > 0$，使得 $S(x_0, \varepsilon) \subset G_{\lambda_{k_0}}$，由 $x_n \to x_0 (n \to \infty)$ 知存在 J，当 $j > J$ 时，$x_{n_j} \in S(x_0,$

$\varepsilon) \subset G_{\lambda_{k_0}}$，当 j 充分大时，有 $n_j > k_0$，于是由 $x_{n_j} \notin \bigcup\limits_{k=1}^{n_j} G_{\lambda_k} \supset \bigcup\limits_{k=1}^{k_0} G_{\lambda_k}$ 知，应有 $x_{n_j} \notin G_{\lambda_{k_0}}$，从而

得到矛盾，这个矛盾说明 $x_0 \notin \bigcup\limits_{k=1}^{\infty} G_{\lambda_k}$. 然而，由前面的证明知 $\{G_{\lambda_k}\}_{k=1}^\infty$ 是 M 的可数子覆

盖，所以应有 $x_0 \in \bigcup\limits_{k=1}^{\infty} G_{\lambda_k}$，再次得到矛盾. 因此 $\{G_{\lambda_k}\}_{k=1}^\infty$ 中有 M 的有限子覆盖. 证毕.

紧集是距离空间中十分重要的概念，其特征类似有限维空间中的有界闭集. 事实
上，欧氏空间中有界闭集上的许多结论都可以照搬到距离空间中的紧集上. 如何判断
一个集合是不是紧集？这里介绍一种分析中常用的方法，即所谓的**对角线方法**. 让我
们从一个具体的例子出发说明这一方法.

例 4 设 $\mathscr{A}$ 是 $C([a, b])$ 中的有界集，且对任意 $\varepsilon > 0$，存在 $\delta > 0$，使得对任意
$x_1, x_2 \in [a, b]$，只要 $|x_1 - x_2| < \delta$，就有

$$|f(x_1) - f(x_2)| < \varepsilon \quad (\forall f \in \mathscr{A}),$$

证明 $\mathscr{A}$ 是列紧集. 满足上述条件的集合 $\mathscr{A}$ 称为**等度连续函数簇**.

证明 设 $\{f_k\}_{k=1}^\infty$ 是 $\mathscr{A}$ 中任一点列，往证 $\{f_k\}$ 有收敛子列. 记 $\{r_i\}_{i=1}^\infty$ 为 $[a, b]$
中有理数全体，因 $\mathscr{A}$ 有界，故 $\{f_k(r_1)\}_{k=1}^\infty$ 是有界数列，从而存在收敛的子列，记为
$\{f_k^{(1)}(r_1)\}_{k=1}^\infty$，由于 $\{f_k^{(1)}(r_2)\}_{k=1}^\infty$ 有界，故也有收敛子列，记为 $\{f_k^{(2)}(r_2)\}_{k=1}^\infty$，因
$\{f_k^{(2)}\}$ 是 $\{f_k^{(1)}\}$ 的子列，所以 $\{f_k^{(2)}(r_1)\}$ 是收敛的. 将此过程继续下去可得一簇序列
如下：

$$f_1^{(1)}, f_2^{(1)}, f_3^{(1)}, \cdots, f_k^{(1)}, \cdots;$$
$$f_1^{(2)}, f_2^{(2)}, f_3^{(2)}, \cdots, f_k^{(2)}, \cdots;$$
$$\cdots$$
$$f_1^{(i)}, f_2^{(i)}, f_3^{(i)}, \cdots, f_k^{(i)}, \cdots;$$
$$\cdots$$

其中 $\{f_k^{(i)}\}$ 是 $\{f_k^{(i-1)}\}$ 的子列,且 $\{f_k^{(i)}(r_j)\}_{k=1}^{\infty}(j=1,2,\cdots,i)$ 是收敛数列,令

$$\tilde{f}_k = f_k^{(k)},$$

则 $\{\tilde{f}_k\}$ 是 $\{f_k\}$ 的子列,且对任意有理数 r_i,当 $k>i$ 时 $\{\tilde{f}_k(r_i)\}$ 是 $\{f_k^{(i)}(r_i)\}$ 的子列,从而收敛. 这就是说,$\{\tilde{f}_k\}$ 在 $[a,b]$ 中任一有理点是收敛的. 现设 $x \in [a,b]$,则对任意 $\varepsilon>0$,存在 $\delta>0$,只要 $|y-x|<\delta(y \in [a,b])$,就有 $|f(x)-f(y)|<\varepsilon$ ($\forall f \in \mathscr{A}$),取有理数 r 满足 $|r-x|<\delta$,于是对任意 k 有

$$|\tilde{f}_k(r) - \tilde{f}_k(x)| < \varepsilon,$$

由 $\{\tilde{f}_k(r)\}$ 是收敛的知存在 K,当 $k,k' \geq K$ 时,有

$$|\tilde{f}_k(r) - \tilde{f}_{k'}(r)| < \varepsilon,$$

从而

$$|\tilde{f}_k(x) - \tilde{f}_{k'}(x)| \leq |\tilde{f}_k(x) - \tilde{f}_k(r)| + |\tilde{f}_k(r) - \tilde{f}_{k'}(r)| + |\tilde{f}_{k'}(r) - \tilde{f}_{k'}(x)| < 3\varepsilon.$$

由 ε 的任意性知 $\{\tilde{f}_k(x)\}$ 是 Cauchy 列,故而收敛. 任取 $\varepsilon>0$,则存在 $\delta>0$,使得只要 $|x-x'|<\delta$,就有

$$|f(x)-f(x')| < \varepsilon \quad (\forall f \in \mathscr{A}),$$

显然 $\{S(x,\delta)\}_{x \in [a,b]}$ 构成 $[a,b]$ 的一个开覆盖,由有限覆盖定理知存在 $x_1, x_2, \cdots, x_n \in [a,b]$,使得

$$\bigcup_{i=1}^{n} S(x_i, \delta) \supset [a,b],$$

对任意 $i,1 \leq i \leq n$,存在 K_i,当 $k,k'>K_i$ 时,有

$$|\tilde{f}_k(x_i) - \tilde{f}_{k'}(x_i)| < \varepsilon,$$

令 $K=\max\{K_i \mid i=1,2,\cdots,n\}$,则当 $k,k'>K$ 时,对任意 $x \in [a,b]$,存在 i,使得 $x \in S(x_i, \delta)$,且

$$|\tilde{f}_k(x) - \tilde{f}_{k'}(x)| \leq |\tilde{f}_k(x) - \tilde{f}_k(x_i)| + |\tilde{f}_k(x_i) - \tilde{f}_{k'}(x_i)| + |\tilde{f}_{k'}(x) - \tilde{f}_{k'}(x_i)| < 3\varepsilon,$$

进而 $\|\tilde{f}_k - \tilde{f}_{k'}\|_{\infty} \leq 3\varepsilon$. 由 ε 的任意性立知 $\{\tilde{f}_k\}$ 是 $C([a,b])$ 中的 Cauchy 列,从而收敛,

于是 $\mathscr{A}$ 是列紧的.

从上面的例子可以看出,所谓对角线方法就是要从一个具有二重指标的有界数列 $\{a_{nk}\}$ 中寻找子列 $\{a_{nk_i}\}$,使得对每个 n,$\{a_{nk_i}\}$ 都是收敛的. 具体做法是,先从 $\{a_{1k}\}$ 中找一收敛的子列(由于有界,这种子列一定存在),记为 $\{a_{1k_i^{(1)}}\}_{i=1}^{\infty}$,再考察数列 $\{a_{2k_i^{(1)}}\}_{i=1}^{\infty}$,由于它有界,故也存在收敛子列,记为 $\{a_{2k_i^{(2)}}\}_{i=1}^{\infty}$. 注意 $\{a_{1k_i^{(2)}}\}_{i=1}^{\infty}$ 是 $\{a_{1k_i^{(1)}}\}_{i=1}^{\infty}$ 的子列,故也收敛,以此类推,可得一列收敛的子列如下:

$$a_{1k_1^{(1)}}, a_{1k_2^{(1)}}, \cdots, a_{1k_i^{(1)}}, \cdots;$$

$$a_{2k_1^{(2)}}, a_{2k_2^{(2)}}, \cdots, a_{2k_i^{(2)}}, \cdots;$$

$$\cdots$$

$$a_{nk_1^{(n)}}, a_{nk_2^{(n)}}, \cdots, a_{nk_i^{(n)}}, \cdots;$$

$$\cdots$$

从子列的取法知每一行第二个下标组成的序列都是上一行第二个下标组成序列的子列,对每个 n,取子列 $\{a_{nk_i^{(i)}}\}_{i=1}^{\infty}$,则当 $i \geqslant n$ 时,$\{a_{nk_i^{(i)}}\}$ 是 $\{a_{nk_i^{(n)}}\}$ 的子列,从而收敛,这说明,对每个 n,$\{a_{nk_i^{(i)}}\}_{i=1}^{\infty}$ 是收敛的. 这种取子列的办法就是从下标集 $\{k_i^{(j)}\}_{i,j=1}^{\infty}$ 中取子集 $\{k_i^{(i)}\}_{i=1}^{\infty}$,使其对应的子列 $\{a_{nk_i^{(i)}}\}_{i=1}^{\infty}$ 收敛. 如果把 $\{k_i^{(j)}\}$ 排成无穷方阵的形式:

$$k_1^{(1)}, k_2^{(1)}, \cdots, k_i^{(1)}, \cdots;$$

$$k_1^{(2)}, k_2^{(2)}, \cdots, k_i^{(2)}, \cdots;$$

$$\cdots$$

$$k_1^{(i)}, k_2^{(i)}, \cdots, k_i^{(i)}, \cdots;$$

$$\cdots$$

则 $\{k_i^{(i)}\}$ 恰好是上述方阵的对角线上的元素,故称此方法为对角线方法.

例5   例4中列紧集的条件其实也是必要的,事实上,若 $\mathscr{A}$ 是 $C([a,b])$ 中的列紧集,则它也是完全有界的,所以是一致有界的. 此外,对任意 $\varepsilon > 0$,$\mathscr{A}$ 存在有限的 ε 网,记作 $f_1, f_2, \cdots, f_n$,于是对任意 $f \in \mathscr{A}$,存在 f_i,使得

$$\| f - f_i \|_{\infty} < \varepsilon.$$

由于 $f_i (i=1,2,\cdots,n)$ 在 $[a,b]$ 上一致连续,因而存在 $\delta > 0$ 使得只要 $|x-x'| < \delta (x,x' \in [a,b])$,就有

$$|f_i(x) - f_i(x')| < \varepsilon \quad (1 \leqslant i \leqslant n).$$

故对任意 $f \in \mathscr{A}$,当 $|x-x'| < \delta$ 时,有

$$|f(x) - f(x')| \leqslant |f(x) - f_i(x)| + |f_i(x) - f_i(x')| + |f_i(x') - f(x')|$$

$$\leqslant \| f - f_i \|_{\infty} + |f_i(x) - f_i(x')| + \| f - f_i \|_{\infty} < 3\varepsilon.$$

这说明 $\mathscr{A}$ 是等度连续的.

$C([a,b])$ 中列紧集的刻画通常称为 Arzelà-Ascoli(阿尔泽拉-阿斯科利)定理,若将 $[a,b]$ 换成距离空间 X 中的任意紧集 Ω,并与 $C([a,b])$ 类似定义距离,可

得距离空间 $C(\Omega) = \{f \mid f$ 是 Ω 到 $\mathbf{C}$ 的连续映射$\}$，$\|f\|_{\infty} = \sup\limits_{x \in \Omega} |f(x)|$（$\forall f \in C(\Omega)$），则例 4 中关于列紧集的结论对 $C(\Omega)$ 也是正确的，换句话说，我们有下面的

定理 14(Arzelà–Ascoli) 设 X 是距离空间，$\Omega \subset X$ 是紧集，$\mathscr{A}$ 是 $C(\Omega)$ 的子集，则 $\mathscr{A}$ 是列紧的当且仅当

（i）$\mathscr{A}$ 是一致有界的，即存在常数 $C > 0$，使得对任意 $f \in \mathscr{A}$，有
$$\|f\|_{\infty} = \sup_{x \in \Omega} |f(x)| \leqslant C;$$

（ii）$\mathscr{A}$ 是等度连续的，即对任意 $\varepsilon > 0$，存在 $\delta > 0$，使得当 $x, x' \in \Omega$ 且 $\|x - x'\| < \delta$ 时，有
$$|f(x) - f(x')| < \varepsilon \quad (\forall f \in \mathscr{A}).$$

我们已经从线性代数中了解到任何有限维线性空间总存在基底，从而可以利用基底来研究空间及其上的线性变换. 我们也可以给有限维线性空间赋予一个范数使其成为线性赋范空间，这样的空间具有何种结构和性质？可以证明，任何 n 维实线性赋范空间必与 $\mathbf{R}^n$ 线性同构且同胚. 由此可见，在 $\mathbf{R}^n$ 中成立的结论在 n 维线性赋范空间中一般也是成立的. 换言之，n 维实线性赋范空间与 $\mathbf{R}^n$ 有着完全类似的性质. 例如，在有限维线性赋范空间中，Bolzano-Weierstrass（波尔查诺–魏尔斯特拉斯）聚点原理总是成立的，任何有界集是列紧集，任何有界闭集是紧集等.

§5　不动点定理

5.1　压缩映射的不动点定理

众所周知，迭代算法是方程近似解计算中常用的方法. 例如，我们在求代数方程 $f(x) = 0$ 的根时，可以任取一初始值 x_0，然后求 $y = f(x)$ 在点 $(x_0, f(x_0))$ 处的切线与 x 轴的交点，设其交点横坐标为 x_1，再求 $y = f(x)$ 在点 $(x_1, f(x_1))$ 处的切线与 x 轴的交点，设其交点横坐标为 x_2，如此继续下去，得一序列 $\{x_n\}$，通过极限方法可得 $f(x) = 0$ 的根. 这就是著名的 Newton 切线法. 我们可以改变一下问题的叙述方式，若 $f'(x_0) = 0$，首先验证 x_0 是不是 $f(x) = 0$ 的根，若不是零点，则可限制 x 的取值范围，从而排除 $f'(x) = 0$ 的情况. 因此，不妨设 $f'(x) \neq 0$，令
$$g(x) = x - \frac{f(x)}{f'(x)},$$
则求 $f(x) = 0$ 的根等价于求解方程 $g(x) = x$，而 Newton 切线法等价于如下的逐次迭代：
$$x_n = g(x_{n-1}) \quad (n = 1, 2, \cdots).$$

将此方法抽象出来,运用到一般的距离空间中,便得到人们常说的不动点定理.不动点定理的形式很多,其中较为简单的是压缩映射的不动点定理.

定义 1   设 $(X,\rho),(Y,\rho_1)$ 是距离空间,A 是 X 中的子集,f 是 A 到 Y 中的映射.设 $x_0 \in A$,若对任意 $\varepsilon > 0$,存在 $\delta > 0$,使得只要 $x \in A$ 满足

$$\rho(x,x_0) < \delta,$$

就有

$$\rho_1(f(x),f(x_0)) < \varepsilon,$$

则称 f **在点** x_0 **连续**.若 f 在 A 中每一点连续,则称 f **在** A **上连续**.

定义 2   设 T 是距离空间 (X,ρ) 到自身的映射,如果存在常数 $\alpha > 0$,使得对任意 $x,y \in X$,有

$$\rho(Tx,Ty) \leqslant \alpha\rho(x,y),$$

则称 T 满足 **Lipschitz(利普希茨)条件**,α 称为 T 的 **Lipschitz 常数**.若 $\alpha < 1$,则称 T 为**压缩映射**.

若 T 是 (X,ρ) 到自身的映射,$x \in X$ 满足 $Tx = x$,则称 x 为映射 T 的**不动点**.

命题   设 T 是距离空间 (X,ρ) 到自身的映射,且满足 Lipschitz 条件,则 T 是连续映射.

证明   假设对任意 $x,y \in X$,有

$$\rho(Tx,Ty) \leqslant \alpha\rho(x,y) \quad (\alpha > 0),$$

则对任意 $\varepsilon > 0$ 及 $x \in X$,取 $\delta = \dfrac{\varepsilon}{\alpha}$,则当 $y \in S(x,\delta)$ 时,有

$$\rho(Tx,Ty) \leqslant \alpha\rho(x,y) \leqslant \alpha\delta = \varepsilon.$$

故 T 是连续的.证毕.

定理 1(Banach 不动点定理)   设 T 是完备距离空间 (X,ρ) 到自身的压缩映射,则存在唯一的 $x \in X$,使得 $Tx = x$,即 T 在 X 上有唯一的不动点.

证明   设 T 的 Lipschitz 常数为 $\alpha(\alpha < 1)$,任取 $x_0 \in X$,令 $x_n = Tx_{n-1}(n = 1,2,\cdots)$,则

$$\rho(x_n,x_{n-1}) = \rho(Tx_{n-1},Tx_{n-2}) \leqslant \alpha\rho(x_{n-1},x_{n-2}) \leqslant \alpha^{n-1}\rho(Tx_0,x_0), \quad n = 2,3,\cdots.$$

于是对任意自然数 n,k,有

$$\begin{aligned}
\rho(x_{n+k},x_n) &\leqslant \rho(x_{n+k},x_{n+k-1}) + \cdots + \rho(x_{n+1},x_n)\\
&\leqslant (\alpha^{n+k-1} + \cdots + \alpha^n)\rho(Tx_0,x_0)\\
&= \frac{\alpha^n(1-\alpha^k)}{1-\alpha}\rho(Tx_0,x_0)\\
&\leqslant \frac{\alpha^n}{1-\alpha}\rho(Tx_0,x_0).
\end{aligned}$$

由此可见 $\rho(x_{n+k},x_n) \to 0(n \to \infty)$,从而 $\{x_n\}_{n=1}^{\infty}$ 是 Cauchy 列.因 (X,ρ) 是完备的,故

存在 $x \in X$，使 $\rho(x_n, x) \to 0 (n \to \infty)$，由命题 1 知 T 是连续的，所以

$$Tx = \lim_{n \to \infty} Tx_n = \lim_{n \to \infty} x_{n+1} = x,$$

即 x 是 T 的不动点.

若 $\tilde{x}$ 是 T 的另一不动点，则

$$\rho(x, \tilde{x}) = \rho(Tx, T\tilde{x}) \leqslant \alpha \rho(x, \tilde{x}),$$

由 $0 < \alpha < 1$ 立知 $\rho(x, \tilde{x}) = 0$，即 $x = \tilde{x}$. 证毕.

上述定理的证明过程同时给出了迭代点列收敛到不动点的速度，这只要在不等式

$$\rho(x_{n+k}, x_n) \leqslant \frac{\alpha^n}{1-\alpha} \rho(Tx_0, x_0)$$

中令 k 趋于无穷便得

$$\rho(x, x_n) \leqslant \frac{\alpha^n}{1-\alpha} \rho(Tx_0, x_0).$$

不动点定理对于微分方程、积分方程解的存在性与唯一性证明是强有力的工具. 我们来看一个例子.

例 1 设 $f \in C([a,b])$，$K(s,t) \in C([a,b] \times [a,b])$，且有常数 M 使得

$$\int_a^b |K(s,t)| \, \mathrm{d}t \leqslant M < \infty \quad (a \leqslant s \leqslant b),$$

证明当 $|\lambda| < \dfrac{1}{M}$ 时，存在唯一的 $\varphi \in C([a,b])$ 满足

$$\varphi(s) = f(s) + \lambda \int_a^b K(s,t) \varphi(t) \, \mathrm{d}t.$$

证明 令

$$T\varphi(s) = f(s) + \lambda \int_a^b K(s,t) \varphi(t) \, \mathrm{d}t,$$

记 $\alpha = |\lambda| M$，则 $\alpha < 1$ 且对任意 $\varphi, \psi \in C([a,b])$，有

$$\|T\varphi - T\psi\|_\infty = |\lambda| \left\| \int_a^b K(s,t) \varphi(t) \, \mathrm{d}t - \int_a^b K(s,t) \psi(t) \, \mathrm{d}t \right\|_\infty$$

$$\leqslant |\lambda| \max_{a \leqslant s \leqslant b} \int_a^b |K(s,t)| \cdot |\varphi(t) - \psi(t)| \, \mathrm{d}t$$

$$\leqslant |\lambda| M \max_{a \leqslant t \leqslant b} |\varphi(t) - \psi(t)| = \alpha \|\varphi - \psi\|_\infty.$$

这说明 T 是 $C([a,b])$ 到 $C([a,b])$ 的压缩映射，从而存在唯一的 $\varphi \in C([a,b])$，使得 $T\varphi = \varphi$，即

$$\varphi(s) = f(s) + \lambda \int_a^b K(s,t) \varphi(t) \, \mathrm{d}t.$$

定理 1 的条件可以减弱为 T 是幂压缩的，即存在自然数 n，使得 T^m 为压缩映

射,则结论仍然正确. 换言之,我们有

定理 2　设 T 是完备距离空间 (X, ρ) 到自身的映射,且存在自然数 n,使 T^n 是压缩映射,则 T 在 X 中有唯一的不动点.

证明　令 $S = T^n$,则 S 是 X 上的压缩映射,由定理 1 知存在唯一的 $x \in X$,使 $Sx = x$. 显然 $TSx = TT^n x = T^n Tx = STx$,故由 $Sx = x$ 得 $Tx = S(Tx)$,这说明 Tx 也是 S 的不动点,由不动点的唯一性知 $Tx = x$,所以 x 也是 T 的不动点. 若另有 $y \in X$,使 $Ty = y$,则必有 $Sy = y$,仍由不动点的唯一性得 $y = x$. 证毕.

例 2　设 $K(s,t)$ 是区域 $D = \{(s,t) \mid a \leqslant s \leqslant b, a \leqslant t \leqslant s\}$ 上的连续函数,$f \in C([a,b])$,证明对任意常数 λ,存在唯一的 $\varphi \in C([a,b])$ 满足

$$\varphi(s) = f(s) + \lambda \int_a^s K(s,t) \varphi(t) \, \mathrm{d}t.$$

证明　记 $M = \max\limits_{(s,t) \in D} |K(s,t)|$,令

$$T\varphi(s) = f(s) + \lambda \int_a^s K(s,t) \varphi(t) \, \mathrm{d}t,$$

则对任意 $\varphi, \psi \in C([a,b])$,有

$$
\begin{aligned}
|T\varphi(s) - T\psi(s)| &= |\lambda| \cdot \left| \int_a^s K(s,t) [\varphi(t) - \psi(t)] \, \mathrm{d}t \right| \\
&\leqslant |\lambda| M(s-a) \|\varphi - \psi\|_\infty,
\end{aligned}
$$

于是

$$
\begin{aligned}
|T^2 \varphi(s) - T^2 \psi(s)| &= |T(T\varphi(s)) - T(T\psi(s))| \\
&= |\lambda| \cdot \left| \int_a^s K(s,t) [T\varphi(t) - T\psi(t)] \, \mathrm{d}t \right| \\
&\leqslant |\lambda| \int_a^s |K(s,t)| \cdot |\lambda| M(t-a) \|\varphi - \psi\|_\infty \, \mathrm{d}t \\
&= |\lambda|^2 M^2 \int_a^s (t-a) \, \mathrm{d}t \, \|\varphi - \psi\|_\infty \\
&= |\lambda|^2 M^2 \frac{(s-a)^2}{2} \|\varphi - \psi\|_\infty.
\end{aligned}
$$

应用数学归纳法不难证明对任意自然数 n,有

$$|T^n \varphi(s) - T^n \psi(s)| \leqslant |\lambda|^n M^n \frac{(s-a)^n}{n!} \|\varphi - \psi\|_\infty.$$

进而

$$\|T^n \varphi - T^n \psi\|_\infty \leqslant \frac{[|\lambda| M(b-a)]^n}{n!} \|\varphi - \psi\|_\infty.$$

取自然数 N,使 $\alpha = \dfrac{[|\lambda| M(b-a)]^N}{N!} < 1$,则 T^N 是压缩映射,从而存在唯一的 $\varphi \in C([a,b])$,使 $T\varphi = \varphi$.

5.2   凸紧集上的不动点定理

对于非压缩映射,如果对其定义域加上适当条件,也可以使其有不动点,比较常见的是凸紧集上连续映射的不动点定理,它起源于 Brouwer(布劳威尔)关于 $\mathbf{R}^n$ 中闭单位球到自身的连续映射的不动点定理,具体说来即

定理 3(Brouwer)   设 $\overline{B_n}$ 是 $\mathbf{R}^n$ 中的闭单位球,T 是 $\overline{B_n}$ 到自身的连续映射,则至少存在一点 $x \in \overline{B_n}$,使得 $Tx = x$.

Schauder(绍德尔)将 Brouwer 不动点定理推广到一般的情形,下面就线性赋范空间情形叙述这一结果.

定理 4(Schauder)   设 A 是线性赋范空间 X 中的凸紧集(若 A 是 X 的子集,且对任意 $x, y \in A$ 及 $t \in [0, 1]$ 有 $tx + (1-t)y \in A$,则称 A 是 X 中的凸集),f 是 A 到自身的连续映射,则存在 $x \in A$,使得

$$f(x) = x.$$

Kakutani Shizuo(角谷静夫)将 Brouwer 不动点定理推广到集值映射的情形,得到了所谓的 Kakutani 不动点定理,由于这已超出了本书的范围,此处不作详细介绍.

我们已经看到了压缩映射原理在方程方面的初步应用.不动点定理的应用远非仅止于此.例如,Lefschetz(莱夫谢茨)不动点定理以及 Poincaré–Birkhoff(庞加莱–伯克霍夫)不动点定理(又称 Poincaré 最后定理)便是与拓扑学密切相关的.在对策论中,其核心即所谓的均衡理论便是建立在不动点定理基础上的,它在现代经济理论中占有十分重要的地位.可见不动点理论实为数学的一个重要分支.

*§6   函数空间简介

6.1 H^p 空间

如果说实变函数为泛函分析的产生提供了重要的背景与具体的例子,那么泛函分析理论的形成则为函数论的研究注入了新的活力,提供了新的武器.将 L^p 空间结构与解析函数结构相结合产生的各类函数空间便是典型的例证.正是空间结构与解析函数结构的融合使得人们发现了解析函数的全新特征(内外因子分解).古典函数论与近代函数论的一个显著差别是:前者是对每个具体的函数进行研究,后者则是从空间结构出发研究函数,换句话说,是将若干函数构成的集合当作一个整体来研究.假如把函数比喻成树木的话,那么古典函数论研究的是每棵具体的树

木, 而近代函数论研究的则是森林.

众所周知, 相对于不同的区域及测度可以得到不同的 L^p 空间, 其中最常见的一类 L^p 空间是复平面内单位圆周上相对于弧长测度的 L^p 空间. 具体地说, 如果记 $\mathbb{T}$ 为复平面内的单位圆周, $\mathrm{d}\theta$ 为 $\mathbb{T}$ 上的弧长测度, 则对任意 $p>0$, 定义

$$L^p(\mathbb{T}) = \left\{ f \in L(\mathbb{T}) \ \middle| \ \int_0^{2\pi} |f(\mathrm{e}^{\mathrm{i}\theta})|^p \mathrm{d}\theta < \infty \right\},$$

其中 $L(\mathbb{T})$ 表示 $\mathbb{T}$ 上关于测度 $\mathrm{d}\theta$ 的可测函数全体. 若在 $L^p(\mathbb{T})$ 中引入范数 $\|\cdot\|_p$ 如下:

$$\|f\|_p = \left[\frac{1}{2\pi} \int_0^{2\pi} |f(\mathrm{e}^{\mathrm{i}\theta})|^p \mathrm{d}\theta \right]^{\frac{1}{p}} \quad (f \in L^p(\mathbb{T})),$$

则当 $1 \le p < \infty$ 时, $L^p(\mathbb{T})$ 构成 Banach 空间 (参见本书上册). 问题的难点在于如何将 $L^p(\mathbb{T})$ 的空间结构与解析函数结构相结合, 因为复平面内的解析函数通常是定义在一个区域上的, $\mathbb{T}$ 是复平面内的封闭曲线, 如何定义其上的解析函数? 回忆 $L^p(\mathbb{T})$ 中的每个函数都有形式 Fourier 级数:

$$f \sim \sum_{n=-\infty}^{\infty} a_n \mathrm{e}^{\mathrm{i}n\theta}, \quad f \in L^p(\mathbb{T}), \quad p \ge 1.$$

单位圆盘内的解析函数有内部一致收敛的级数展开:

$$f(z) = \sum_{n=0}^{\infty} a_n z^n, \quad f \text{ 在开单位圆盘 } D \text{ 内解析}.$$

上述两个级数启示我们按如下方式定义解析函数空间 $H^p(\mathbb{T})$:

$$H^p(\mathbb{T}) = \left\{ f \in L^p(\mathbb{T}) \ \middle| \ f \text{ 的 Fourier 级数具有形式 } f \sim \sum_{n=0}^{\infty} a_n \mathrm{e}^{\mathrm{i}n\theta} \right\}.$$

称 $H^p(\mathbb{T})$ 为 $\mathbb{T}$ 上的 **Hardy(哈代) 空间**, 它是一个 Banach 空间.

另一个定义 $H^p(\mathbb{T})$ 空间的办法是定义 $H^p(\mathbb{T})$ 为解析三角多项式全体在 $L^p(\mathbb{T})$ 空间中的闭包, 即

$$H^p(\mathbb{T}) = \left\{ f \in L^p(\mathbb{T}) \ \middle| \ \text{存在三角多项式 } p_k = \sum_{n \ge 0} a_n^{(k)} \mathrm{e}^{\mathrm{i}n\theta}, \text{使得} \|p_k - f\|_p \to 0 (k \to \infty) \right\}.$$

可以证明上述两种定义本质是一样的.

还有一个定义 H^p 空间的方法, 那就是将单位圆盘内的解析函数按某种度量加以控制, 即定义

$$H^p(D) = \left\{ f \in H(D) \ \middle| \ \sup_{0<r<1} \int_0^{2\pi} |f(r\mathrm{e}^{\mathrm{i}\theta})|^p \mathrm{d}\theta < \infty \right\},$$

其中 $H(D)$ 表示开单位圆盘 D 上解析函数全体. $H^p(D)$ 中的范数定义为

$$\|f\|_p = \sup_{0<r<1} \left[\frac{1}{2\pi} \int_0^{2\pi} |f(r\mathrm{e}^{\mathrm{i}\theta})|^p \mathrm{d}\theta \right]^{\frac{1}{p}}, f \in H^p(D).$$

如果记 f^* 为 f 的径向极限, 即

$$f^*(e^{i\theta}) = \lim_{r \to 1} f(re^{i\theta}),$$

则可以证明 $f^* \in H^p(\mathbb{T})$，且 $\|f^*\|_p = \|f\|_p$. 反之，若 $f \in H^p(\mathbb{T})$，则

$$F(z) = \frac{1}{2\pi} \int_0^{2\pi} \frac{f(e^{i\theta})}{1 - ze^{-i\theta}} d\theta$$

定义了 $H^p(D)$ 中的函数，且 $F^* = f$ a.e.，$\|F\|_p = \|f\|_p$. 这就是说，$H^p(\mathbb{T})$ 与 $H^p(D)$ 是等距同构的.

函数论的重要任务之一是研究函数的结构，Hardy 空间理论的最精彩之处或许是函数的内外因子分解定理.

单位圆盘上的一个解析函数 g 称为**内函数**是指它满足

$$|g(z)| \leqslant 1, \quad z \in D,$$
$$|g^*(e^{i\theta})| = 1 \quad \text{a.e.},$$

显然，$g \in H^p(D)$，$p \geqslant 1$，对 D 内任意有限个点 $\alpha_1, \alpha_2, \cdots, \alpha_n$，可以验证

$$B_n(z) = \prod_{k=1}^n \frac{z - \alpha_k}{1 - \overline{\alpha}_k z}$$

是内函数，这类函数称为**有限 Blaschke(布拉施克)积**，它在单位圆盘内刚好有 n 个零点. 如果任取 D 内可列点集 $\{\alpha_n\}_{n=1}^\infty$，能否构造出零点刚好是 $\{\alpha_n\}_{n=1}^\infty$ 的内函数呢？由经典的复变函数论显而易见，$\{\alpha_n\}$ 不能在 D 内有聚点，否则只能是零函数. 是不是 $|\alpha_n|$ 趋于 1 时就一定存在这样的函数呢？下面的定理告诉我们事实也不尽然.

定理   设 f 是单位圆盘内的有界解析函数且 $f(0) \neq 0$，若 $\{\alpha_n\}$ 是 f 在开单位圆盘 D 中零点的集合(包含重复)，则 $\prod_{n=1}^\infty |\alpha_n|$ 收敛，即

$$\sum_{n=1}^\infty (1 - |\alpha_n|) < \infty.$$

此时 $B(z) = \prod_{n=1}^\infty \frac{\overline{\alpha}_n}{\alpha_n} \frac{z - \alpha_n}{1 - \overline{\alpha}_n z}$ 恰好是与 f 有相同零点的内函数，它称为**无穷 Blaschke 积**.

需要指出的是，无穷乘积

$$B(z) = \prod_{n=1}^\infty \frac{\overline{\alpha}_n}{\alpha_n} \frac{z - \alpha_n}{1 - \overline{\alpha}_n z}$$

的收敛性指的是 $B_k(z) = \prod_{n=1}^k \frac{\overline{\alpha}_n}{\alpha_n} \frac{z - \alpha_n}{1 - \overline{\alpha}_n z}$ 在 D 上内闭一致收敛到 $B(z)$.

或许有人会问，为什么不定义 $B(z) = \prod_{n=1}^\infty \frac{z - \alpha_n}{1 - \overline{\alpha}_n z}$，而要增加一个因子 $\frac{\overline{\alpha}_n}{\alpha_n}$？这是因为无穷乘积 $\prod_{n=1}^\infty \frac{z - \alpha_n}{1 - \overline{\alpha}_n z}$ 未必收敛(参见文献[11]). 除了无穷 Blaschke 积之外，还有一类内函数，称为**奇异内函数**，它是指在 D 内没有零点的内函数，这类函数也可以具

体地写出来,但由于用到奇异测度等测度论中的概念,这里就不详述了.

$H^p(\mathbb{T})$(或 $H^p(D)$)中另一类重要函数是外函数,$H^p(\mathbb{T})$ 中的函数 f 若满足

$$V\left\{f(z^k)\,\middle|\,k=0,1,2,\cdots\right\}=H^p(\mathbb{T}),$$

这里 $V\left\{f(z^k)\,\middle|\,k=0,1,2,\cdots\right\}$ 表示 $\{f(z^k)\}_{k=0}^{\infty}$ 生成的子空间,则称 f 是 $H^p(\mathbb{T})$ 中的**外函数**.

著名的内外因子分解定理是说,$H^p(\mathbb{T})$ 中任何函数都可以唯一地表示成 Blaschke 积、奇异内函数及外函数的乘积,相对于其他解析函数空间而言,Hardy 空间中函数的结构是最清楚的,性质也是最好的.

6.2 Bergman 空间

Bergman 空间是人们关心的另一类重要的解析函数空间,它是相对于单位圆盘上的面积测度定义的解析函数空间.

假设 D 是复平面内的开单位圆盘,$d\sigma$ 是平面内的面积测度,将其正规化使得 $\sigma(D)=1$(事实上只需除以 D 的面积 π 即可),记

$$L^p(D,d\sigma)=\left\{f\,\middle|\,f\text{ 在 }D\text{ 上可测},\text{且}\int_D|f(z)|^p d\sigma<\infty\right\}\quad(1\leqslant p<\infty).$$

$$L_a^p(D)=\left\{f\,\middle|\,f\in L^p(D,d\sigma)\text{ 且 }f\text{ 在 }D\text{ 内解析}\right\}.$$

称 $L_a^p(D)$ 为 D 上的 **Bergman 空间**. 定义

$$\|f\|_p=\left[\int_D|f(z)|^p d\sigma\right]^{\frac{1}{p}},\quad f\in L_a^p(D),$$

则 $\|\cdot\|_p$ 是 $L_a^p(D)$ 中的范数(也可用它定义 $L^p(D,d\sigma)$ 中的范数),在此范数下,$L_a^p(D)$($L^p(D,d\sigma)$)是 Banach 空间.

$d\sigma$ 可以用极坐标表示为

$$d\sigma=\frac{1}{\pi}rdrd\theta,\quad 0\leqslant r<1,\quad 0\leqslant\theta<2\pi.$$

由此可以证明 $H^p(D)\subset L_a^p(D)$.

$L_a^p(D)$ 的结构远比 $H^p(D)$ 复杂,$L_a^p(D)$ 中函数的性质远不像 $H^p(D)$ 中的函数那么清楚. 例如,$L_a^p(D)$ 中函数的零点分布就远非 $H^p(D)$ 中函数那样简单,$L_a^p(D)$ 中的函数也没有类似 $H^p(D)$ 中的因子分解定理.

研究函数空间的一个重要工具是再生核理论. 若 $p=2$,可以在 H^2 与 L_a^2 中分别定义内积

$$\langle f,g\rangle=\frac{1}{2\pi}\int_0^{2\pi}f(e^{i\theta})\overline{g(e^{i\theta})}d\theta,\quad f,g\in H^2;$$

$$(f,g)=\int_D f(z)\overline{g(z)}\,\mathrm{d}\sigma,\quad f,g\in L_a^2.$$

则 H^2,L_a^2 均是 Hilbert 空间. 记

$$C(z,w)=\frac{1}{1-z\overline{w}},\quad z,w\in D,$$

$$K(z,w)=\frac{1}{(1-z\overline{w})^2},\quad z,w\in D,$$

可以证明对任意 $f\in H^2$, 有

$$f(z)=\frac{1}{2\pi}\int_0^{2\pi}\frac{f(\mathrm{e}^{\mathrm{i}\theta})}{1-z\mathrm{e}^{-\mathrm{i}\theta}}\mathrm{d}\theta,\quad z\in D.$$

对任意 $g\in L_a^2$, 有

$$g(z)=\int_D \frac{g(w)}{(1-z\overline{w})^2}\mathrm{d}\sigma(w),\quad z\in D.$$

通常称 $C(z,w)$ 为 Hardy 空间中的 **Cauchy 再生核**, $K(z,w)$ 为 Bergman 空间中的 **Bergman 再生核**. 如果能把解析函数空间的再生核具体表示出来, 那么该空间中许多问题的研究将变得简单很多, 遗憾的是, 一旦区域较复杂, 再生核一般是无法具体表示出来的, 只能弄清楚它的某些定性特征, 这使得一般区域上的解析函数空间的研究比圆盘情形复杂.

除 Hardy 空间和 Bergman 空间外, 人们经常讨论的解析函数空间还有 Dirichlet(狄利克雷)空间、Besov(别索夫)空间、Bloch(布洛赫)空间等, 限于篇幅, 这里就不一一介绍了.

习题一

1. 设 (X,ρ) 是距离空间, 试证: 对任意 $x,x',y,y'\in X$, 有
$$|\rho(x,y)-\rho(x',y')|\leqslant\rho(x,x')+\rho(y,y').$$

2. 设 X 是所有序列 $\xi=\{\xi_n\}_{n=1}^{\infty}$ 构成的集合, 对任意复数 z, 令
$$g(z)=\min\{1,|z|\},$$
定义
$$\rho(\xi,\eta)=\sum_{n=1}^{\infty}\frac{1}{n^2}g(\xi_n-\eta_n)\ (\xi=\{\xi_n\},\eta=\{\eta_n\}\in X),$$
证明: (X,ρ) 是一个距离空间, 且
$$\sup_{\xi,\eta\in X}\rho(\xi,\eta)=\frac{1}{6}\pi^2.$$

3. 设 n 是固定的正整数, X 是 n 阶复方阵 $A=(a_{ij})$ 组成的集合, 对任意

$$A = (a_{ij}), B = (b_{ij}) \in X,$$

定义

$$\rho_1(A,B) = \max\left\{ |a_{ij} - b_{ij}| \ \middle| \ 1 \leqslant i \leqslant n, 1 \leqslant j \leqslant n \right\},$$

$$\rho_2(A,B) = \max\left\{ \sum_{j=1}^{n} |a_{ij} - b_{ij}| \ \middle| \ 1 \leqslant i \leqslant n \right\},$$

试证：$(X,\rho_1), (X,\rho_2)$ 均是距离空间.

4. 在 $C([a,b])$ 上定义距离

$$\rho(f,g) = \int_a^b |f(x) - g(x)| \, \mathrm{d}x, \quad \forall f,g \in C([a,b]),$$

试问：

(i) $C([a,b])$ 按 ρ 是否完备？

(ii) $(C([a,b]),\rho)$ 的完备化空间是什么？

5. 设 (X,ρ) 是距离空间，A 是 X 的子集，对任意 $x \in X$，记

$$\rho(x,A) = \inf_{y \in A} \rho(x,y).$$

(i) 证明：$\rho(x,A)$ 为 x 的连续函数；

(ii) 若 $\{x_n\}$ 是 X 中的点列，使 $\rho(x_n,A) \to 0 (n \to \infty)$，$\{x_n\}$ 是不是 Cauchy 列？为什么？

6. 设 E 是 $\mathbf{R}^n$ 中的 Lebesgue 可测集，试证：$L^\infty(E)$ 按距离

$$\rho(f,g) = \operatorname*{esssup}_{x \in E} |f(x) - g(x)|$$

是不可分空间.

7. 设 $C^k([a,b])$ 是 $[a,b]$ 上具有 k 阶连续导数的函数全体，定义

$$\rho(f,g) = \sum_{i=0}^{k} \max_{x \in [a,b]} |f^{(i)}(x) - g^{(i)}(x)|, \quad f,g \in C^k([a,b]).$$

试证：

(i) $(C^k([a,b]),\rho)$ 是完备的距离空间；

(ii) 若定义

$$\|f\| = \rho(f,0),$$

则 $(C^k([a,b]), \|\cdot\|)$ 是 Banach 空间.

8. 设 (X,ρ) 是距离空间，A,B 是 X 的闭子集，定义

$$\rho(A,B) = \inf_{x \in A} \rho(x,B).$$

试问：

(i) 若 $A \cap B = \varnothing$，是否必有 $\rho(A,B) > 0$？

(ii) 若 A,B 均是 X 的紧子集，且 $A \cap B = \varnothing$，是否必有 $\rho(A,B) > 0$？为什么？

9. 记 $V[0,1]$ 为 $[0,1]$ 上的有界变差函数全体，$BV[0,1]$ 是 $V[0,1]$ 中在 $(0,1)$

上左连续且在 0 点取值为 0 的函数全体. 对任意 $f \in BV[0,1]$, 定义 $\|f\|_v$ 为 f 在 $[0,1]$ 上的全变差. 试证: $BV[0,1]$ 按 $\|\cdot\|_v$ 构成 Banach 空间.

10. 试证: 有限维线性赋范空间是完备的.

11. 试证: 线性赋范空间的有限维子空间必是闭的.

12. 设 X 是线性赋范空间, X_0 是 X 的线性子空间, 在 X 中定义等价关系 ~ 为 $x \sim y$ 当且仅当 $x-y \in X_0$. 对任意 $x \in X$, 以 $[x]$ 记 x 的等价类, 令

$$X/X_0 = \{[x] \mid x \in X\},$$

称 X/X_0 为**商空间**. 在 X/X_0 上定义线性运算如下:

(i) $[x]+[y]=[x+y]$, $x, y \in X$;

(ii) $\lambda[x]=[\lambda x]$, $x \in X, \lambda \in \mathbf{C}$,

并定义

$$\|[x]\|_0 = \inf_{y \in X_0} \|x+y\|.$$

试证: X/X_0 按 $\|\cdot\|_0$ 也是一个线性赋范空间.

13. 设 X 是线性赋范空间, $\sum_{n=1}^{\infty} x_n$ 收敛, 即 $S_k = \sum_{n=1}^{k} x_n$ 按 X 中的范数收敛, 证明:

$$\left\| \sum_{n=1}^{\infty} x_n \right\| \leqslant \sum_{n=1}^{\infty} \|x_n\|.$$

14. 设 $X \neq \{0\}$ 是线性赋范空间, 试证: X 是 Banach 空间当且仅当 $\{x \in X \mid \|x\|=1\}$ 是完备的.

15. 设 M, N 是线性赋范空间 X 的两个子空间. 若 M, N 满足

(i) $M \cap N = \{0\}$;

(ii) 对任意 $x \in X$, 存在 $m \in M$ 及 $n \in N$, 使得 $x = m+n$,

则称 X 可以分解为 M 与 N 的**直和**, 记作 $X = M \dot{+} N$.

若 M 是 Banach 空间 X 的子空间, 使得 $\dim(X/M) < \infty$, 试证: 存在 $N \subset X$, 使得 $X = M \dot{+} N$ (参见第二章 §2 定理 4).

16. 假设 X 是紧距离空间, $f: X \to Y$ 是连续映射, 证明: f 是 X 到 Y 的一致连续映射.

17. 设 K 是线性赋范空间 X 的凸子集, 若不存在 K 中两个不同的元素 f_1, f_2 使 $f = \frac{1}{2}(f_1+f_2)$, 则称 f 为 K 的**端点**.

设 Ω 是 $\mathbf{R}^n$ 的紧子集, 试证:

(i) $C(\Omega)$ 中的元素 f 为 $C(\Omega)$ 中单位球的端点当且仅当对任意 $x \in \Omega$, 有 $|f(x)|=1$;

(ii) $C(\Omega)$ 中单位球的端点之线性张开 (即端点的线性组合之闭包) 是 $C(\Omega)$.

18. 记 S 为复数列全体,在 S 上按自然方式定义加法与数乘:

$$\{x_n\}+\{y_n\}=\{x_n+y_n\},$$

$$\alpha\{x_n\}=\{\alpha x_n\}.$$

对任意 $x=\{x_n\}\in S$,定义

$$\|x\|=\sum_{n=1}^{\infty}\frac{1}{2^n}\frac{|x_n|}{1+|x_n|}.$$

试证:

(i) $\|x\|\geqslant 0\ (\forall x\in S)$,$\|x\|=0$ 当且仅当 $x=0$;

(ii) $\|x+y\|\leqslant\|x\|+\|y\|\quad(\forall x,y\in S)$;

(iii) $\|-x\|=\|x\|\quad(\forall x\in S)$;

(iv) $\lim\limits_{\alpha_n\to 0}\|\alpha_n x\|=0$,$\lim\limits_{\|x_n\|\to 0}\|\alpha x_n\|=0\quad(\forall x\in S,\alpha_n,\alpha\in\mathbf{C})$.

通常将定义在线性空间 X 上满足上述(i)—(iv)的函数称为 X 上的**准范数**.

19. 试证:§3 定理 3 中(6)式定义的 (x,y) 的确满足内积的定义.

20. 假设 $L_a^2(D)$ 是 D 上的 Bergman 空间,试证:

(i) $\varphi_n(z)=\sqrt{\dfrac{n}{\pi}}z^{n-1}\ (n=1,2,3,\cdots)$ 构成 $L_a^2(D)$ 的正交基;

(ii) 若 $f\in L_a^2(D)$ 的 Taylor(泰勒)展式是 $f(z)=\sum\limits_{k=0}^{\infty}a_kz^k$,则

$$\sum_{k=0}^{\infty}\frac{|a_k|^2}{1+k}<\infty;$$

(iii) 若 $f,g\in L_a^2(D)$ 的 Taylor 展式分别是

$$f(z)=\sum_{k=0}^{\infty}a_kz^k,\quad g(z)=\sum_{k=0}^{\infty}b_kz^k,$$

则

$$(f,g)=\pi\sum_{k=0}^{\infty}\frac{a_k\overline{b_k}}{1+k}.$$

21. 设 $H^2(\mathbb{T})$ 是 $\mathbb{T}$ 上的 Hardy 空间,试证:

(i) $H^2(\mathbb{T})$ 按

$$\|f\|=\left[\frac{1}{2\pi}\int_0^{2\pi}|f(\mathrm{e}^{\mathrm{i}\theta})|^2\mathrm{d}\theta\right]^{\frac{1}{2}}$$

构成 Banach 空间;

(ii) 在 $H^2(\mathbb{T})$ 上定义

$$(f,g)=\frac{1}{2\pi}\int_0^{2\pi}f(\mathrm{e}^{\mathrm{i}\theta})\overline{g(\mathrm{e}^{\mathrm{i}\theta})}\mathrm{d}\theta,$$

则 $(\cdot,\cdot)$ 是 $H^2(\mathbb{T})$ 上的内积,且 $H^2(\mathbb{T})$ 是 Hilbert 空间;

（iii）$\varphi_n(\mathrm{e}^{\mathrm{i}\theta}) = \mathrm{e}^{\mathrm{i}n\theta}(n = 0,1,2,\cdots)$ 构成 $H^2(\mathbb{T})$ 的正交基；

（iv）记 $H_0^2(\mathbb{T})$ 为 $H^2(\mathbb{T})$ 中其 Fourier 展式不含常数项的函数全体，$\overline{H_0^2(\mathbb{T})} = \{\bar{f} \mid f \in H_0^2(\mathbb{T})\}$，则 $L^2(\mathbb{T})/H^2(\mathbb{T})$ 同构于 $\overline{H_0^2(\mathbb{T})}$.

注记　20 世纪上半叶，单复变函数一度走入低谷. 正是由于 Hardy 空间理论的产生，使得这一理论再度活跃起来，但与经典函数论不同的是，Hardy 空间理论是从空间结构出发来研究函数，也可以说，是从泛函分析的角度重新考察解析函数，从而发现了解析函数的新的结构和性质. 这一理论中以 Beurling（博灵）定理最为著名. 有人说，Beurling 救活了函数论，这话也许不算夸张.

22. 设 H 是内积空间，$\{e_n\}$ 是 H 中的正交集. 求证：
$$\left| \sum_{n=1}^{\infty} (x,e_n)\overline{(y,e_n)} \right| \leqslant \|x\| \|y\| \quad (\forall x,y \in H).$$

23. 试证：$\left\{ \sqrt{\dfrac{2}{\pi}} \sin nt \right\}$ 构成 $L^2([0,2\pi])$ 的正交基，但不是 $L^2([-\pi,\pi])$ 的正交基.

24. 试证：$\left\{ \dfrac{1}{\sqrt{\beta-\alpha}} \mathrm{e}^{2\pi \mathrm{i}n\frac{t-\alpha}{\beta-\alpha}} \right\}$ 构成 $L^2([\alpha,\beta])$ 的正交基.

25. 试在 $L^2([-1,1])$ 中将函数 $1,t,t^2,t^3,\cdots$ 进行正交化.

26. 证明：第一纲集的子集仍是第一纲集.

27. 证明：可数个第一纲集的并仍是第一纲集.

28. 试求次数不大于 2 的多项式 $p(t)$，使得 $\|t^3-p(t)\|$ 在 $L^2([-1,1])$ 中达到极小.

29. 设 A 是 $L^p([a,b])$ $(p \geqslant 1)$ 的子集，试给出 A 为 $L^p([a,b])$ 中列紧集的充要条件，并证明你的结论.

30. 试给出 $C^1([a,b])$ 中列紧集的判别条件.

31. 设 X 是线性赋范空间，M 是 X 的子集，M 的**凸包**指的是 M 中元素任意凸组合的全体，即
$$\mathrm{Co}\, M = \left\{ \sum_{i=1}^{n} \lambda_i x_i \ \middle|\ \sum_{i=1}^{n} \lambda_i = 1, \lambda_i \geqslant 0, x_i \in M, i = 1,2,\cdots,n, \forall n \in \mathbf{N} \right\},$$
试证：若 M 是 X 中的列紧集，则 $\mathrm{Co}\, M$ 也是列紧集.

32. 设 (X,ρ) 是紧距离空间，映射 $f:X \to X$ 满足
$$\rho(f(x_1),f(x_2)) < \rho(x_1,x_2), x_1,x_2 \in X.$$
试问：

（i）f 是否有唯一的不动点？

（ii）f 是不是压缩映射？

第 二 章

Banach空间上的有界线性算子

众所周知,线性代数源于多元一次方程组的求解,只要在空间中确定一组基,矩阵就可以对应到有限维线性空间上的线性变换,这便赋予了矩阵以几何意义.矩阵的特征值不仅决定了矩阵的结构(标准形),对很多现实问题也具有重要意义,例如线性系统中传输矩阵的特征值分布决定了系统的稳定性.

无穷维线性空间上的线性变换(在无穷维空间通常称为线性算子)也存在着与有限维空间上的线性变换类似的问题,不仅对应的问题更为复杂,甚至发生了质的变化,而且出现了新的问题.例如,在有限维空间中通常只关心线性变换的代数结构,而在无穷维空间中不仅需要考察其代数结构,也要考察其拓扑结构,连续性(有界性)问题便成了一个自然的问题.无论是在线性微分方程还是积分方程的研究中,这些问题都是重要的.尽管无穷个变量的线性方程组的求解问题及变分法都是促使泛函分析产生的源头之一,尤其是变分法可以看成泛函分析的萌芽,但真正促使泛函分析发展的动力则是微分与积分方程.应该提到的是 Fredholm 为泛函分析的发展作出了重要贡献,正是缘于他在积分方程方面的研究,使得 Hilbert 突发灵感,以积分方程为源头开始了泛函分析的研究.

法国数学家 M. Fréchet(弗雷歇)对抽象泛函分析理论也作出过重要贡献.他基于集合论框架,试图将 Cantor 等人的具体研究用抽象的术语统一起来,得到了函数空间和泛函抽象理论的第一个重要结果. Fréchet 的工作归纳起来主要体现在以下几点:

(i) 把函数看成集合或空间中的点,它们构成一个抽象的集合;

(ii) 函数的极限可以看成空间中点的极限,这正是拓扑空间的萌芽;

(iii) 集合上可定义实函数即泛函,再结合极限概念便可定义连续性;

(iv) 泛函可以进行代数运算与极限运算.

Fréchet 还在空间中引进了"距离"概念,使得这些空间具有了与欧氏空间类似的性质,但又有许多本质的区别,这使得空间具有了更丰富的结构(这在第一章已经谈及).

Hilbert 通过对积分方程的系统研究,建立了 Hilbert 空间理论,他将函数等同于 Fourier 系数集,看到了积分方程与无穷多变元的线性方程组之间的相似性,从而得到了具体的 Hilbert 空间理论. Hilbert 工作的价值已经远远超出了积分方程理论本身,他所引入的概念与方法对泛函分析的发展产生了深远影响. 不仅如此,他关于积分方程的工作还在现代物理中得到了意想不到的应用,在量子力学兴盛之时,人们发现,Hilbert 的谱分析理论是研究量子力学非常合适的数学工具,有人认为泛函分析的产生源于量子力学实在是一种误会.

对泛函分析作出过重要贡献的数学家非常之多,试图用寥寥数语概括泛函分析的产生与发展是徒劳的,感兴趣的读者可以参考相关的史书,Klein(克莱茵)的《古今数学思想》是不错的参考书.

问题 1   回顾有限维线性空间上线性变换(也叫线性算子)的定义,分析一下该定义是否依赖于空间的维数? 能否推广到一般的线性空间?

问题 2   如果 X 是一个赋范空间,该空间上的线性算子 T 将任意向量 x 映成另一个向量 $y=Tx$,如果 x 发生微小的变化(范数大小发生变化)引起像 $y=Tx$ 发生很大的变化,将意味着什么? 如何避免这种现象的发生? 如何用合适的数学语言来描述?

问题 3   如果 T 是赋范空间(或距离空间)上的线性算子,$y=Tx$ 代表了一个抽象的方程,如何描述方程解的存在性与唯一性? 对应的 T 应该具备什么条件?

问题 4   如前所述,如果 T 是从赋范空间 X 到数域(实数域或复数域)的线性算子,则称 T 为 X 上的泛函. 任何空间上都存在这样的泛函吗? 有多少? 这些泛函充当了什么角色?

收敛是分析学中的基本概念,也是最重要的概念. 微积分中有两种收敛性,处处收敛与一致收敛,这两种收敛性并不等价,然而,如果 $f_n(x)=k_nx$ 是线性函数列,且处处收敛,则 $\{k_n\}$ 一定是一个收敛数列,从而 $f_n(x)$ 在任意有限区间上一致收敛,特别地,

$$\sup_n |k_n| < \infty.$$

问题 5   设 $\{T_n\}$ 是赋范空间 X 上的有界线性算子列,如果对任意 $x \in X$,$\{T_nx\}$ 都是收敛的,能断言

$$\sup_n \| T_n \|$$

一定有限吗?

或者更一般地,如果对任意 $x \in X$,

$$\sup_n \| T_nx \| < \infty ,$$

一定有 $\sup\limits_n \|T_n\| < \infty$ 吗？这个结论的价值何在？上述问题能否针对任意的有界线性算子簇 $\{T_\lambda\}_{\lambda \in \Lambda}$ 讨论？

　　问题 6　反思一下坐标系对于研究空间几何的意义何在，在一般的线性赋范空间中也可以建立坐标系吗？如果不能，可否找到坐标系的某种替代物？

　　问题 7　有限维线性空间上的线性算子 T 若不可逆，则 0 必为其特征值，在无穷维空间上类似结论仍然成立吗？

　　问题 8　无穷维空间与有限维空间上最相近的算子是什么算子？

　　当然，一个线性空间上的算子（或变换）可以是线性的，也可以是非线性的。关于线性算子的研究，称为线性泛函分析；关于非线性算子的研究，称为非线性泛函分析。我们将会看到，在线性赋范空间中，线性算子的连续性等价于有界性，于是连续线性算子又称为有界线性算子。非有界的线性算子称为无界线性算子。本章将围绕上述问题研究 Banach 空间上有界线性算子的一般理论。

§1　有界线性算子及其范数

1.1　有界线性算子

　　定义 1　设 $(X, \|\cdot\|_X)$，$(Y, \|\cdot\|_Y)$ 是 $\mathbf{C}$ 上的线性赋范空间，T 是 X 到 Y 的映射，若对任意 $x, y \in X$ 及 $\alpha, \beta \in \mathbf{C}$，有

$$T(\alpha x + \beta y) = \alpha Tx + \beta Ty,$$

则称 T 是 X 到 Y 的**线性算子**。若有常数 $M > 0$，使得对任意 $x \in X$，有

$$\|Tx\|_Y \leqslant M\|x\|_X,$$

则称 T 是 X 到 Y 的**有界线性算子**。记

$$\|T\| = \inf\{M \mid \|Tx\|_Y \leqslant M\|x\|_X, \forall x \in X\},$$

称 $\|T\|$ 为 T 的**范数**。

　　不难证明

$$\|T\| = \sup_{\|x\|_X = 1} \|Tx\|_Y.$$

事实上，显然有 $\sup\limits_{\|x\|_X = 1} \|Tx\|_Y \leqslant \|T\|$。另一方面，对任意非零元素 $x \in X$，有

$$\frac{\|Tx\|_Y}{\|x\|_X} = \left\| T\left(\frac{x}{\|x\|_X}\right) \right\|_Y \leqslant \sup_{\|x\|_X = 1} \|Tx\|_Y,$$

即

$$\|Tx\|_Y \leqslant \sup_{\|x\|_X = 1} \|Tx\|_Y \cdot \|x\|_X.$$

由 $\|T\|$ 的定义立知

$$\sup_{\|x\|_x=1}\|Tx\|_Y \geq \|T\|,$$

故 $\|T\| = \sup\limits_{\|x\|_x=1}\|Tx\|_Y$.

定义 2   设 X,Y 是线性赋范空间,T 是 X 到 Y 的有界线性算子,T 的**值域**指的是集合

$$R(T) = \{Tx \mid x \in X\}.$$

若 $R(T)=Y$,则称 T 是**满射**;若对任意 $x_1,x_2 \in X$,只要 $x_1 \neq x_2$,就有 $Tx_1 \neq Tx_2$,则称 T 是**单射**.若 T 是单射,则对任意 $y \in R(T)$,存在唯一的 $x \in X$,使 $y = Tx$,于是可以定义映射 $T^{-1}:R(T) \to X$ 为 $T^{-1}y = x$(若 $Tx=y$),称 T^{-1} 为 T 的**逆算子**,此时 T^{-1} 不一定是从 $R(T)$ 到 X 的有界算子,但在大多数情况下,我们关心的是 T^{-1} 有界的情形.当 T^{-1} 有界时,称 T 是**有界可逆**的,在不致混淆的情况下,简称 T **可逆**.

如果一个线性算子的值域包含在复数域中,我们称这样的算子为线性泛函.具体说来即下面的

定义 3   若 f 是线性空间 X 到复平面 $\mathbf{C}$ 的线性算子,则称 f 是 X 上的**线性泛函**.若 X 是线性赋范空间,f 是 X 到 $\mathbf{C}$ 的有界线性算子,即存在正常数 M,使得对任意 $x \in X$,有

$$|f(x)| \leq M\|x\|,$$

则称 f 为 X 上的**有界线性泛函**.X 上有界线性泛函全体记作 X^*,通常称 X^* 为 X 的**对偶空间**.

对偶空间在空间理论及算子理论的研究中起着十分重要的作用.以后将会看到,它在某种意义下实际上担当了坐标的角色.

给定一个线性算子或线性泛函,如何判定它是否有界?除了按定义直接验证外,下面的定理不失为一种有效的方法.

定理 1   设 T 是从线性赋范空间 X 到另一线性赋范空间 Y 中的线性算子,则下列各断言等价:

(i) T 在 X 中某点连续;

(ii) T 在 X 中每一点连续;

(iii) T 是有界的.

证明   分别记 X,Y 中的范数为 $\|\cdot\|_X$,$\|\cdot\|_Y$.往证(iii)$\Rightarrow$(ii)(这里"(iii)$\Rightarrow$(ii)"表示由(iii)成立证明(ii)成立,以下同).假设 T 有界,则存在常数 $M>0$,使得

$$\|Tx\|_Y \leq M\|x\|_X \quad (\forall x \in X).$$

对任意 $x,x' \in X$,$x-x' \in X$,由上式得

$$\|Tx-Tx'\|_Y = \|T(x-x')\|_Y \leq M\|x-x'\|_X,$$

故 T 在点 x 处连续.

(ii)$\Rightarrow$(i)是显然的.为证(i)$\Rightarrow$(iii),设 T 在点 $x_0 \in X$ 处连续.于是对任意 $\varepsilon>0$,存在 $\delta>0$,使得当 $\|x-x_0\|_X<\delta$ 时,有

$$\|Tx-Tx_0\|_Y<\varepsilon.$$

对任意 $x \in X$,记 $\tilde{x}=\dfrac{\delta}{2\|x\|_X}x$,则

$$\|(\tilde{x}+x_0)-x_0\|_X=\|\tilde{x}\|_X=\frac{\delta}{2}<\delta,$$

于是

$$\|T(\tilde{x}+x_0)-Tx_0\|_Y<\varepsilon.$$

从而

$$\left\|T\left(\frac{\delta}{2\|x\|_X}x\right)\right\|_Y=\left\|T\left(\frac{\delta x}{2\|x\|_X}+x_0\right)-Tx_0\right\|_Y<\varepsilon,$$

即

$$\|Tx\|_Y\leq\frac{2}{\delta}\varepsilon\|x\|_X.$$

这说明 T 是有界的.证毕.

1.2　算子空间

由算子范数的定义不难验证,若 T 是线性赋范空间 X 到 Y 的有界线性算子,则
$$\|T\|=\sup_{\|x\|_X=1}\|Tx\|_Y=\sup_{\|x\|_X\leq1}\|Tx\|_Y.$$

许多理论与实际问题都可以归结为关于算子范数的计算,例如控制系统的敏感性分析便可看作传递算子的范数计算问题.

不难看出,线性赋范空间 X 到 Y 的两个有界线性算子的线性组合仍是有界线性算子,于是 X 到 Y 的所有有界线性算子构成的集合是一个线性空间,记此空间为 $L(X,Y)$.上面定义的算子范数可不可以作为 $L(X,Y)$ 中的范数从而使其成为一个线性赋范空间呢?这就需要验证它是否满足范数的定义.为使叙述更简便,我们均以 $\|\cdot\|$ 表示 X 或 Y 中的范数而略去其下标,相信读者自能区分.

命题　设 X,Y 均是线性赋范空间,$T,S\in L(X,Y)$,α 是常数,则

(i)　$\|T+S\|\leq\|T\|+\|S\|$;

(ii)　$\|\alpha T\|=|\alpha|\|T\|$;

(iii)　$\|T\|=0$ 当且仅当 $T=0$.

证明　由

$$\|T+S\|=\sup_{\|x\|=1}\|(T+S)x\|\leq\sup_{\|x\|=1}(\|Tx\|+\|Sx\|)$$

$$\leqslant \sup_{\|x\|=1} \|Tx\| + \sup_{\|x\|=1} \|Sx\| = \|T\| + \|S\|$$

立知(i)成立. 至于(ii),(iii)则是显然的. 证毕.

由命题可见,$L(X,Y)$ 按算子范数是一个线性赋范空间.

定理 2   设 X 是线性赋范空间,Y 是 Banach 空间,则 $L(X,Y)$ 也是 Banach 空间.

证明   只需证 $L(X,Y)$ 是完备的. 设 $\{T_n\} \subset L(X,Y)$ 是 Cauchy 列,则对任意 $x \in X$,有

$$\|T_n x - T_m x\| \leqslant \|T_n - T_m\| \cdot \|x\| \to 0 \, (n,m \to \infty),$$

故 $\{T_n x\}$ 也是 Cauchy 列. 由 Y 是完备的知存在 $y = Tx \in Y$,使得 $\|T_n x - Tx\| \to 0 \, (n \to \infty)$,这就是说,对任意 $x \in X$,存在 $Tx \in Y$,使得 $T_n x \to Tx \, (n \to \infty)$,这说明 $T: x \to Tx$ 是 X 到 Y 的映射. 现设 α, β 是任意常数,$x_1, x_2 \in X$,则

$$T(\alpha x_1 + \beta x_2) = \lim_{n \to \infty} T_n(\alpha x_1 + \beta x_2) = \lim_{n \to \infty}(\alpha T_n x_1 + \beta T_n x_2)$$

$$= \alpha \lim_{n \to \infty} T_n x_1 + \beta \lim_{n \to \infty} T_n x_2 = \alpha Tx_1 + \beta Tx_2,$$

故 T 是 X 到 Y 的线性算子. 又由 $\{T_n\}$ 是 Cauchy 列知

$$M = \lim_{n \to \infty} \|T_n\| < \infty,$$

从而

$$\|Tx\| = \lim_{n \to \infty} \|T_n x\| \leqslant \lim_{n \to \infty} \|T_n\| \cdot \|x\| = M\|x\|,$$

即 T 是有界的.

注意到

$$\|T_n - T\| = \sup_{\|x\|=1} \|(T_n - T)x\| = \sup_{\|x\|=1} \lim_{m \to \infty} \|(T_n - T_m)x\|$$

$$\leqslant \lim_{m \to \infty} \|T_n - T_m\|$$

及 $\{T_n\}$ 是 Cauchy 列知 $\lim_{m \to \infty} \|T_n - T_m\| \to 0 \, (n \to \infty)$. 进而

$$\|T_n - T\| \to 0 \, (n \to \infty).$$

证毕.

若 $X = Y$,则简记 $L(X) = L(X,Y)$,此时 $L(X)$ 中的两个元除了可以作线性运算外,还可以作"乘法"运算,即对任意 $T, S \in L(X), x \in X$,定义

$$(TS)x = T(Sx).$$

不难验证 $TS \in L(X)$,且有

$$\|TS\| \leqslant \|T\| \cdot \|S\|.$$

T 与自身的乘积称为 T 的**幂**,简记

$$T^2 = T \cdot T, \quad T^3 = T^2 \cdot T, \quad \cdots, \quad T^n = T^{n-1} \cdot T,$$

显然

$$\| T^n \| \leq \| T \|^n.$$

由此可见 $L(X)$ 是具有乘法结构的线性赋范空间,若 X 是 Banach 空间,则 $L(X)$ 也是 Banach 空间. 我们称具有乘法结构,且任意两个元乘积的范数不大于范数乘积的 Banach 空间为 **Banach 代数**. 按此定义,$L(X)$ 就是一个 Banach 代数. Banach 代数是数学的一个十分重要的研究领域,已形成一套系统的理论,感兴趣的读者可以参见李炳仁的文献[3]或[4].

1.3　算子的可逆性

我们已经看到,微分方程、积分方程都可以用线性算子统一为一般的形式,从而求解这些方程的问题可以化为寻求方程

$$Tx = f$$

的解,其中 T 是线性赋范空间 X 到 Y 的线性算子. 显然,当 T 是单射时,对任意 $f \in R(T)$,存在唯一的 $x \in X$,使得 $Tx = f$,记这样的 x 为 $T^{-1}f$. 现在的问题是,当 f 变化时,$T^{-1}f$ 如何变化? 具体地说,$T^{-1}f$ 关于 f 是否连续? 这个问题在微分方程解的稳定性研究中是十分重要的. 在本节的第一部分已经证明,线性算子的连续性等价于有界性. 因此,上述问题又等价于 T^{-1} 是否有界. 下面的定理给出了一个判别方法.

定理 3　设 X, Y 是线性赋范空间,T 是从 X 到 Y 的线性算子,若将 T 看作 X 到 $R(T)$ 的线性算子,则 T 有有界逆当且仅当存在常数 $m > 0$,使得对任意 $x \in X$,有

$$\| Tx \| \geq m \| x \|. \tag{1}$$

证明　充分性. 设 $\| Tx \| \geq m \| x \|$($\forall x \in X$). 显然 T 是单射,故 T^{-1} 在 $R(T)$ 上有定义,设 $y = Tx$,则 $x = T^{-1}y$. 于是

$$\| Tx \| = \| T T^{-1}y \| = \| y \| \geq m \| x \| = m \| T^{-1}y \|,$$

从而 $\| T^{-1}y \| \leq \dfrac{1}{m} \| y \|$($\forall y \in R(T)$),可见 T^{-1} 是有界的.

必要性. 若 T^{-1} 是 $R(T)$ 到 X 的有界线性算子,则存在 $M > 0$,使得 $\| T^{-1}y \| \leq M \| y \|$($\forall y \in R(T)$). 若不存在常数 m 使(1)式成立,则对任意自然数 n,存在 $x_n \in X$,使得

$$\| Tx_n \| < \frac{1}{n} \| x_n \|, \tag{2}$$

即 $\| x_n \| > n \| Tx_n \|$. 不妨考虑 $n > M$,记 $y_n = Tx_n$,则 $x_n = T^{-1}y_n$. 由假设知

$$\| x_n \| = \| T^{-1}y_n \| \leq M \| y_n \| = M \| Tx_n \|,$$

即 $\| Tx_n \| \geq \dfrac{1}{M} \| x_n \|$,这与(2)式矛盾. 证毕.

定理 4   设 X 是 Banach 空间，$T \in L(X)$ 且 $\|T\| < 1$，则 $I - T$ 有有界逆，并且

$$(I-T)^{-1} = \sum_{n=0}^{\infty} T^n,$$

$$\|(I-T)^{-1}\| \leqslant \frac{1}{1 - \|T\|}.$$

此处约定 $T^0 = I$，I 为恒等算子.

证明   由于 $\|T^n\| \leqslant \|T\|^n$，$\|T\| < 1$，且 $L(X)$ 是 Banach 空间，故 $\sum_{n=0}^{\infty} T^n = I + T + T^2 + \cdots + T^n + \cdots$ 按算子范数收敛到 $L(X)$ 中某个元素，注意到对任意自然数 k，

$$(I-T)\left(\sum_{n=0}^{k} T^n\right) = I - T^{k+1}, \tag{3}$$

且 $\|T^{k+1}\| \to 0 (k \to \infty)$. 于是，若令 $k \to \infty$，则 (3) 式成为

$$(I-T)\left(\sum_{n=0}^{\infty} T^n\right) = I,$$

类似可得 $\left(\sum_{n=0}^{\infty} T^n\right)(I-T) = I$. 由此可见 $(I-T)^{-1} = \sum_{n=0}^{\infty} T^n$. 又对任意 $x \in X$，

$$\|(I-T)^{-1}x\| = \left\|\left(\sum_{n=0}^{\infty} T^n\right)x\right\| = \left\|\sum_{n=0}^{\infty} T^n x\right\|$$

$$\leqslant \sum_{n=0}^{\infty} \|T^n x\| \leqslant \left(\sum_{n=0}^{\infty} \|T^n\|\right)\|x\|$$

$$\leqslant \left(\sum_{n=0}^{\infty} \|T\|^n\right)\|x\| = \frac{1}{1 - \|T\|}\|x\|,$$

故 $\|(I-T)^{-1}\| \leqslant \frac{1}{1 - \|T\|}$. 证毕.

利用定理 4 可以证明如下的

定理 5   设 X 是 Banach 空间，对 $L(X)$ 中有界可逆算子 T，其逆 T^{-1} 是 T 的连续函数. 记 $\mathscr{G}_0$ 为 $L(X)$ 中有界可逆元全体，则 $\mathscr{G}_0$ 是开集.

证明   设 $T_0 \in L(X)$ 是有界可逆算子，则对任意 $T \in L(X)$，有

$$T = T_0 - (T_0 - T) = T_0[I - T_0^{-1}(T_0 - T)].$$

当 $\|T_0 - T\|$ 充分小时，$\|T_0^{-1}(T_0 - T)\| \leqslant \|T_0^{-1}\| \cdot \|T_0 - T\| < 1$，因而 $I - T_0^{-1}(T_0 - T)$ 有界可逆，且 $[I - T_0^{-1}(T_0 - T)]^{-1} = \sum_{n=0}^{\infty} [T_0^{-1}(T_0 - T)]^n$. 不难证明，若 T_1, T_2 都是 X 上的有界可逆算子，则 $T_1 T_2$ 也是有界可逆的，且 $(T_1 T_2)^{-1} = T_2^{-1} T_1^{-1}$. 从而 $T = T_0[I - T_0^{-1}(T_0 - T)]$ 有界可逆，且

$$T^{-1} = [I - T_0^{-1}(T_0 - T)]^{-1} T_0^{-1} = T_0^{-1} + \sum_{n=1}^{\infty} [T_0^{-1}(T_0 - T)]^n T_0^{-1}.$$

于是

$$\| T^{-1}-T_0^{-1} \| \leqslant \sum_{n=1}^{\infty} \| T_0^{-1}(T_0-T) \|^n \cdot \| T_0^{-1} \|$$

$$\leqslant \frac{\| T_0^{-1}(T_0-T) \| \cdot \| T_0^{-1} \|}{1-\| T_0^{-1}(T_0-T) \|}$$

$$\leqslant \frac{\| T_0^{-1} \|^2}{1-\| T_0^{-1} \| \cdot \| T_0-T \|} \| T_0-T \|.$$

可见 T^{-1} 是 T 的连续函数.

上述证明同时说明,若 T_0 可逆,则只要 $\| T_0-T \| < \dfrac{1}{\| T_0^{-1} \|}$,便有 $\| T_0^{-1}(T_0-T) \| \leqslant \| T_0^{-1} \| \cdot \| T_0-T \| < 1$,从而 $T=T_0[I-T_0^{-1}(T_0-T)]$ 可逆,因此 $S\left(T_0, \dfrac{1}{\| T_0^{-1} \|}\right) = \left\{T \in L(X) \mid \| T-T_0 \| < \dfrac{1}{\| T_0^{-1} \|}\right\} \subset \mathscr{G}_0$,即 T_0 是 $\mathscr{G}_0$ 的内点,从而 $\mathscr{G}_0$ 是开集. 证毕.

§2　Hahn–Banach 定理

2.1　Hahn–Banach 定理

关于线性赋范空间上有界线性泛函的一个基本问题是:是否任一线性赋范空间上都有非零的有界线性泛函? 另一个基本问题是:若上述问题有肯定回答,那么对任意给定的空间,其上有多少有界线性泛函? 关于线性泛函的研究最早可以追溯到 Schmidt 关于 l^2 中无穷维线性方程组的工作. 在继 Schmidt 之后的近二十年间,人们对 L^p 空间、连续函数空间以及序列空间研究了方程组的求解问题,直到 1927 年,Hahn(哈恩)就一般 Banach 空间情形解决了线性泛函的延拓问题.

定义 1　设 X 是数域 K 上的线性空间,p 是 X 上的实值泛函并满足:

(i) $p(x) \geqslant 0$　$(\forall x \in X)$;

(ii) $p(\alpha x) = |\alpha| p(x)$　$(\forall \alpha \in K, x \in X)$;

(iii) $p(x+y) \leqslant p(x)+p(y)$　$(\forall x, y \in X)$,

则称 p 为 X 上的一个**半范**.

半范与范数的差别在于由 $p(x)=0$ 未必推出 $x=0$.

定理 1(Banach 延拓定理)　设 X 是实线性空间,p 是 X 上的半范,$X_0 \subset X$ 是 X 的实线性子空间,f_0 是 X_0 上的实线性泛函并满足 $f_0(x) \leqslant p(x)(\forall x \in X_0)$,则存在 X 上的实线性泛函 f,满足:

(i) $f(x) \leqslant p(x)$　$(\forall x \in X)$;

（ii）$f(x)=f_0(x)$ $(\forall x\in X_0)$.

证明   任取 $y_0\in X-X_0$，记 $X_1=\{x+ay_0\mid x\in X_0,a\in\mathbf{R}\}$，我们首先证明 f_0 可以延拓成 X_1 上的线性泛函 f_1，从而

$$f_1(x+ay_0)=f_0(x)+af_1(y_0)\quad(\forall x\in X_0,a\in\mathbf{R}).\tag{1}$$

由上式可见，关键在于如何定义 $f_1(y_0)$. 由于 f 要满足（i），故应有

$$f_1(x+ay_0)\leqslant p(x+ay_0)\quad(\forall x\in X_0),$$

令 $a=-1$，得

$$f_1(x-y_0)\leqslant p(x-y_0)\quad(\forall x\in X_0),$$

再令 $a=1,x=-x'$，得

$$f_1(-x'+y_0)\leqslant p(-x'+y_0)\quad(\forall x'\in X_0),$$

因此

$$f_0(x)-p(x-y_0)\leqslant f_1(y_0)\leqslant f_0(x')+p(y_0-x')\quad(\forall x,x'\in X_0),$$

于是

$$\sup_{x\in X_0}\{f_0(x)-p(x-y_0)\}\leqslant f_1(y_0)\leqslant\inf_{x'\in X_0}\{f_0(x')+p(y_0-x')\},\tag{2}$$

这说明，为能定义 $f_1(y_0)$，必须且仅需

$$\sup_{x\in X_0}\{f_0(x)-p(x-y_0)\}\leqslant\inf_{x'\in X_0}\{f_0(x')+p(y_0-x')\}.\tag{3}$$

然而由于

$$f_0(x)-f_0(x')=f_0(x-x')\leqslant p(x-x')\leqslant p(x-y_0)+p(y_0-x'),$$

故

$$f_0(x)-p(x-y_0)\leqslant f_0(x')+p(y_0-x')\quad(\forall x,x'\in X_0).$$

从而只要令 $f_1(y_0)$ 为介于（3）式两端之间的任一值，就能由（1）式得出 f_0 在 X_1 上的延拓 f_1. 上述证明同时说明，因（3）式两端一般不相等，中间值 $f_1(y_0)$ 的取法不唯一，所以延拓也不一定唯一.

若 $X_1=X$，则证明已经完成，若 $X_1\subsetneqq X$，则又可以取 $y_1\in X-X_1$，并令 $X_2=\{x_1+ay_1\mid x_1\in X_1,a\in\mathbf{R}\}$，类似刚才的证明可将 f_1 延拓到 X_2 上. 按这种方式继续下去，能否得到在 X 上的延拓呢？假若 X 有一个可数的基，上述方法是可以进行下去的，用一下数学归纳法就行了，但 X 是一个一般的线性空间，所以数学归纳法不适用. 我们需要采用超限归纳法，也就是 Zorn 引理.

若 M 是 X 的子空间，f 是 M 上的线性泛函（此时称 M 为 f 的定义域，并记作 $D(f)$），且 $X_0\subset M,f(x)=f_0(x)(\forall x\in X_0),f(x)\leqslant p(x)(\forall x\in M)$，则称 f 为 f_0 的一个**延拓**，记 f_0 的延拓全体为 $\mathscr{E}$，并在 $\mathscr{E}$ 中定义序关系"$\prec$"为：

若 f_1,f_2 是 f_0 的两个延拓，且 $D(f_1)\subset D(f_2),f_1(x_1)=f_2(x_1)(\forall x_1\in D(f_1))$，则说 $f_1\prec f_2$. 在关系"$\prec$"下，$\mathscr{E}$ 是一个偏序集.

设 F 是 $\mathscr{E}$ 中的任一全序子集,令

$$X_F = \bigcup_{f \in F} D(f),$$

$$f_F(x) = f(x) \quad (\forall x \in D(f), f \in F),$$

由于 F 是 $\mathscr{E}$ 的全序子集,故不难验证 X_F 是包含 X_0 的子空间,且 f_F 在 X_F 上的定义是完善的,并满足 $f_F(x) \leqslant p(x)$. 因此 $f_F \in \mathscr{E}$ 是 F 的一个上界. 由 Zorn 引理, $\mathscr{E}$ 存在极大元,记为 f.

我们证明 $D(f) = X$. 假若不然, $D(f) \subsetneqq X$, 则可取 $y_0 \in X \backslash D(f)$, 并记 $X_1 = \{x + ay_0 \mid x \in D(f), a \in \mathbf{R}\}$, 则 $D(f) \subsetneqq X_1$, 按前面的证明, f 可以延拓为 X_1 上的线性泛函 f_1, 且 $f_1(x) \leqslant p(x) (\forall x \in X_1)$, 显然 $f < f_1, f \neq f_1$, 这与 f 的极大性相矛盾. 所以, $D(f) = X$. 证毕.

在复线性空间上,类似的结论仍然成立,只需形式上稍作修改便可.

定理 2　设 X 是复线性空间, p 是 X 上的半范, X_0 是 X 的线性子空间, f_0 是 X_0 上的线性泛函,满足 $|f_0(x)| \leqslant p(x) (\forall x \in X_0)$, 则存在 X 上的线性泛函 f 满足:

(i) $|f(x)| \leqslant p(x) \quad (\forall x \in X)$;

(ii) $f(x) = f_0(x) \quad (\forall x \in X_0)$.

条件(ii)也记作 $f|_{X_0} = f_0$.

证明　我们也可以把 X 看作实线性空间, X_0 看作 X 的实线性子空间,显然 $\operatorname{Re} f_0$ 是 X_0 上的实线性泛函,且满足

$$\operatorname{Re} f_0(x) \leqslant p(x) \quad (\forall x \in X_0).$$

于是由定理 1 知存在 X 上的实值线性泛函 f_1, 使得

$$f_1|_{X_0} = \operatorname{Re} f_0,$$

$$f_1(x) \leqslant p(x) \quad (\forall x \in X).$$

注意到

$$f_0(x) = \operatorname{Re} f_0(x) + \mathrm{i}\operatorname{Im} f_0(x) \quad (\forall x \in X_0),$$

$$\mathrm{i}[\operatorname{Re} f_0(x) + \mathrm{i}\operatorname{Im} f_0(x)] = \mathrm{i} f_0(x) = f_0(\mathrm{i}x) = \operatorname{Re} f_0(\mathrm{i}x) + \mathrm{i}\operatorname{Im} f_0(\mathrm{i}x),$$

比较两端实部得 $\operatorname{Re} f_0(\mathrm{i}x) = -\operatorname{Im} f_0(x)$, 所以

$$f_0(x) = \operatorname{Re} f_0(x) - \mathrm{i}\operatorname{Re} f_0(\mathrm{i}x).$$

自然地,需令

$$f(x) = f_1(x) - \mathrm{i} f_1(\mathrm{i}x),$$

则

$$f(\mathrm{i}x) = f_1(\mathrm{i}x) - \mathrm{i} f_1(-x) = f_1(\mathrm{i}x) + \mathrm{i} f_1(x) = \mathrm{i} f(x).$$

因此 f 是复齐次的,从而 f 是 X 上的线性泛函,显然 $f|_{X_0} = f_0$. 往证 $|f(x)| \leqslant p(x)$ ($\forall x \in X$). 若 $f(x) \neq 0$, 则记 $\theta = \arg f(x)$, 于是

$$|f(x)| = e^{-i\theta}f(x) = f(e^{-i\theta}x) = f_1(e^{-i\theta}x)$$
$$\leqslant p(e^{-i\theta}x) = p(x) \quad (\forall x \in X).$$

若 $f(x) = 0$，上述不等式是显然的.

综上得定理的证明. 证毕.

定理 3（Hahn–Banach 延拓定理）   设 X_0 是线性赋范空间 X 中的线性子空间，f 是 X_0 上的连续线性泛函，则存在 X 上的连续线性泛函 $F(x)$，使得

（i） $F\mid_{X_0} = f$;

（ii） $\|F\| = \|f\|_{X_0}$,

这里 $\|f\|_{X_0}$ 表示 f 作为 X_0 上连续线性泛函的范数.

证明   令
$$p(x) = \|f\|_{X_0}\|x\| \quad (\forall x \in X),$$
则 p 是 X 上的范数，且
$$|f(x)| \leqslant p(x) \quad (\forall x \in X_0).$$
由定理 2 知存在 X 上的线性泛函 $F(x)$ 满足
$$F\mid_{X_0} = f,$$
且
$$|F(x)| \leqslant p(x) = \|f\|_{X_0}\|x\| \quad (\forall x \in X).$$
因此 F 是 X 上的有界线性泛函，且
$$\|F\| \leqslant \|f\|_{X_0}.$$
由于 F 是 f 的延拓，故而 F 的范数不会小于 $\|f\|_{X_0}$，所以 $\|F\| = \|f\|_{X_0}$. 证毕.

由 Hahn–Banach 延拓定理立即可以回答本节开始所提的两个问题.

推论 1   设 X 是线性赋范空间，则对任给非零的 $x_0 \in X$，存在 X 上的连续线性泛函 f 满足：

（i） $\|f\| = 1$;

（ii） $f(x_0) = \|x_0\|$.

证明   令 $X_0 = \{\alpha x_0 \mid \alpha \in \mathbf{C}\}$，定义
$$f_0(\alpha x_0) = \alpha\|x_0\|,$$
则 X_0 是 X 的线性子空间，f_0 是 X_0 上的连续线性泛函. 不难验证 $\|f_0\|_{X_0} = 1$，$f_0(x_0) = \|x_0\|$. 由定理 3 立知推论为真. 证毕.

推论 1 说明无限维线性赋范空间上存在相当多的连续线性泛函. 事实上，由推论 1 可以证明，若 $x_1, x_2 \in X$，且 $x_1 \neq x_2$，则必存在 X 上的连续线性泛函 f，使得 $f(x_1) \neq f(x_2)$. 只需记 $x_0 = x_1 - x_2$，则 $x_0 \neq 0$，由推论 1 知存在 X 上的连续线性泛函 f，使 $f(x_0) \neq 0$，从而 $f(x_1) - f(x_2) = f(x_0) \neq 0$，即 $f(x_1) \neq f(x_2)$.

推论 2   设 X 是线性赋范空间，X_0 是 X 的闭子空间，$x_0 \notin X_0$，则存在 X 上的连

续线性泛函 f 满足:

(ⅰ) $f\big|_{X_0}=0$;

(ⅱ) $f(x_0)=1$;

(ⅲ) $\|f\|=1/\operatorname{dist}(x_0,X_0)$,

其中 $\operatorname{dist}(x_0,X_0)=\inf\limits_{x\in X_0}\|x_0-x\|$.

证明　令 $X_1=\{\alpha x_0+x\mid \alpha\in\mathbf{C},x\in X_0\}$, 定义
$$f_0(\alpha x_0+x)=\alpha\qquad(\ \forall\,\alpha x_0+x\in X_1).$$

显见 X_1 是包含 X_0 的 X 中的线性子空间, f_0 是 X_1 上的线性泛函. 下证 f_0 有界, 记 $d=\operatorname{dist}(x_0,X_0)$, 则对任意 $\alpha x_0+x\in X_1$, 若 $\alpha\neq 0$, 则
$$\|\alpha x_0+x\|=|\alpha|\,\left\|x_0+\frac{1}{\alpha}x\right\|\geqslant|\alpha|\cdot d,$$

故
$$|f_0(\alpha x_0+x)|=|\alpha|\leqslant\frac{1}{d}\|\alpha x_0+x\|.$$

若 $\alpha=0$, 上述不等式显然成立. 因此, f_0 是有界的, 且
$$\|f_0\|_{X_1}\leqslant\frac{1}{d}.$$

另一方面, 对任意 $\varepsilon>0$, 存在 $x_\varepsilon\in X_0$ 使得
$$\|x_0-x_\varepsilon\|<d+\varepsilon,$$

从而对任意 $\alpha\in\mathbf{C}$,
$$\|\alpha x_0-\alpha x_\varepsilon\|=|\alpha|\,\|x_0-x_\varepsilon\|\leqslant|\alpha|\,(d+\varepsilon),$$

于是
$$|f_0(\alpha x_0-\alpha x_\varepsilon)|=|\alpha|\geqslant\frac{1}{d+\varepsilon}\|\alpha x_0-\alpha x_\varepsilon\|.$$

这说明
$$\|f_0\|_{X_1}\geqslant\frac{1}{d+\varepsilon},$$

由 ε 的任意性知 $\|f_0\|_{X_1}\geqslant\dfrac{1}{d}$, 所以 $\|f_0\|_{X_1}=\dfrac{1}{d}$. 由定理 3 可见推论正确. 证毕.

注　推论 2 中的 (ⅱ) 与 (ⅲ) 可以分别改为:

(ⅱ′) $f(x_0)=\operatorname{dist}(x_0,X_0)$;

(ⅲ′) $\|f\|=1$.

其证明与推论 2 完全类似.

由推论 2 立得下面的

推论 3　设 X_0 是线性赋范空间 X 的线性子空间, $x_0\in X$, 则 $x_0\in\overline{X}_0$ 当且仅当对

X 上任意连续线性泛函 f, 由 $f(x)=0$（$\forall x\in X_0$）可以推得 $f(x_0)=0$.

推论 4　设 M 是线性赋范空间 X 的子集, $x_0\in X$, 则 x_0 可以用 M 中元的线性组合逼近当且仅当对 X 上任何连续线性泛函 f, 由 $f(x)=0$（$\forall x\in M$）可以推得 $f(x_0)=0$.

证明　只需在推论 3 中取 X_0 为 M 中元张成的线性子空间即可. 证毕.

推论 4 在逼近论中是十分重要的. 它告诉我们, 线性赋范空间中的某个向量能否用某些给定向量的线性组合逼近, 可以通过 X 上的连续线性泛函来判断.

定理 4　设 M 是 Banach 空间 X 的有限维子空间, 则存在 X 的子空间 N, 使 $X=M\dot{+}N$（见习题一第 15 题）.

证明　设 M 是 n 维子空间, 任取其一组基 $e_1,e_2,\cdots,e_n$. 记由 $e_1,e_2,\cdots,e_{i-1}$, $e_{i+1},\cdots,e_n$ 张成的子空间为

$$M_i=L(e_1,e_2,\cdots,e_{i-1},e_{i+1},\cdots,e_n),\quad i=1,2,\cdots,n.$$

由推论 2 知存在 X 上的连续线性泛函 f_i, 使

$$f_i(e_j)=\begin{cases}1,&i=j,\\0,&i\neq j.\end{cases}$$

令

$$P(x)=\sum_{j=1}^{n}f_j(x)e_j,\quad x\in X,$$

则易知 $P\in L(X)$, 且 $R(P)=M$, 显然

$$f_i(P(x))=f_i(x).$$

故对任意 $x\in X$, $P^2(x)=P(P(x))=\sum_{j=1}^{n}f_j(P(x))e_j=\sum_{j=1}^{n}f_j(x)e_j=P(x)$. 记 $N=N(P)=\{x\in X\mid P(x)=0\}$, 则 N 是 X 的子空间. 若 $x\in M\cap N$, 则存在 $y\in X$, 使 $P(y)=x$, 而由 $x\in N$ 又得 $0=P(x)=P(P(y))=P(y)=x$, 因此 $M\cap N=\{0\}$. 对任意 $x\in X$, 有 $x=P(x)+(x-P(x))$, 显然 $x_1=P(x)\in M$, 而 $P(x-P(x))=P(x)-P^2(x)=P(x)-P(x)=0$, 故 $x_2=x-P(x)\in N$, 这说明 $x=x_1+x_2\in M\dot{+}N$. 证毕.

2.2　Hahn–Banach 定理的几何形式

线性空间上的有界线性泛函有着明显的几何背景. 回忆三维空间中的平面实际是满足线性方程

$$ax+by+cz=d$$

的点 (x,y,z) 的全体, 它是三维空间上线性泛函 $f(x,y,z)=ax+by+cz$ 取值为 d 的原像, 即 $f^{-1}(d)$. 正由于此, 对于 Banach 空间 X 上的线性泛函 f, 称 $f^{-1}(c)=\{x\in X\mid f(x)=c\}$ 为 X 中的**超平面**. 它和有限维空间中超平面的定义是等价的（在 n 维

空间中,$n-1$ 维的子空间称为超平面).

超平面在 Banach 空间中的作用类似平面(或直线)在三维空间(或二维空间)中的作用.那么三维空间中平面所具有的性质,超平面是否也有呢?例如在三维空间中,任何两个非空的凸集都可以用平面把它们分开,在 Banach 空间中这一结论是否正确?下面将说明这正是 Hahn-Banach 定理的另一种表述形式.

设 $f^{-1}(r)$ 是 Banach 空间 X 中的一个超平面,M 是 X 的一个子集,如果对任意 $x \in M$,恒有

$$f(x) \leqslant r \quad (\text{或} \geqslant r),$$

则说 **M 在 $f^{-1}(r)$ 的一侧**.

定义 2 设 f 是实线性赋范空间 X 上的连续线性泛函,X_1, X_2 是 X 的子集,若有实数 r,使

$$f(x) \geqslant r \quad (\forall x \in X_1), \tag{4}$$

$$f(x) \leqslant r \quad (\forall x \in X_2), \tag{5}$$

则说**超平面 $f^{-1}(r)$ 分离 X_1 与 X_2**.

若(4),(5)两式中至少有一个是严格不等式,则说 **$f^{-1}(r)$ 严格分离 X_1 与 X_2**.

定理 5(Hahn-Banach 定理的几何形式) 设 X_0 是实线性赋范空间 X 中以 0 为内点的凸子集,$x_0 \notin X_0$,则存在实值有界线性泛函 f 及 $r \in \mathbf{R}$,使得超平面 $f^{-1}(r)$ 分离 x_0 与 X_0.

证明 由于 $x_0 \notin X_0$,故 $X_0 \subsetneqq X$,因 0 是 X_0 的内点,所以对任意 $x \in X$,只要 λ 充分大,必有 $\dfrac{x}{\lambda} \in X_0$,令

$$p(x) = \inf\left\{\lambda > 0 \,\middle|\, \frac{x}{\lambda} \in X_0\right\} \quad (\forall x \in X)$$

(通常称 p 为 X_0 的 Minkowski(闵科夫斯基)泛函),可以证明 p 满足:

(i) $p(x) \geqslant 0$, $p(0) = 0$;

(ii) $p(\lambda x) = \lambda p(x) \quad (\forall x \in X, \lambda > 0)$;

(iii) $p(x+y) \leqslant p(x) + p(y) \quad (\forall x, y \in X)$.

事实上,只需验证(iii).不失一般性,假设 $p(x) < \infty$, $p(y) < \infty$,对任意 $\varepsilon > 0$,令

$$\lambda_1 = p(x) + \frac{\varepsilon}{2}, \lambda_2 = p(y) + \frac{\varepsilon}{2},$$

则有

$$\frac{x}{\lambda_1} \in X_0, \quad \frac{y}{\lambda_2} \in X_0$$

(事实上,因存在 $\lambda < \lambda_1$,使 $\dfrac{x}{\lambda} \in X_0$,于是 $\dfrac{x}{\lambda_1} = \dfrac{\lambda}{\lambda_1} \dfrac{x}{\lambda} + \left(1 - \dfrac{\lambda}{\lambda_1}\right) 0 \in X_0$,同理 $\dfrac{y}{\lambda_2} \in X_0$),

所以

$$\frac{x+y}{\lambda_1+\lambda_2}=\frac{\lambda_1}{\lambda_1+\lambda_2}\frac{x}{\lambda_1}+\frac{\lambda_2}{\lambda_1+\lambda_2}\frac{y}{\lambda_2}\in X_0,$$

这说明

$$p(x+y)\leqslant\lambda_1+\lambda_2=p(x)+p(y)+\varepsilon,$$

由 ε 的任意性得(iii).

往证 $p(x)$ 是连续的. 由于 0 是 X_0 的内点, 故存在 $r>0$, 使得 $S(0,r)\subset X_0$, 从而

$$\frac{rx}{2\parallel x\parallel}\in X_0\quad(x\neq0),$$

因此有

$$p(x)\leqslant\frac{2\parallel x\parallel}{r},$$

进一步,

$$|p(x)-p(y)|\leqslant\max\{p(x-y),p(y-x)\}\leqslant\frac{2}{r}\parallel x-y\parallel.$$

可见 p 是连续的(事实上还是一致连续的).

显然, 若 $x\in X_0$, 则 $p(x)\leqslant1$. 因 $x_0\notin X_0$, 由 p 的定义及 X_0 是以 0 为内点的凸集可得 $p(x_0)\geqslant1$(若存在 $0<\lambda<1$, 使 $\frac{x_0}{\lambda}\in X_0$, 则 $x_0=\lambda\cdot\frac{x_0}{\lambda}+(1-\lambda)0\in X_0$, 这与 $x_0\notin X_0$ 矛盾). 记

$$L(x_0)=\{\lambda x_0\mid\lambda\in\mathbf{R}\}.$$

在 $L(x_0)$ 上定义线性泛函

$$f_0(\lambda x_0)=\lambda p(x_0)\quad(\forall\lambda\in\mathbf{R}),$$

不难证明对任意 $\lambda\in\mathbf{R}$, 有 $\lambda p(x_0)\leqslant p(\lambda x_0)$. 于是 f_0 满足

$$f_0(x)=f_0(\lambda x_0)=\lambda p(x_0)\leqslant p(\lambda x_0)=p(x)\quad(\forall x\in L(x_0)).$$

由 Hahn-Banach 延拓定理知, 存在 X 上的线性泛函 f 满足

$$f(x_0)=f_0(x_0)=p(x_0)\geqslant1,\tag{6}$$

$$f(x)\leqslant p(x)\quad(\forall x\in X).\tag{7}$$

由于 $p(x)\leqslant1$($\forall x\in X_0$), 故 $f(x)\leqslant1$($\forall x\in X_0$). 由 $p(x)$ 连续及不等式(7)易知 $f(x)$ 在点 0 处连续, 从而有界. 综上知超平面 $f^{-1}(1)$ 分离 x_0 与 X_0. 证毕.

注 由定理 5 可以证明:若 X_0 是闭凸集, $x_0\notin X_0$, 则存在超平面严格分离 x_0 与 X_0. 特别地, 我们有下面的

推论 设 X 是实的线性赋范空间, M 为 X 的凸闭子集且 $0\in M$, 则对任意 $x_0\notin M$, 存在 X 上的有界线性泛函 f, 使得 $f(x_0)>1$, 且在 M 上有 $f(x)\leqslant1$.

定理 6 设 X_1,X_2 是线性赋范空间 X 中两个互不相交的非空凸集, 且至少有一

个有内点,则存在 X 上的非零连续线性泛函 f 及实数 r,使得超平面 $f^{-1}(r)$ 分离 X_1 与 X_2,即

$$f(x) \leqslant r \quad (\forall x \in X_1), \quad f(x) \geqslant r \quad (\forall x \in X_2).$$

证明 记 $X_0 = X_1 + (-1)X_2 = \{x_1 - x_2 \mid x_1 \in X_1, x_2 \in X_2\}$,则 X_0 是非空凸集,并且有内点. 这是因为 X_1 与 X_2 中至少有一个有内点,不妨设 X_1 有内点 $\tilde{x}_1$,则存在 $\varepsilon > 0$,使得 $S(\tilde{x}_1, \varepsilon) \subset X_1$,任取 $\tilde{x}_2 \in X_2$,则 $S(\tilde{x}_1, \varepsilon) - \{\tilde{x}_2\} \subset X_1 - \{\tilde{x}_2\} \subset X_0$,即 $S(\tilde{x}_1 - \tilde{x}_2, \varepsilon) \subset X_0$,所以 $\tilde{x}_1 - \tilde{x}_2$ 是 X_0 的内点. 由于 $X_1 \cap X_2 = \varnothing$,故 $0 \notin X_0$. 事实上,若有 $0 \in X_0$,则存在 $x_1 \in X_1$,$x_2 \in X_2$,使得 $0 = x_1 - x_2$,于是 $x_1 = x_2$,这与 $X_1 \cap X_2 = \varnothing$ 矛盾. 由定理 5 知存在 X 上的非零连续线性泛函 f 及常数 $r_0 \in \mathbf{R}$,使得 $f^{-1}(r_0)$ 分离 0 与 X_0. 不妨设 $f(x) \leqslant r_0 (\forall x \in X_0)$,$f(0) \geqslant r_0$,由于 $f(0) = 0$,故 $r_0 \leqslant 0$,于是 $f(x) \leqslant 0 (\forall x \in X_0)$,进而对任意 $x_1 \in X_1$,$x_2 \in X_2$,有

$$f(x_1) \leqslant f(x_2),$$

因此

$$\sup_{x_1 \in X_1} f(x_1) \leqslant \inf_{x_2 \in X_2} f(x_2).$$

任取 $r \in \mathbf{R}$,使得 $\sup\limits_{x_1 \in X_1} f(x_1) \leqslant r \leqslant \inf\limits_{x_2 \in X_2} f(x_2)$,则超平面 $f^{-1}(r)$ 分离 X_1 与 X_2. 证毕.

一般线性空间中凸集的分离问题早就为人们所关注,首先是 Minkowski 对有限维空间情形证明任何有界闭凸集在每个边界点必有一个支撑平面,即使得凸集在该平面的一侧. Mazur(马祖尔)将这一结论推广到了无穷维线性赋范空间,此外,定理 5 与定理 6 也是 Mazur 得到的.

定义 3 设 E 是线性赋范空间 X 中的凸集,x_0 是 E 的边界点,若存在超平面 $f^{-1}(r)$,使得 $x_0 \in f^{-1}(r)$,且 E 在 $f^{-1}(r)$ 的一侧,即

$$f(x) \leqslant r = f(x_0) \quad (\forall x \in E),$$

或

$$f(x) \geqslant r = f(x_0) \quad (\forall x \in E),$$

则称 $f^{-1}(r)$ 为 E 在点 x_0 处的**支撑超平面**.

命题 1 设 E 是线性赋范空间 X 中的一个有内点的凸集,F 是 X 的线性子空间,且 $\mathring{E} \cap F = \varnothing$($\mathring{E}$ 是 E 的内部),则存在超平面 $f^{-1}(r)$,使得 $F \subset f^{-1}(r)$ 且 E 在 $f^{-1}(r)$ 的一侧.

证明 F 显然是凸集. 不难证明,若 E 是凸集,则 $\mathring{E}$ 也是凸集,而且只要 E 有内点,则 $\mathring{E}$ 是非空开集,因此由命题的条件知 $\mathring{E}$ 是含内点的凸集. 由定理 6 知,存在 X 上的连续线性泛函 f 及 $r \in \mathbf{R}$,使得

$$f(x) \leqslant r \quad (\forall x \in \mathring{E}),$$

$$f(x) \geqslant r \quad (\forall x \in F).$$

由于 F 是线性子空间,易知 $f(x) \equiv 0$ $(\forall x \in F)$. 事实上,若有 $x_0 \in F$,使 $f(x_0) \neq 0$,则存在自然数 n,使 $|nf(x_0)| = |f(nx_0)| > |r|$,由 $f(x_0) \geqslant r$ 及 $f(-x_0) \geqslant r$ 知 $r \leqslant 0$. 因此,若 $f(x_0) > 0$,则

$$f(-nx_0) = -nf(x_0) < r,$$

若 $f(x_0) < 0$,则

$$f(nx_0) = nf(x_0) < r,$$

这与 $f(x) \geqslant r$ $(\forall x \in F)$ 矛盾. 故必有 $f(x) \equiv 0$ $(x \in F)$. 这说明 $F \subset f^{-1}(0)$,由 $f(x) \leqslant r \leqslant 0$ $(\forall x \in \mathring{E})$ 知 $\mathring{E}$ 在 $f^{-1}(0)$ 的一侧,进而 E 也在 $f^{-1}(0)$ 的一侧. 证毕.

命题 2　设 X 是线性赋范空间,$S_r = \{x \in X \mid \|x\| \leqslant r\}$,$x_0 \in X$ 满足 $\|x_0\| = r$,则 S_r 在点 x_0 处有一个支撑超平面.

证明　由定理 3 的推论 1 知存在 X 上的连续线性泛函 f,使得 $f(x_0) = \|x_0\| = r$,$\|f\| = 1$. 于是由

$$f(x) \leqslant \|f\| \cdot \|x\| = \|x\| \leqslant r = f(x_0) \quad (\forall x \in S_r),$$

知 $f^{-1}(r)$ 是 S_r 在点 x_0 处的支撑超平面. 证毕.

定理 7　设 X 是线性赋范空间,E 是 X 中含内点的闭凸集,则在 E 的每个边界点都有一个支撑超平面.

证明　任取 $x_0 \in E - \mathring{E}$(因为 E 是闭集,故 $E - \mathring{E} \neq \varnothing$),令 $F = \{\alpha x_0 \mid \alpha \in \mathbf{R}\}$,则由命题 1 知存在 X 上的连续线性泛函 f 及 $r \in \mathbf{R}$,使得

$$f(x) \leqslant r = f(x_0) \quad (\forall x \in E),$$

于是 $f^{-1}(r)$ 便是 E 在 x_0 处的支撑超平面. 证毕.

在本章 §1 中,我们已经看到,若 Y 是 Banach 空间,则 $L(X,Y)$ 也是 Banach 空间. 因此,不论 X 是否完备,其对偶空间 $X^* = L(X, \mathbf{C})$ 总是完备的,从而是 Banach 空间,其上的范数为

$$\|f\| = \sup_{\|x\|=1} |f(x)|.$$

由 Hahn–Banach 定理知,线性赋范空间的对偶空间具有相当多的元素. 可以证明,若 X 是有限维线性赋范空间,则 X^* 与 X 是同构的.

有界线性泛函的一个重要应用是分布理论,它是苏联数学家 Sobolev(索伯列夫)于 1936 年提出来的,20 世纪 50 年代,Schwartz(施瓦茨)系统地发展了这一理论. 所谓分布,也称为广义函数,指的是定义在 $\mathbf{R}^n$ 或其开子集上具有紧支集的无穷次可微函数空间上的连续线性泛函. 这一理论在微分方程、微分算子的特征函数展开式以及随机过程理论中都有应用.

§3　一致有界原理与闭图像定理

3.1　一致有界原理

定理 1(一致有界原理)　设 X 是 Banach 空间,Y 是线性赋范空间,$\{T_\lambda\}_{\lambda \in \Lambda}$ 是 $L(X,Y)$ 中一簇元素,满足

$$\sup_{\lambda \in \Lambda} \| T_\lambda x \| < \infty \quad (\forall x \in X),\tag{1}$$

则

$$\sup_{\lambda \in \Lambda} \| T_\lambda \| < \infty.\tag{2}$$

证明　记 $S_n = \left\{ x \in X \mid \sup_{\lambda \in \Lambda} \| T_\lambda x \| \leqslant n \right\}, n = 1, 2, \cdots$,则由(1)式知

$$X = \bigcup_{n=1}^{\infty} S_n.$$

由于对任意 $\lambda \in \Lambda$,T_λ 都连续,所以 S_n 是闭的,由 Baire 纲定理知 X 是第二纲集,从而必有某个 S_{n_0} 不是无处稠密的,即 $\overset{\circ}{S}_{n_0} \neq \varnothing$(因 S_{n_0} 是闭集). 于是存在 $x_0 \in S_{n_0}$ 及 $\varepsilon > 0$ 使得

$$S_\varepsilon(x_0) = \{ x \mid \| x - x_0 \| < \varepsilon \} \subset S_{n_0}.$$

设 $\| x \| < \varepsilon$,则 $x + x_0 \in S_\varepsilon(x_0)$,因此 $x + x_0 \in S_{n_0}$,从而对任意 $\lambda \in \Lambda$,

$$\| T_\lambda x \| \leqslant \| T_\lambda(x + x_0) \| + \| T_\lambda x_0 \| \leqslant 2n_0.$$

设 $x \in X$,且 $x \neq 0$,则

$$\left\| \frac{\varepsilon}{2 \| x \|} x \right\| < \varepsilon.$$

从而

$$\left\| T_\lambda \left(\frac{\varepsilon}{2 \| x \|} x \right) \right\| \leqslant 2n_0,$$

进一步

$$\| T_\lambda x \| \leqslant \frac{4n_0}{\varepsilon} \| x \|,$$

可见

$$\| T_\lambda \| = \sup_{\| x \| = 1} \| T_\lambda x \| \leqslant \frac{4n_0}{\varepsilon},$$

即

$$\sup_{\lambda \in \Lambda} \| T_\lambda \| \leqslant \frac{4n_0}{\varepsilon} < \infty.$$

证毕.

一致有界原理又称为**共鸣定理**,它意味着有界线性算子簇的逐点有界性可以推出一致有界性.这一定理在讨论与算子簇有关的收敛问题时是十分有用的.例如,由一致有界原理可以证明下面的

定理 2(Banach–Steinhaus(巴拿赫–施坦豪斯)定理) 设 X,Y 是 Banach 空间,X_0 是 X 的稠密子集,$\{T_n\} \subset L(X,Y)$,$T \in L(X,Y)$,则对任意 $x \in X$,

$$\lim_{n \to \infty} T_n x = Tx \tag{3}$$

的充要条件是

(i) $\{\|T_n\|\}$ 有界;

(ii) 对任意 $x \in X_0$,(3)式成立.

证明 必要性.由(3)式知(ii)显然成立.至于(i),只需注意到对任意 $x \in X$,$\{\|T_n x\|\}$ 有界,从而由一致有界原理知(i)成立.

充分性.设 $\|T_n\| \leq M,n = 1,2,\cdots$,对任意 $x \in X$ 及 $\varepsilon > 0$,存在 $x_0 \in X_0$,使得

$$\|x - x_0\| \leq \frac{\varepsilon}{3(\|T\| + M)},$$

于是有

$$\|T_n x - Tx\| \leq \|T_n(x - x_0)\| + \|T_n x_0 - Tx_0\| + \|T(x_0 - x)\|$$

$$\leq M \cdot \frac{\varepsilon}{3(\|T\| + M)} + \|T_n x_0 - Tx_0\| + \frac{\|T\| \cdot \varepsilon}{3(\|T\| + M)}$$

$$\leq \frac{2}{3}\varepsilon + \|T_n x_0 - Tx_0\|.$$

由(ii)知,存在 N,使得当 $n \geq N$ 时,有

$$\|T_n x_0 - Tx_0\| < \frac{\varepsilon}{3},$$

进而

$$\|T_n x - Tx\| < \varepsilon.$$

证毕.

例1 设 $x \in C([0,1])$,对任意自然数 n,作区间 $[0,1]$ 的一个分划

$$0 = t_0^{(n)} < t_1^{(n)} < \cdots < t_n^{(n)} = 1,$$

设 $\{A_k^{(n)}\}_{k=0}^n$ 是任意 $n+1$ 个数,记

$$f_n(x) = \sum_{k=0}^n A_k^{(n)} x(t_k^{(n)}), \tag{4}$$

则 f_n 显然是 $C([0,1])$ 上的线性泛函.在定积分近似计算中,常常用(4)式作为 $\int_0^1 x(t)\,dt$ 的近似值,这就是所谓的**机械求积公式**.问题是:f_n 是否收敛到 $\int_0^1 x(t)\,dt$?

不难看到，

$$|f_n(x)| \leqslant \sum_{k=0}^{n} |A_k^{(n)}| \cdot \|x\|_\infty \quad (\forall x \in C([0,1])),$$

于是 $\|f_n\| \leqslant \sum_{k=0}^{n} |A_k^{(n)}|$.

另一方面，对任意 n，可以取 $[0,1]$ 上的连续函数 $x_n(t)$，使得

$$x_n(t_k^{(n)}) = \operatorname{sgn} A_k^{(n)}, \quad k = 0,1,2,\cdots,n,$$

因而

$$|f_n(x_n)| = \sum_{k=0}^{n} |A_k^{(n)}|,$$

故

$$\|f_n\| \geqslant \sum_{k=0}^{n} |A_k^{(n)}|,$$

这说明

$$\|f_n\| = \sum_{k=0}^{n} |A_k^{(n)}|.$$

记 $P[x]$ 为 $[0,1]$ 上多项式全体，则由 Weierstrass 定理知 $P[x]$ 是 $C([0,1])$ 中的稠密子集. 从定理 2 立得下面的

推论 对任意 $x \in C([0,1])$，$f_n(x)$ 收敛到 $\int_0^1 x(t)\mathrm{d}t$ 当且仅当

(i) 存在常数 $M > 0$，使得 $\sum_{k=0}^{n} |A_k^{(n)}| \leqslant M$；

(ii) 对任意 $x \in P[x]$，$f_n(x) \to \int_0^1 x(t)\mathrm{d}t \quad (n \to \infty)$.

3.2 逆算子定理

定理 3(开映射定理) 设 X, Y 是 Banach 空间，若 $T \in L(X,Y)$ 是满射，则 T 是开映射，即 T 将 X 中的开集映为 Y 中的开集.

证明 为方便计，以 S_X 记 X 中的开球，S_Y 记 Y 中的开球，设 U 是 X 中任意开集，要证 TU 是 Y 中的开集. 对任意 $x_0 \in U$，存在开球 $S_X(x_0, r) \subset U$，于是 $TS_X(x_0, r) \subset TU$，因此只需证存在含 Tx_0 的开球 $S_Y(Tx_0, \delta)$，使得 $S_Y(Tx_0, \delta) \subset TS_X(x_0, r)$.

注意到 T 是满射，即 $Y = TX$，于是

$$Y = TX = \bigcup_{n=0}^{\infty} TS_X(0, n),$$

而 Y 是完备的，所以存在 n，使得 $TS_X(0, n)$ 不是疏朗集，从而 $\overline{TS_X(0, n)}$ 的内点集非空，这说明存在 $y_0 \in Y$ 及 $r > 0$，使得 $S_Y(y_0, r) \subset \overline{TS_X(0, n)}$. 由于 $x \in S_X(0, n)$ 当且仅

当 $-x \in S_X(0,n)$，且 $S_X(0,n)$ 是凸的，因而 $S_Y(-y_0,r) \subset \overline{TS_X(0,n)}$. 显然

$$S_Y(0,r) \subset \frac{1}{2}S_Y(y_0,r) + \frac{1}{2}S_Y(-y_0,r)$$

$$= \left\{ \frac{1}{2}y_1 + \frac{1}{2}y_2 \,\middle|\, y_1 \in S_Y(y_0,r), y_2 \in S_Y(-y_0,r) \right\}$$

$$\subset \overline{TS_X(0,n)},$$

令 $\delta = r/n$，则有 $S_Y(0,\delta) \subset \overline{TS_X(0,1)}$（因为 T 是线性算子），进而对任意自然数 k，有

$$S_Y\left(0,\frac{\delta}{3^k}\right) \subset \overline{TS_X\left(0,\frac{1}{3^k}\right)}. \tag{5}$$

下证 $S_Y\left(0,\frac{\delta}{3}\right) \subset TS_X(0,1)$. 任取 $y_0 \in S_Y\left(0,\frac{\delta}{3}\right)$，由上面的证明知存在 $x_1 \in S_X\left(0,\frac{1}{3}\right)$，使得

$$\| y_0 - Tx_1 \| < \frac{\delta}{3^2},$$

记 $y_1 = y_0 - Tx_1$，则 $y_1 \in S_Y\left(0,\frac{\delta}{3^2}\right)$. 由 (5) 式知存在 $x_2 \in S_X\left(0,\frac{1}{3^2}\right)$，使得

$$\| y_1 - Tx_2 \| < \frac{\delta}{3^3}.$$

由数学归纳法可证存在 $x_k \in X, y_k \in Y$，使得

$$y_k = y_{k-1} - Tx_k \in S_Y\left(0,\frac{\delta}{3^{k+1}}\right), \quad x_k \in S_X\left(0,\frac{1}{3^k}\right).$$

于是 $\sum\limits_{k=1}^{\infty} \| x_k \| < 1$，令 $x_0 = \sum\limits_{n=1}^{\infty} x_n$，则 $x_0 \in S_X(0,1)$，而

$$\| y_k \| = \| y_{k-1} - Tx_k \|$$
$$= \| y_{k-2} - (Tx_k + Tx_{k-1}) \|$$
$$= \cdots$$
$$= \| y_0 - T(x_k + x_{k-1} + \cdots + x_1) \|$$
$$< \frac{\delta}{3^{k+1}},$$

记 $\tilde{x}_k = \sum\limits_{i=1}^{k} x_i$，则 $\tilde{x}_k \to x_0, T\tilde{x}_k \to y_0 (k \to \infty)$. 由 T 的连续性知 $T\tilde{x}_k \to Tx_0 (k \to \infty)$，所以

$$Tx_0 = y_0,$$

即 $y_0 \in TS_X(0,1)$.

由 T 是线性算子及 $S_Y\left(0,\frac{\delta}{3}\right) \subset TS_X(0,1)$ 立知

$$S_Y\left(Tx_0,\frac{\delta}{3}\right)\subset TS_X(x_0,1)\,,\tag{6}$$

进而 $S_Y\left(Tx_0,\frac{\delta r}{3}\right)\subset TS_X(x_0,r)$. 这说明 Tx_0 是 $TS_X(x_0,r)$ 的内点，故也是 TU 的内点. 证毕.

即使 $T\in L(X,Y)$ 不是满射，只要 $R(T)$ 是第二纲集，则 T 仍是开映射，其证明可仿照定理 3 进行. 另外，从开映射定理的证明过程可以看出，对任意 $T\in L(X,Y)$，若 $R(T)$ 不是第一纲集，则 T 必为满射.

在 §1，我们定义了逆算子概念并指出，最重要的是有界逆算子，然而，在一般的线性赋范空间上，逆算子未必是有界的. 下面的定理说明，对 Banach 空间而言，这种情况不会发生.

定理 4（Banach 逆算子定理）　设 X,Y 是 Banach 空间，若 $T\in L(X,Y)$ 既是单射又是满射，则 $T^{-1}\in L(Y,X)$.

证明　由定理 3 证明中的 (6) 式知

$$S_Y(0,1)\subset TS_X\left(0,\frac{3}{\delta}\right),$$

即

$$T^{-1}S_Y(0,1)\subset S_X\left(0,\frac{3}{\delta}\right),$$

亦即

$$\|T^{-1}y\|<\frac{3}{\delta}\quad(\forall y\in S_Y(0,1))\,,$$

于是 $\forall y\in Y$，有

$$\left\|T^{-1}\left(\frac{y}{2\|y\|}\right)\right\|<\frac{3}{\delta},$$

从而

$$\|T^{-1}y\|\leqslant\frac{6}{\delta}\|y\|,$$

故 $T^{-1}\in L(Y,X)$. 证毕.

3.3　闭图像定理

引理　设 X 是线性空间，$\|\cdot\|$ 与 $\|\cdot\|_1$ 是 X 上的两个范数，它们都使 X 成为 Banach 空间. 若 $\|\cdot\|$ 强于 $\|\cdot\|_1$，则 $\|\cdot\|$ 与 $\|\cdot\|_1$ 等价.

证明　记 $X_1=(X,\|\cdot\|)$，$X_2=(X,\|\cdot\|_1)$，令 I 是 X_1 到 X_2 的恒等映射，即 $Ix=x$（$\forall x\in X$），则由引理的条件知存在常数 $M>0$，使得 $\|x\|_1\leqslant M\|x\|$，这说明

$$\| Ix \|_1 \leqslant M \| x \| ,$$

故 I 是 X_1 到 X_2 的有界线性算子. 显然, I 既是单射也是满射, 由逆算子定理知 I^{-1} 有界, 因而

$$\| I^{-1} x \| \leqslant \| I^{-1} \| \| x \|_1 ,$$

所以 $\| \cdot \|$ 与 $\| \cdot \|_1$ 等价. 证毕.

注 可以证明, 若 X 是有限维空间, 则 X 上任意两个范数必等价.

在许多情况下, 线性算子可能是无界的, 例如微分算子便是典型的无界算子. 处理这类算子的一个办法是限制它的定义域, 使其成为一个有界算子. 另一种办法是考察其图像是否具有某种特定性质, 这就得到另一类重要算子——闭算子.

定义 设 X, Y 是线性赋范空间, X_0 是 X 的子空间, $T: X_0 \to Y$ 是线性算子, X_0 称为 T 的定义域, 记作 $D(T)$, T 的**图像**指的是 $X \times Y$ 中的集合

$$G(T) = \{ (x, Tx) \mid x \in X_0 \}.$$

若 $G(T)$ 是 $X \times Y$ 中的闭集, 则称 T 是**闭算子**. 定义域在 X 中, 值域在 Y 中的闭算子全体通常用 $C(X, Y)$ 表示.

不难验证 T 是闭算子当且仅当从 $x_n \in D(T)$ ($n = 1, 2, \cdots$),

$$\lim_n x_n = x_0 \quad \text{与} \quad \lim_n Tx_n = y_0$$

可以推得 $x_0 \in D(T)$, 且 $Tx_0 = y_0$.

无界的闭算子是很多的, 例如记 $C^k([0,1])$ 为 $[0,1]$ 上有直到 k 阶连续导数的函数集合, 其上的范数定义为

$$\| f \|_{C^k} = \max_{0 \leqslant i \leqslant k} \left\{ \| f^{(i)} \|_\infty \right\} = \max_{0 \leqslant i \leqslant k} \left\{ \max_{t \in [0,1]} | f^{(i)}(t) | \right\},$$

将 $T = \dfrac{\mathrm{d}}{\mathrm{d}t}$ 看作 $C^2([0,1]) \subset C^1([0,1])$ 到 $C^1([0,1])$ 的算子, 则它是一个无界闭算子. 然而, 在 Banach 空间上一旦闭算子 T 的定义域是全空间, 或 T 可以扩张到全空间, 则 T 必为有界线性算子, 这就是所谓的闭图像定理.

定理 5(闭图像定理) 设 X, Y 均是 Banach 空间, $T \in C(X, Y)$, 若 $D(T) = X$, 则 $T \in L(X, Y)$.

证明 对任意 $x \in X$, 定义

$$\| x \|_1 = \| x \| + \| Tx \| ,$$

则 $\| \cdot \|_1$ 是 X 上的范数. 设 $\{ x_n \}_{n=1}^\infty \subset X$ 按 $\| \cdot \|_1$ 是 Cauchy 列, 则 $\{ x_n \}_{n=1}^\infty$, $\{ Tx_n \}_{n=1}^\infty$ 分别是 X, Y 中的 Cauchy 列. 由于 X, Y 都是完备的, 故存在 $x_0 \in X, y_0 \in Y$, 使得

$$x_n \to x_0, \quad Tx_n \to y_0 (n \to \infty).$$

由 T 是闭算子知 $x_0 \in D(T)$, 且 $Tx_0 = y_0$, 于是

$$\| x_n - x_0 \|_1 = \| x_n - x_0 \| + \| Tx_n - Tx_0 \| \to 0 \quad (n \to \infty),$$

这说明$(X,\|\cdot\|_1)$也是 Banach 空间,显然$\|\cdot\|_1$强于$\|\cdot\|$,由引理立知$\|\cdot\|_1$与$\|\cdot\|$等价,从而存在常数 $M>0$,使得

$$\|x\|_1 \leqslant M\|x\| \quad (\forall x \in X),$$

进一步

$$\|Tx\| \leqslant \|x\|_1 \leqslant M\|x\|,$$

即 T 有界. 证毕.

§4 对偶空间与弱收敛

4.1 对偶空间、二次对偶与自反空间

设 X 是线性赋范空间,记 X^* 为 X 上有界线性泛函全体,称为 X 的对偶空间. 显然 X^* 是 Banach 空间. 因此,我们可以考虑 X^* 上的有界线性泛函全体,记作 $X^{**}=(X^*)^*$,称 X^{**} 为 X 的**二次对偶空间**. 类似地可定义 X^{***},X^{****} 等.

人们或许会问,引进对偶空间概念有什么好处?那就让我们先回到有限维实欧氏空间看看其对偶空间是什么.

例 1 $(\mathbf{R}^n)^* \cong \mathbf{R}^n$(此处"$\cong$"表示等距同构).

证明 设 $\{e_k\}_{k=1}^n$ 是 $\mathbf{R}^n$ 的任一基底,不难看到,对任意 $f \in (\mathbf{R}^n)^*$,f 可由 $\{f(e_k)\}_{k=1}^n$ 确定. 事实上,对任意 $x \in \mathbf{R}^n$,存在 $x_i \in \mathbf{R}(i=1,2,\cdots,n)$,使 $x=\sum_{i=1}^n x_i e_i$,于是

$$f(x) = \sum_{i=1}^n x_i f(e_i);$$

反之,对任意一组实数 $y_1,y_2,\cdots,y_n$,令 $f(e_i)=y_i$,对任意 $x=\sum_{i=1}^n x_i e_i$,定义

$$f(x) = \sum_{i=1}^n x_i y_i,$$

则 f 显然是 $\mathbf{R}^n$ 上的线性泛函. 另一方面

$$|f(x)| \leqslant \Big(\sum_{i=1}^n x_i^2\Big)^{1/2}\Big(\sum_{i=1}^n y_i^2\Big)^{1/2} = \Big(\sum_{i=1}^n y_i^2\Big)^{1/2}\|x\|,$$

这说明 f 是有界的. 因此,$f \in (\mathbf{R}^n)^*$,作对应关系

$$\Psi:(\mathbf{R}^n)^* \to \mathbf{R}^n$$

如下:

$$\Psi(f) = (f(e_1),f(e_2),\cdots,f(e_n)),$$

显然,对任意 $f_1,f_2 \in (\mathbf{R}^n)^*$,$f_1(e_i)=f_2(e_i)(i=1,2,\cdots,n)$ 当且仅当 $f_1=f_2$. 故 Ψ 是

单射,由前面的证明知 Ψ 也是满射. 下证 Ψ 是等距的. 由于

$$|f(x)| = \Big| \sum_{i=1}^{n} x_i f(e_i) \Big| \leqslant \Big[\sum_{i=1}^{n} f(e_i)^2 \Big]^{1/2} \cdot \Big[\sum_{i=1}^{n} x_i^2 \Big]^{1/2},$$

故

$$\|f\| \leqslant \Big[\sum_{i=1}^{n} f(e_i)^2 \Big]^{1/2},$$

取 $x = (f(e_1), f(e_2), \cdots, f(e_n))$,则

$$|f(x)| = \sum_{i=1}^{n} f(e_i)^2 = \Big[\sum_{i=1}^{n} f(e_i)^2 \Big]^{1/2} \cdot \|x\|,$$

因而 $\|f\| \geqslant \Big[\sum_{i=1}^{n} f(e_i)^2 \Big]^{1/2}$. 这说明 $\|f\| = \Big[\sum_{i=1}^{n} f(e_i)^2 \Big]^{1/2}$,即 Ψ 是等距同构. 证毕.

若令 $\{\varepsilon_k\}_{k=1}^{n}$ 为 $\mathbf{R}^n$ 中的标准基底,即

$$\varepsilon_k = (0, 0, \cdots, 0, \overset{k}{1}, 0, \cdots, 0),$$

则不难看到对每个 ε_k,按例 1 中的同构关系,对应的 $\mathbf{R}^n$ 上的泛函为 $f_k(x) = x_k(x = (x_1, x_2, \cdots, x_n))$,显然对任意 $x_1, x_2 \in \mathbf{R}^n, x_1 \neq x_2$ 当且仅当存在 k,使得 $f_k(x_1) \neq f_k(x_2)$ 当且仅当存在 $f \in (\mathbf{R}^n)^*$,使 $f(x_1) \neq f(x_2)$. 这就是说,$(\mathbf{R}^n)^*$ 实际上相当于 $\mathbf{R}^n$ 中点的坐标.

现设 X 是 Banach 空间,则对任意 $x_1, x_2 \in X$,只要 $x_1 \neq x_2$,由 Hahn-Banach 定理立知,存在 $f \in X^*$,使得 $f(x_1) \neq f(x_2)$,等价地说,$x_1 = x_2$ 当且仅当对任意 $f \in X^*$,有 $f(x_1) = f(x_2)$. 对偶理论的思想正是利用对偶空间 X^* 来刻画 X 的某种性质. 从几何上看,它所起的作用相当于有限维线性空间中的坐标. 应该看到,对偶方法无论对泛函分析本身,还是对某些相关领域都具有十分重要的意义. 例如,我们在考察空间中某个子集时,常常要求它具有某种紧性,这样可使得许多重要的理论与方法得以应用. 然而,在无限维 Banach 空间中,紧性的要求是很强的,一般很难做到,这时我们可以利用对偶空间来定义所谓的弱紧性,从而可运用有关紧性的一些结论. 偏微分方程理论中的弱紧方法采用的就是这种技巧.

对任意 $x \in X$ 及 $f \in X^*$,记

$$x^{**}(f) = f(x),$$

则不难看到 x^{**} 定义了 X^* 上的一个有界线性泛函,即 $x^{**} \in X^{**}$,且显然有 $\|x^{**}\| \leqslant \|x\|$. 由 Hahn-Banach 定理知存在 $f \in X^*$,使得 $\|f\| = 1$,且 $|f(x)| = \|x\|$. 于是 $|x^{**}(f)| = |f(x)| = \|x\|$,这说明 $\|x^{**}\| \geqslant \|x\|$. 因此 $\|x^{**}\| = \|x\|$,故而 X 可以等距嵌入到 X^{**} 中,在等距同构意义下,X 可看作 X^{**} 的子空间. 一般地,$X \neq X^{**}$,后面将会看到这样的例子. 若 $X = X^{**}$,则称 X 是**自反空间**. 从例 1 可以看出,$\mathbf{R}^n$ 是自反空间. 事实上,我们有下面的

定理 1 任何有限维线性赋范空间都是自反的.

证明 设 X 是 n 维线性赋范空间, $\{e_1, e_2, \cdots, e_n\}$ 是 X 的基, 则存在 $f_i \in X^*$ $(i=1,2,\cdots,n)$ 满足

$$f_i(e_k) = \delta_{ik} = \begin{cases} 1, & i=k, \\ 0, & i \neq k. \end{cases}$$

于是对任意 $x = \sum_{k=1}^{n} x_k e_k$, 有

$$f_k(x) = x_k,$$

从而对任意 $f \in X^*$, $f(x) = \sum_{k=1}^{n} x_k f(e_k) = \sum_{k=1}^{n} f(e_k) f_k(x)$, 即 $f = \sum_{k=1}^{n} f(e_k) f_k$. 这说明 f_k 是 X^* 的基, X^* 是 n 维空间. 进一步, X^{**} 也是 n 维空间. 注意到 X 可以等距嵌入到 X^{**} 中, 且它们有相同的维数, 故必有 $X = X^{**}$, 即 X 是自反的. 证毕.

除了有限维线性赋范空间, 还有没有别的自反空间呢? 答案是这类空间有很多. 例如对任意 $1 < p < \infty$, $L^p([a,b])$ 必是自反的. 为证明这一点, 我们首先证明下面的

定理 2 对任意 $1 < p < \infty$, $(L^p[a,b])^* \cong L^q([a,b])$, 其中 $\dfrac{1}{p} + \dfrac{1}{q} = 1$.

证明 由 Hölder 不等式知对任意 $f \in L^p([a,b])$, $g \in L^q([a,b])$, 有

$$\left| \int_{[a,b]} f(x) g(x) \, dx \right| \leqslant \|f\|_p \cdot \|g\|_q.$$

故对任一 $g \in L^q([a,b])$, $G_g(f) = \int_{[a,b]} f(x) g(x) \, dx$ 定义了 $L^p([a,b])$ 上的一个有界线性泛函, 且 $\|G_g\| \leqslant \|g\|_q$. 不难证明, 若 $g_1, g_2 \in L^q([a,b])$ 且 $g_1 \neq g_2$, 则 $G_{g_1} \neq G_{g_2}$. 事实上, 若令 $f(x) = \mathrm{sgn}(g_1(x) - g_2(x))$, 则 $f \in L^p([a,b])$, 且

$$G_{g_1-g_2}(f) = \int_{[a,b]} f(g_1 - g_2) \, dx = \int_{[a,b]} |g_1 - g_2| \, dx \neq 0,$$

故 $G_{g_1}(f) - G_{g_2}(f) = G_{g_1-g_2}(f) \neq 0$, 即 $G_{g_1} \neq G_{g_2}$. 作映射 G 如下:

$$G : g \in L^q([a,b]) \mapsto G_g \in (L^p([a,b]))^*,$$

则由前述知 G 是 L^q 到 $(L^p)^*$ 中的一一映射. 为证 G 是满射, 任取 $F \in (L^p)^*$, 对任意可测集 $E \subset [a,b]$, 令

$$\mu(E) = F(\chi_E),$$

其中 χ_E 是 E 的特征函数. 我们证明 μ 是 $[a,b]$ 上的测度 (这里的测度可以取负值).

不难验证, 若 $E_1, E_2, \cdots, E_n$ 是 $[a,b]$ 中的有限个互不相交的可测集, 则

$$\mu\left(\bigcup_{i=1}^{n} E_i \right) = F\left(\chi_{\bigcup_{i=1}^{n} E_i} \right) = F\left(\sum_{i=1}^{n} \chi_{E_i} \right) = \sum_{i=1}^{n} F(\chi_{E_i}) = \sum_{i=1}^{n} \mu(E_i),$$

故 μ 具有有限可加性. 往证 μ 具有可数可加性. 设 $E_i \subset [a,b]$ $(i=1,2,\cdots)$ 是可数个

互不相交的可测集,则 $m\left(\bigcup\limits_{i\geqslant n}E_i\right)=\sum\limits_{i\geqslant n}mE_i\to 0\,(n\to\infty)$. 于是由

$$\mu\left(\bigcup_{i=1}^{\infty}E_i\right)=\mu\left[\left(\bigcup_{i=1}^{n}E_i\right)\bigcup\left(\bigcup_{i=n+1}^{\infty}E_i\right)\right]$$

$$=F\big(\chi_{\underset{i=1}{\overset{n}{\cup}}E_i}\big)+F\big(\chi_{\underset{i=n+1}{\overset{\infty}{\cup}}E_i}\big)$$

$$=\sum_{i=1}^{n}\mu(E_i)+F\big(\chi_{\underset{i=n+1}{\overset{\infty}{\cup}}E_i}\big)$$

及

$$\left|F\big(\chi_{\underset{i=n+1}{\overset{\infty}{\cup}}E_i}\big)\right|\leqslant\|F\|\,\|\chi_{\underset{i=n+1}{\overset{\infty}{\cup}}E_i}\|_p$$

$$=\|F\|\,\left|\int_{\underset{i=n+1}{\overset{\infty}{\cup}}E_i}\mathrm{d}x\right|^{\frac{1}{p}}$$

$$=\|F\|\,\left[m\left(\bigcup_{i=n+1}^{\infty}E_i\right)\right]^{\frac{1}{p}},$$

立得 $\mu\left(\bigcup\limits_{i=1}^{\infty}E_i\right)=\sum\limits_{i=1}^{\infty}\mu(E_i)$.

另一方面,若 $E\subset[a,b]$ 是零测集,则

$$\mu(E)=F(\chi_E)\leqslant\|F\|\,\|\chi_E\|_p=0.$$

所以 μ 关于 m 绝对连续,由 Radon–Nikodým(拉东–尼科迪姆)定理知存在可测函数 g,使得 $\mathrm{d}\mu=g\mathrm{d}x$,从而对任意可测集 E,有

$$\mu(E)=\int_E g\mathrm{d}x=\int_{[a,b]}\chi_E g\mathrm{d}x,$$

因此

$$F(\chi_E)=\mu(E)=\int_{[a,b]}\chi_E g\mathrm{d}x,$$

所以对任一简单函数 f,有

$$F(f)=\int_{[a,b]}fg\mathrm{d}x.$$

进一步对任意有界可测函数 f,有

$$F(f)=\int_{[a,b]}fg\mathrm{d}x.$$

下证 $\|g\|_q\leqslant\|F\|$. 对任意自然数 n,记

$$E_n=\{x\in[a,b]\,\big|\,|g(x)|\leqslant n\},$$

令 $f_n=\chi_{E_n}|g|^{q-2}g$,则有

$$\int_{E_n}|g|^q\mathrm{d}x=\int_{[a,b]}f_n\cdot g\mathrm{d}x=F(f_n)$$

$$\leqslant\|F\|\,\|f_n\|_p=\|F\|\left(\int_{E_n}|g|^q\mathrm{d}x\right)^{\frac{1}{p}}$$

故 $\left(\int_{E_n}|g|^q\mathrm{d}x\right)^{\frac{1}{q}}\leqslant\|F\|$. 令 $n\to\infty$ 得,

$$\left(\int_{[a,b]}|g|^q\mathrm{d}x\right)^{\frac{1}{q}}\leqslant\|F\|.$$

由于简单函数全体在 $L^p([a,b])$ 内稠密, 故对任意 $f\in L^p([a,b])$, 存在简单函数列 $\{f_n\}$, 使得

$$\|f-f_n\|_p\to 0(n\to\infty).$$

从而由 F 的连续性知 $F(f_n)\to F(f)(n\to\infty)$, 即

$$\int_{[a,b]}f_n g\mathrm{d}x\to F(f)(n\to\infty).$$

但

$$\left|\int_{[a,b]}f_n g\mathrm{d}x-\int_{[a,b]}fg\mathrm{d}x\right|$$

$$=\left|\int_{[a,b]}(f_n-f)g\mathrm{d}x\right|$$

$$\leqslant\|f_n-f\|_p\cdot\|g\|_q\to 0\quad(n\to\infty),$$

所以 $F(f)=\int_{[a,b]}fg\mathrm{d}x(\forall f\in L^p([a,b]))$.

这就是说 F 确是由 L^q 中某个元 g 诱导的, 即 $F=G_g$, 且 $\|g\|_q\leqslant\|F\|=\|G_g\|\leqslant\|g\|_q$. 证毕.

推论 $[L^1([a,b])]^*\cong L^\infty([a,b])$.

证明 设 $F\in[L^1([a,b])]^*$, 则对任意 $f\in L^p([a,b])(1<p<\infty)$, 由 $L^p([a,b])\subset L^1([a,b])$ 知

$$|F(f)|\leqslant\|F\|\cdot\|f\|_1\leqslant\|F\|\cdot\|f\|_p\cdot(b-a)^{\frac{1}{q}},$$

故 $F\in[L^p([a,b])]^*$. 于是存在 $g\in L^q([a,b])$, 使得

$$F(f)=\int_{[a,b]}fg\mathrm{d}x\quad(\forall f\in L^p([a,b])),$$

若 $g\notin L^\infty([a,b])$, 则对任意自然数 n,

$$m\big(x\in[a,b]\,\big|\,|g(x)|>n\big)>0,$$

记

$$E_n=\big\{x\in[a,b]\,\big|\,|g(x)|>n\big\},$$

并令

$$f_n(x)=\frac{\chi_{E_n}}{mE_n}\mathrm{sgn}\,g,$$

则 $f_n\in L^\infty([a,b])\subset L^1([a,b])$, 且 $\|f_n\|_1=1$. 但 $F(f_n)=\int_{[a,b]}f_n g\mathrm{d}x=\int_{E_n}\frac{1}{mE_n}|g|\,\mathrm{d}x\geqslant$

$$n \cdot \int_{E_n} \frac{1}{mE_n} \mathrm{d}x = n \to \infty \ (n \to \infty),$$ 这与 $|F(f_n)| \leqslant \|F\| \cdot \|f_n\|_1 = \|F\|$ 矛盾,故 $g \in$

$L^\infty([a,b])$. 进一步,易知对任意 $f \in L^1([a,b])$,有 $F(f) = \int_{[a,b]} fg\mathrm{d}x$. 显然 $\|F\| \leqslant$

$\|g\|_{L^\infty}$,对任意 $\varepsilon > 0$,记

$$E_\varepsilon = \left\{ x \in [a,b] \ \middle| \ |g(x)| \geqslant \|g\|_{L^\infty} - \varepsilon \right\},$$

则 $mE_\varepsilon > 0$,令 $f_\varepsilon = \dfrac{\chi_{E_\varepsilon}}{mE_\varepsilon} \mathrm{sgn}\, g$,则 $f_\varepsilon \in L^1([a,b])$,且 $\|f_\varepsilon\|_1 = 1$,由

$$F(f_\varepsilon) = \int_{E_\varepsilon} \frac{1}{mE_\varepsilon} |g| \mathrm{d}x \geqslant \|g\|_{L^\infty} - \varepsilon$$

立得 $\|F\| \geqslant \|g\|_{L^\infty} - \varepsilon$,由 ε 的任意性知 $\|F\| \geqslant \|g\|_{L^\infty}$. 综上得 $\|F\| = \|g\|_{L^\infty}$.
从而 $[L^1([a,b])]^* \cong L^\infty([a,b])$. 证毕.

定理 3 对任意 $1 < p < \infty$,$L^p([a,b])$ 是自反空间.

证明 由定理 2 知 $[L^p([a,b])]^* \cong L^q([a,b]) \left(\dfrac{1}{p} + \dfrac{1}{q} = 1 \right)$,因 $1 < q < \infty$,故仍

由定理 2 知 $[L^q([a,b])]^* \cong L^p([a,b])$,所以 $[L^p([a,b])]^{**} \cong [L^q([a,b])]^* \cong$
$L^p([a,b])$. 证毕.

引理 设 X 是 Banach 空间,若 X^* 可分,则 X 也可分.

证明 由 X^* 可分知 $\{f \in X^* \mid \|f\| = 1\}$ 中存在可数稠密子集 $\{f_k\}_{k=1}^\infty$,注意到对
任意 k,存在 $x_k \in X$,$\|x_k\| \leqslant 1$,使得

$$|f_k(x_k)| > \frac{1}{2}, \quad k = 1,2,3,\cdots.$$

如果 X 不可分,则 $\{x_k\}_{k=1}^\infty$ 张成的子空间 M 不等于 X,从而存在 $f_0 \in X^*$,使得

$$f_0|_M = 0, \quad \text{且} \|f_0\| = 1,$$

于是

$$\|f_0 - f_k\| \geqslant |f_0(x_k) - f_k(x_k)| = |f_k(x_k)| > \frac{1}{2},$$

这与 $\{f_k\}_{k=1}^\infty$ 在 X^* 的单位球中稠密矛盾. 证毕.

定理 4 $L^1([a,b])$ 非自反空间.

证明 由定理 2 的推论知 $[L^1([a,b])]^* \cong L^\infty([a,b])$,只需证 $[L^\infty([a,b])]^*$ 与 $L^1([a,b])$ 非等距同构. 事实上,若 $[L^\infty([a,b])]^* \cong L^1([a,b])$,则
$[L^\infty([a,b])]^*$ 可分,从而由引理知 $L^\infty([a,b])$ 可分,这就得到矛盾. 证毕.

注 定理 2 及其推论实际上给出了 $L^p([a,b])$ $(1 \leqslant p < \infty)$ 上有界线性泛函的
表示形式,所以这类定理又称为表示定理,它使得某些空间上有界线性泛函的结构
与性质显得十分直观、简单,用起来很方便. 我们常见的几类函数空间的对偶空间

都可以算出来,例如,$l^p(1 \leq p < \infty)$ 的对偶空间是 $l^q\left(\dfrac{1}{p} + \dfrac{1}{q} = 1\right)$(其证明类似本节定理 2);$C([a,b])$ 的对偶空间是 $V_0([a,b])$(即 $[a,b]$ 上满足 $g(a) = 0$ 且右连续的有界变差函数 g 的全体),其对偶关系为

$$f_g(x) = \int_{[a,b]} x(t)\,\mathrm{d}g(t) \quad (x \in C([a,b]), g \in V_0[a,b])$$

且

$$\|f\| = V_a^b(g) \quad (g \text{ 的全变差}).$$

有关这些结果的证明可参见江泽坚、孙善利的文献[5].

定理 5 设 X 是 Banach 空间,若 X 是自反空间,则 X 的任何子空间 M 也是自反的.

证明 由于在等距同构意义下,$M \subset M^{**}$,因此只需证明对任意 $F \in M^{**}$,存在 $x \in M$,使得 $x^{**} = F$. 任取 $F \in M^{**}$,定义

$$x_F^{**}(f) = F(f|_M) \quad (\forall f \in X^*),$$

显见 x_F^{**} 是 X^* 上的线性泛函,且

$$|x_F^{**}(f)| \leq \|F\| \cdot \|f|_M\| \leq \|F\| \cdot \|f\| \quad (\forall f \in X^*),$$

故 $x_F^{**} \in X^{**}$. 由 X 是自反的知存在 $x_F \in X$,使

$$x_F^{**}(f) = f(x_F) \quad (\forall f \in X^*).$$

由 x_F^{**} 的定义知,当 $f|_M = 0$ 时,$x_F^{**}(f) = 0$,于是

$$f(x_F) = x_F^{**}(f) = 0.$$

这就是说,对任意 $f \in X^*$,只要 $f(x) = 0$($\forall x \in M$),则 $f(x_F) = 0$. 因此由 Hahn-Banach 定理知必有 $x_F \in M$.

对任意 $f \in M^*$,记 $\tilde{f} \in X^*$ 为 f 的保范扩张,则

$$F(f) = F(\tilde{f}|_M) = x_F^{**}(\tilde{f}) = \tilde{f}(x_F) = f(x_F).$$

证毕.

除了 Hilbert 空间外,几何性质最为丰富的空间或许首推自反空间,可见它是一类很重要的空间.

4.2 弱收敛与弱 * 收敛

此前关于线性赋范空间中拓扑的讨论仅限于范数拓扑,诚如上段所述,紧性在无限维空间中是至关重要的概念,但按范数拓扑,具有紧性的集合类很小,很难满足人们的需要,下面的弱收敛概念弥补了这一不足.

定义 1 设 X 是 Banach 空间,$\{x_n\}_{n=1}^{\infty} \subset X$,$x_0 \in X$,若对任意 $f \in X^*$,有

$$\lim_{n \to \infty} f(x_n) = f(x_0),$$

则称序列 $\{x_n\}_{n=1}^{\infty}$ **弱收敛到** x_0，记作 $x_n \xrightarrow{w} x_0 (n \to \infty)$.

显然若 $\|x_n - x_0\| \to 0 (n \to \infty)$，则 $x_n \xrightarrow{w} x_0 (n \to \infty)$，但当 X 是无穷维空间时，弱收敛序列未必按范数收敛. 当 $\dim X < \infty$ 时，两者等价（请读者自己证明）.

命题　设 X 是 Banach 空间，$\{x_n\} \subset X$ 是弱收敛序列，则其极限必唯一.

证明　设 $x_n \xrightarrow{w} x_0 (n \to \infty)$，同时 $x_n \xrightarrow{w} y_0 (n \to \infty)$，则对任意 $f \in X^*$，有 $f(x_0) = \lim_{n \to \infty} f(x_n) = f(y_0)$，由 Hahn-Banach 定理立知 $x_0 = y_0$.

虽然弱收敛不一定意味着按范数收敛，但可以得到稍弱的结论，即

定理 6　设 X 是 Banach 空间，$x_n \xrightarrow{w} x_0 (n \to \infty)$，则对任意 $\varepsilon > 0$，存在 $\lambda_i \geqslant 0$（$i = 1, 2, \cdots, m$），$\sum_{i=1}^{m} \lambda_i = 1$ 及 $x_{n_1}, x_{n_2}, \cdots, x_{n_m}$，使

$$\left\| \sum_{i=1}^{m} \lambda_i x_{n_i} - x_0 \right\| < \varepsilon.$$

换言之，x_0 是 $\{x_n\}_{n=1}^{\infty}$ 的凸组合在范数拓扑意义下的聚点.

证明　记 M 为 $\{x_n\}_{n=1}^{\infty}$ 的闭凸包（即含 $\{x_n\}_{n=1}^{\infty}$ 的最小闭凸集），若 $x_0 \notin M$，则由本章 §2 定理 5 的注知存在超平面 $f^{-1}(r)$，将 x_0 与 M 严格分离，即

$$f(x_0) < r \leqslant f(x) \quad (\forall x \in M).$$

特别地，

$$f(x_0) < r \leqslant f(x_n),$$

由 $x_n \xrightarrow{w} x_0 (n \to \infty)$，知 $f(x_n) \to f(x_0) (n \to \infty)$，从而

$$f(x_0) < r \leqslant f(x_0),$$

这个矛盾说明 $x_0 \in M$，证毕.

定义 2　设 X 是 Banach 空间，$\{f_n\}_{n=1}^{\infty} \subset X^*$，$f \in X^*$，若对任意 $x \in X$，有

$$\lim_{n \to \infty} f_n(x) = f(x),$$

则称 $\{f_n\}_{n=1}^{\infty}$ **弱 * 收敛到** f，记作 $f_n \xrightarrow{w^*} f (n \to \infty)$.

由于 X^* 是 Banach 空间，所以 X^* 中也有弱收敛概念，要注意在 X^* 中弱收敛与弱 * 收敛的区别. 我们说 $f_n \xrightarrow{w} f (n \to \infty)$ 是指对任意 $F \in X^{**}$，有 $F(f_n) \to F(f)$ $(n \to \infty)$，由于对任意 $x \in X$，有 $x^{**} \in X^{**}$，于是由 $x^{**}(f_n) \to x^{**}(f)$ 知 $f_n(x) \to f(x)$，从而 $f_n \xrightarrow{w^*} f (n \to \infty)$，这就是说在 X^* 中，弱收敛强于弱 * 收敛. 两者何时等价呢？从刚才的讨论不难发现当 X 是自反空间时，X^* 中的弱收敛与弱 * 收敛等价.

定义 3　设 X 是 Banach 空间,A 是 X 的子集,若 A 中任一序列都有弱收敛的子序列,则称 A 是 X 中的**弱列紧集**.

定义 4　设 X 是 Banach 空间,$A \subset X^*$,若 A 中任一序列都有弱 $*$ 收敛的子列,则称 A 是 X^* 中的**弱 $*$ 列紧集**.

定义 5　设 X 是 Banach 空间,X 在点 0 的**弱邻域基**指的是所有如下定义的点集:
$$O(f_1, f_2, \cdots, f_n; \varepsilon_1, \varepsilon_2, \cdots, \varepsilon_n) = \{x \in X \mid |f_i(x)| < \varepsilon_i, \varepsilon_i > 0, i = 1, 2, \cdots, n\},$$
其中 $f_i \in X^*$,ε_i 是任意正数 $(i = 1, 2, \cdots, n)$.

对任意 $x_0 \in X$,点 x_0 的弱邻域基定义为点集:
$$O(x_0, f_1, f_2, \cdots, f_n; \varepsilon_1, \varepsilon_2, \cdots, \varepsilon_n) = \{x \in X \mid |f_i(x - x_0)| < \varepsilon_i, \varepsilon_i > 0, i = 1, 2, \cdots, n\}.$$

X 中的集合 G 称为弱开集,是指 G 中任一点 x 都有弱邻域基 V,使得 $V \subset G$. 由弱开集生成的 X 上的拓扑称为 X 上的弱拓扑. 若 X 中的集合 F 按弱拓扑是闭的,则称 F 为 X 中的弱闭集. 类似地可定义 X^* 中的弱 $*$ 拓扑. 仿照距离空间中紧集的定义,可定义弱紧集和弱 $*$ 紧集.

回忆第一章中关于聚点的定义,不难看到,按范数拓扑,X 中点 x_0 是 X 的某个子集 A 的聚点当且仅当 A 中有子列收敛到 x_0. 换句话说,我们只要将 A 的所有序列的极限添加到 A 中去便可得到 A 的闭包 $\overline{A}$. 受此启发,人们很自然地会思考这样一个问题:可不可以将某个弱列紧集中所有序列的弱收敛的极限添加进去使之成为一个弱紧集呢? 遗憾的是,这是做不到的. 下面的例子说明,弱聚点未必是序列弱收敛的极限点.

例 2　存在 l^2 中的点集 A,使点 0 为 A 的弱聚点,但 A 中任何序列都不可能弱收敛到 0.

证明　记 A 为如下点集:
$$\begin{cases} x_{12} = \{1, 1, 0, 0, \cdots\}, \\ x_{13} = \{1, 0, 1, 0, \cdots\}, \\ \cdots\cdots\cdots\cdots \\ x_{1n} = \{1, 0, \cdots, 0, \overset{n}{1}, 0, \cdots\}, \\ \cdots\cdots\cdots\cdots \\ x_{23} = \{0, 1, 2, 0, \cdots\}, \\ x_{24} = \{0, 1, 0, 2, \cdots\}, \\ \cdots\cdots\cdots\cdots \\ x_{2n} = \{0, 1, 0, \cdots, 0, \overset{n}{2}, 0, \cdots\}, \\ \cdots\cdots\cdots\cdots \\ x_{n-1,n} = \{0, \cdots, 0, 1, n-1, 0, \cdots\}, \\ x_{n-1,n+1} = \{0, \cdots, 0, 1, 0, n-1, 0, \cdots\}, \\ \cdots\cdots\cdots\cdots \end{cases}$$

其中 $x_{kn}(k<n)$ 的第 k 个坐标为 1，第 n 个坐标为 k，其余均为 0.

首先证明 0 是 A 的弱聚点. 由于对任意 $y=(y_1,y_2,\cdots,y_n,\cdots)\in l^2$ 及 $\varepsilon>0$，适当选取 k,n 可使

$$|(x_{kn},y)|=|y_k+ky_n|<\varepsilon$$

（先取 k 充分大使 $|y_k|<\dfrac{\varepsilon}{2}$，固定 k，再取 n 充分大使 $|y_n|<\dfrac{\varepsilon}{2k}$，于是 $|y_k+ky_n|<\varepsilon$）. 这说明，点 0 的任何邻域都含 A 中点.

往证 0 不是 A 中序列弱收敛的极限点. 若不然，则存在 $\{z_n\}\subset A$，使 $z_n\xrightarrow{w}0(n\to\infty)$，即对任意 $f\in(l^2)^*=l^2$，有 $f(z_n)\to0(n\to\infty)$. 从而

$$\sup_n|z_n^{**}(f)|=\sup_n|f(z_n)|<\infty，\quad\forall f\in(l^2)^*.$$

由一致有界原理知 $\{\|z_n\|\}$ 有界，但

$$\|x_{kn}\|=\sqrt{1+k^2}\to\infty\quad(k\to\infty),$$

故必有常数 k_0，使得 $\{z_n\}\subset\{x_{kn}\mid k\leqslant k_0\}$，进而必有某个 $k_1\leqslant k_0$ 及序列 $\{n_j\}$，使得 $z_{n_j}=x_{k_1 n_j}$. 然而，$x_{k_1 n_j}$ 的第 k_1 个坐标恒为 1，它显然不可能弱收敛到 0.

类似弱拓扑，我们可定义 X^* 中的弱 $*$ 拓扑，且可以证明下面著名的 Alaoglu（阿拉奥格卢）定理.

定理 7（Alaoglu）   设 X 是 Banach 空间，则 X^* 中的闭单位球是弱 $*$ 紧集.

这一定理的证明需要利用网收敛概念，已超出本书范围，有兴趣者可参阅 R. G. Douglas 所著文献[6]第一章定理 1.23.

在 X 可分情形，X^* 中单位球的弱 $*$ 列紧性的证明要容易得多.

定理 8   设 X 是可分的 Banach 空间，则 X^* 中的单位球 $(X^*)_1$ 是弱 $*$ 列紧的.

证明   由 X 可分知存在可数的稠密子集 $\{x_n\}_{n=1}^\infty$，记 $\{f_k\}_{k=1}^\infty$ 为 $(X^*)_1$ 中的序列，则对每个 n，$\{f_k(x_n)\}_{k=1}^\infty$ 是有界数列，利用对角线方法可找到子序列 $\{f_{k_j}\}_{j=1}^\infty$，使得对每个 x_n，$\{f_{k_j}(x_n)\}_{j=1}^\infty$ 都收敛，再由 $\{x_n\}$ 在 X 中稠密及 $\{\|f_{k_j}\|\}_{j=1}^\infty$ 有界知对任意 $x\in X$，$\{f_{k_j}(x)\}_{j=1}^\infty$ 都收敛. 定义

$$f(x)=\lim_{j\to\infty}f_{k_j}(x),$$

不难验证 $f\in X^*$，从而 $f_{k_j}\xrightarrow{w}f(j\to\infty)$. 证毕.

定理 9   自反空间 X 中的单位球是弱列紧的.

证明   设 $\{x_n\}$ 是 X 的单位球中任一序列，则 x_n^{**} 是 X^{**} 的单位球中序列. 由于 $(X^{**})_1=[(X^*)^*]_1$ 是弱 $*$ 列紧的，故存在子序列 $\{x_{n_k}^{**}\}$ 及 $F\in X^{**}$，使得对任意 $f\in X^*$，有 $x_{n_k}^{**}(f)\to F(f)(k\to\infty)$. 由于 $X=X^{**}$，故存在 $x\in X$，使得 $x^{**}=F$. 于是

$$f(x_{n_k})=x_{n_k}^{**}(f)\to F(f)=x^{**}(f)=f(x)(k\to\infty)(\forall f\in X^*)，故 x_{n_k}\xrightarrow{w}x(k\to\infty). 证毕.$$

§5 Banach 共轭算子

5.1 共轭算子

首先让我们来看一个例子.

例 1 设 $K(s,t) \in L^q([a,b] \times [a,b])$,对任意 $f \in L^p([a,b])$ $(1 \leq p < \infty)$,定义

$$Tf(s) = \int_{[a,b]} K(s,t)f(t)\,\mathrm{d}t,$$

不难证明 T 是 L^p 到 L^q 的有界线性算子.事实上,

$$\int_{[a,b]} |Tf(s)|^q \mathrm{d}s = \int_{[a,b]} \left| \int_{[a,b]} K(s,t)f(t)\,\mathrm{d}t \right|^q \mathrm{d}s$$

$$\leq \int_{[a,b]} \left\{ \left[\int_{[a,b]} |K(s,t)|^q \mathrm{d}t \right] \left[\int_{[a,b]} |f|^p \mathrm{d}t \right]^{\frac{q}{p}} \right\} \mathrm{d}s$$

$$= \int_{[a,b]} \int_{[a,b]} |K(s,t)|^q \mathrm{d}t\mathrm{d}s \|f\|_p^q,$$

故

$$\|Tf\|_{L^q} = \left[\int_{[a,b]} |Tf(s)|^q \mathrm{d}s \right]^{\frac{1}{q}}$$

$$\leq \left(\int_{[a,b]} \int_{[a,b]} |K(s,t)|^q \mathrm{d}t\mathrm{d}s \right)^{\frac{1}{q}} \|f\|_p,$$

可见 T 是有界的.

一个重要问题是:对给定的 $g \in L^q([a,b])$,可否找到点列 $\{f_n\} \subset L^p$ 使得 $Tf_n \to g(n \to \infty)$?积分方程 $Tf = g$ 是否有解? 现任取 $h \in L^p([a,b])$ $\left(\frac{1}{p} + \frac{1}{q} = 1\right)$,如本章 §4 定理 2 的证明,记 $G_h(g) = \int_{[a,b]} g(t)h(t)\,\mathrm{d}t$,则

$$G_h(Tf) = \int_{[a,b]} \int_{[a,b]} K(s,t)f(t)\,\mathrm{d}t h(s)\,\mathrm{d}s$$

$$= \int_{[a,b]} \int_{[a,b]} K(s,t)h(s)\,\mathrm{d}s f(t)\,\mathrm{d}t \ (\text{Fubini}(\text{富比尼})\text{定理})$$

$$= G_{Sh}(f),$$

其中 $Sh(t) = \int_{[a,b]} K(s,t)h(s)\,\mathrm{d}s$.类似可证 S 是 $L^p([a,b])$ 到 $L^q([a,b])$ 的有界线性算子.对任意给定的 $g \in L^q$,考察 $Tf = g$ 是否有解等价于考察 T 是不是满射,考察是否可找到点列 $\{f_n\}$ 使 $Tf_n \to g(n \to \infty)$ 等价于考察 T 的值域 $R(T)$ 在 L^q 中是否稠密.若有 $g \notin \overline{R(T)}$,则由 Hahn-Banach 定理知存在 $h \in L^p([a,b])$ $(\cong [L^q([a,$

$b])]^*)$，使得 $G_h\big|_{\overline{R(T)}}=0, h(g)\neq0$. 由前面的等式知

$$0=G_h(Tf)=G_{Sh}(f)\quad(\forall f\in L^p([a,b])),$$

这说明 $G_{Sh}=0$，从而 $Sh=0$，即 h 在 S 的零空间 $N(S)$ 中. 反之，若有非零的 $h\in L^p$，使 $Sh=0$，则对任意 $f\in L^p$，有 $G_h(Tf)=G_{Sh}(f)=0$，故 $\overline{R(T)}\subsetneqq L^q$. 于是，判断 T 是否具有稠密值域等价于判断 S 的零空间是否非零. 记 $\widetilde{S}G_h=G_{Sh}$，则 $\widetilde{S}$ 与 T 满足关系

$$\widetilde{S}G_h(f)=G_{Sh}(f)=G_h(Tf).$$

满足上述等式的 S 通常称为 T 的共轭算子. 若将 G_h 与 h 等同，则显然有 $\widetilde{S}=S$. 对任意 Banach 空间上的有界线性算子，可类似定义共轭算子.

定义 1　设 X,Y 都是 Banach 空间，$T\in L(X,Y)$，定义

$$(T^*f)(x)=f(Tx)\quad(\forall f\in Y^*, x\in X),$$

称 T^* 为 T 的 Banach **共轭算子**.

显然 T^* 是从 Y^* 到 X^* 的有界线性算子.

如果 X 是 n 维空间，T 是 X 上的线性算子，且 T 在 X 的某组基 $\{e_i\}_{i=1}^n$ 下的矩阵为 (a_{ij})，设 $f_1,f_2,\cdots,f_n$ 是 X^* 的基，满足

$$f_j(e_i)=\delta_{ji},\quad i,j=1,2,\cdots,n,$$

不难证明 T^* 在 $\{f_j\}_{j=1}^n$ 下的矩阵表示恰为 (a_{ij}) 的转置矩阵. 可见 Banach 共轭算子是转置矩阵概念的推广.

正如转置矩阵一样，共轭算子关于代数运算满足如下的

定理 1　设 X,Y 都是 Banach 空间，$T,S\in L(X,Y)$，则

(i) $\|T^*\|=\|T\|$；

(ii) $(S+T)^*=S^*+T^*$；

(iii) $(\alpha T)^*=\alpha T^*(\forall\alpha\in\mathbf{C})$.

证明　注意到 $\|Tx\|=\sup\limits_{\|f\|\leqslant1, f\in Y^*}|f(Tx)|$，故

$$\begin{aligned}
\|T\|&=\sup_{\|x\|\leqslant1}\|Tx\|\\
&=\sup_{\|x\|\leqslant1}\sup_{\|f\|\leqslant1, f\in Y^*}|f(Tx)|\\
&=\sup_{\|f\|\leqslant1, f\in Y^*}\sup_{\|x\|\leqslant1}|(T^*f)(x)|\\
&=\sup_{\|f\|\leqslant1}\|T^*f\|\\
&=\|T^*\|.
\end{aligned}$$

因此 (i) 成立. 至于 (ii)，(iii) 则是显然的. 证毕.

定理 2　设 X 是 Banach 空间，$S,T\in L(X)$，则

(i) $(ST)^*=T^*S^*$；

（ii）若 T 有有界逆，则 T^* 亦有有界逆，且

$$(T^*)^{-1} = (T^{-1})^*.$$

证明 对任给的 $x \in X, f \in X^*$，

$$[(ST)^* f](x) = f[(ST)x] = f[S(Tx)] = (S^*f)(Tx)$$
$$= [T^*(S^*f)](x) = [(T^*S^*)f](x),$$

所以 $(ST)^* = T^*S^*$，故（i）成立.

为证（ii），注意 $I^* = I$，由（i）知

$$I = (TT^{-1})^* = (T^{-1})^* T^*.$$

同理，$I = (T^{-1}T)^* = T^*(T^{-1})^*$，可见 $(T^*)^{-1} = (T^{-1})^*$. 证毕.

对任意 $T \in L(X, Y)$，有 $T^* \in L(Y^*, X^*)$，于是又可定义 X^{**} 到 Y^{**} 的有界线性算子 T^{**}. 在等距同构意义下，X 可看作 X^{**} 的子空间，那么 T^{**} 与 T 有什么关系呢？具体地说，将 T^{**} 限制到 X 上，与 T 有何关系？下面的定理回答了这个问题.

定理 3 设 X, Y 是 Banach 空间，$T \in L(X, Y)$，则 T^{**} 是 T 的扩张，即对任意 $x \in X$，有 $T^{**} x^{**} = (Tx)^{**}$.

证明 对任意 $x \in X$，有

$$x^{**}(f) = f(x) \quad (\forall f \in X^*),$$

于是对任意 $g \in Y^*$，

$$(T^{**} x^{**})(g) = x^{**}(T^* g) = (T^* g)(x)$$
$$= g(Tx) = (Tx)^{**}(g),$$

从而 $T^{**} x^{**} = (Tx)^{**}$. 证毕.

5.2 算子的值域与零空间

在例 1 中已经看到，算子 T 的值域与共轭算子的零空间是有关系的，下面将对 Banach 空间 X 上的一般有界线性算子讨论其值域与共轭算子的零空间之间的关系. 以下总记 $R(T)$ 为 T 的值域，$N(T)$ 为 T 的零空间，即

$$R(T) = \{y \mid 存在 x \in X, 使 Tx = y\},$$
$$N(T) = \{x \mid Tx = 0\}.$$

由于 T^* 与 T 作用在不同的空间上，因此要寻找 T 的值域或零空间与 T^* 的值域或零空间的关系，首先必须定义 X 中集合与 X^* 中集合之间的某种类似"直交"的概念.

定义 2 设 X 是 Banach 空间，M 是 X 的子空间，G 是 X^* 中的子空间，称集合

$$M^{\perp} = \{f \in X^* \mid f(x) = 0, \forall x \in M\}$$

与

$$^{\perp}G = \{x \in X \mid f(x) = 0, \forall f \in G\}$$

分别为 M 在 X^* 中的零化子与 G 在 X 中的零化子.

由定义 2 可见 $M^\perp$ 是 X^* 的闭子空间,若再取 $M^\perp$ 在 X 中的零化子 $^\perp(M^\perp)$,则 $^\perp(M^\perp)$ 成为 X 的闭子空间.同理,对 X^* 的任意闭子空间 G,也可得 $(^\perp G)^\perp$. M 与 $^\perp(M^\perp)$ 之间以及 G 与 $(^\perp G)^\perp$ 之间有什么关系呢?读者自然会猜:

(i) $M = {}^\perp(M^\perp)$;

(ii) $(^\perp G)^\perp = G$.

(i)确实成立,(ii)则未必成立(可见 D. C. Lay,A. E. Taylor 所著文献[7] §3.7). 只有当 X 是自反空间时,(ii)才成立,这就是下面的

定理 4   设 X 是 Banach 空间,则

(i) 若 M 是 X 的闭子空间,则 $^\perp(M^\perp) = M$;

(ii) 若 X 是自反空间,G 是 X^* 的闭子空间,则 $(^\perp G)^\perp = G$.

证明   先证(i).显然有 $M \subset {}^\perp(M^\perp)$;现设 $x_0 \in {}^\perp(M^\perp)$,则对任意 $f \in M^\perp$,有 $f(x_0) = 0$,由 $M^\perp$ 的定义知 $f \in M^\perp$ 当且仅当对任意 $x \in M$,有 $f(x) = 0$,由 Hahn-Banach 定理立得 $x_0 \in M$.

对于(ii),显然有 $G \subset (^\perp G)^\perp$.假设 $f \in (^\perp G)^\perp$,则对任意 $x \in {}^\perp G$,有 $f(x) = 0$. 如果 $f \notin G$,则由 Hahn-Banach 定理知存在 $F \in X^{**}$,使得 $F|_G = 0$,$F(f) \neq 0$. 由 X 是自反的知存在 $x_F \in X$,使 $F = x_F^{**}$. 于是对任意 $g \in G$,有 $g(x_F) = x_F^{**}(g) = F(g) = 0$,但 $f(x_F) = F(f) \neq 0$. 由 $^\perp G$ 的定义知 $x_F \in {}^\perp G$. 于是由 $f \in (^\perp G)^\perp$ 应有 $f(x_F) = 0$,这就得到矛盾.证毕.

下设 T 是 Banach 空间 X 上的有界线性算子,则 $N(T)$ 是 X 的闭子空间,$R(T)$ 是 X 的子空间(未必闭);同理 $N(T^*)$ 是 X^* 的闭子空间,$R(T^*)$ 是 X^* 的子空间.若 $f \in N(T^*)$,即 $T^*f = 0$,则对任意 $x \in X$,$f(Tx) = T^*f(x) = 0$. 于是对任意 $y \in \overline{R(T)}$,有 $f(y) = 0$,这说明 $f \in \overline{R(T)}^\perp$,即 $N(T^*) \subset \overline{R(T)}^\perp$.反之,设 $f \in \overline{R(T)}^\perp$,则对任意 $x \in X$,有 $f(Tx) = 0$,即 $T^*f(x) = 0$,从而 $T^*f = 0$,即 $f \in N(T^*)$.因此

$$N(T^*) = \overline{R(T)}^\perp. \tag{1}$$

类似可证

$$N(T) = {}^\perp\overline{R(T^*)}. \tag{2}$$

在(1)式两端取零化子得

$$^\perp N(T^*) = {}^\perp[\overline{R(T)}^\perp] = \overline{R(T)}; \tag{3}$$

在(2)式两端取零化子得

$$N(T)^\perp = [{}^\perp\overline{R(T^*)}]^\perp.$$

这里应注意的是,$[{}^\perp\overline{R(T^*)}]^\perp$ 未必等于 $\overline{R(T^*)}$.事实上,确有这样的算子 T,使得

$N(T)^\perp = [^\perp(R(T^*))]^\perp \neq \overline{R(T^*)}$（参见 E. R. Lorch 所著文献[8]），但有下面的包含关系：

$$\overline{R(T^*)} \subset N(T)^\perp. \tag{4}$$

然而，若 X 是自反空间，则（4）式两端相等，即

$$\overline{R(T^*)} = N(T)^\perp. \tag{5}$$

由（1），（3）式可得

定理 5 设 X 是 Banach 空间，$T \in L(X)$，则 T^* 是单射当且仅当 $R(T)$ 在 X 中稠密.

证明 假设 T^* 是单射，即 $N(T^*) = \{0\}$，则由（3）式知

$$\overline{R(T)} = {}^\perp N(T^*) = {}^\perp\{0\} = X,$$

即 $R(T)$ 在 X 中稠密.

反之，设 $\overline{R(T)} = X$，则由（1）式知

$$N(T^*) = \overline{R(T)}^\perp = X^\perp = \{0\},$$

即 T^* 是单射. 证毕.

应该看到的是，（1）—（5）式与有限维空间情形是有差别的. 在有限维空间中，线性变换的值域始终是闭的，故（1）—（4）式中的值域闭包可以换成相应算子的值域，因而对有限维空间上的线性变换 T 而言，T 是满射当且仅当 T^* 是单射. 显然，在无限维空间中，若 $R(T)$ 与 $R(T^*)$ 是闭的，则（1）—（4）式中的算子值域闭包可以换成相应的算子值域. 一个算子是否具有闭值域往往决定了对应的算子方程是否有解，因此，算子值域是否闭在许多情形下都是至关重要的. 计算中一个常用的方法——算子的广义逆通常都要求该算子有闭值域. 那么一个算子何时具有闭值域？我们有著名的闭值域定理.

定理 6（闭值域定理） 设 X, Y 是 Banach 空间，$T \in L(X, Y)$，则下列各断言相互等价：

(i) $R(T)$ 是闭集；

(ii) $R(T^*)$ 是闭集；

(iii) $R(T) = {}^\perp N(T^*)$；

(iv) $R(T^*) = N(T)^\perp$.

证明 (iii)$\Rightarrow$(i) 与 (iv)$\Rightarrow$(ii) 是显然的.

(i)$\Rightarrow$(ii). 将 T 看作 X 到 $Y_1 = R(T)$ 的算子 T_1，对任意 $f_1 \in Y_1^*$ 及 $x \in X$，

$$T_1^* f_1(x) = f_1(T_1 x) = f_1(Tx).$$

由 Hahn – Banach 定理，f_1 可以扩张为 Y^* 中的元素 f，使得对任意 $x \in X$，

$f(Tx) = f_1(Tx)$，即 $T^* f(x) = T_1^* f_1(x)$，从而 $R(T_1^*) = R(T^*)$，故可设 $R(T) = Y$，即 T 是满射，而由逆算子定理（本章 §3 定理 4）知存在 $C > 0$，使得对任意 $y \in Y$，存在 $x \in X$，使 $Tx = y$，且 $\|x\| \leqslant C\|y\|$（事实上，记 $\widetilde{T}$ 为 $X/N(T)$ 到 Y 的算子：$\widetilde{T}(x + N(T)) = Tx$，其中 $X/N(T)$ 是习题一第 12 题中定义的商空间. 不难证明 $\widetilde{T}$ 的定义是完善的，且 $\widetilde{T}$ 是 Banach 空间 $X/N(T)$ 到 Y 的 1 对 1 的满射，从而其逆有界，即存在 $\widetilde{C} > 0$，使得 $\|\widetilde{T}^{-1}y\| \leqslant \widetilde{C}\|y\|$，亦即 $\|x + N(T)\| \leqslant \widetilde{C}\|y\|$，其中 $Tx = y$，进而存在 $\tilde{x} \in N(T)$，使得 $\|x + \tilde{x}\| \leqslant 2\widetilde{C}\|y\|$，令 $C = 2\widetilde{C}$ 即为所求）. 于是对任意 $f \in Y^*$ 及 $y \in Y$，存在 $x \in X$，使 $Tx = y$，且 $|f(y)| = |f(Tx)| = |T^* f(x)| \leqslant \|T^* f\| \|x\| \leqslant \|T^* f\| \cdot C \cdot \|y\|$，故 $\|f\| \leqslant C \cdot \|T^* f\|$，由此可见 T^* 必有闭值域.

（ii）$\Rightarrow$（i）. 如同（i）$\Rightarrow$（ii），将 T 看作 X 到 $Y_1 = \overline{R(T)}$ 的算子 T_1，则 T_1^* 是 Y_1^* 到 $R(T^*)$ 的可逆算子，这是因为 $R(T_1) = R(T)$ 在 $Y_1 = \overline{R(T)}$ 中稠密，故必有 $N(T_1^*) = \{0\}$. 从而由 $R(T^*) = R(T_1^*)$（前面已证）是闭的及逆算子定理知 T_1^* 是 Y_1^* 到 $R(T^*)$ 上有有界逆的有界线性算子.

可以证明，对任意 $\varepsilon > 0$，存在 $\delta > 0$，使得 $T_1(S(0, \varepsilon))$ 在 $S(0, \delta) \subset Y_1$ 中稠密. 否则，存在 $\varepsilon_0 > 0$，使得对任意 $n \in \mathbf{N}$，存在 $y_n \in S\left(0, \dfrac{1}{n}\right)$，但 $y_n \notin \overline{T_1(S(0, \varepsilon_0))}$. 由于 $\overline{T_1(S(0, \varepsilon_0))}$ 是闭凸集，故由本章 §2 定理 5 知存在 $f_n \in (Y_1^*)_1$，使得

$$|f_n(y_n)| > \sup_{x \in S(0, \varepsilon_0)} |f_n(T_1 x)| = \sup_{x \in S(0, \varepsilon_0)} |(T_1^* f_n)(x)| = \varepsilon_0 \cdot \|T_1^* f_n\|,$$

从而

$$\|T_1^* f_n\| \leqslant \frac{1}{\varepsilon_0} \|f_n\| \cdot \|y_n\| \leqslant \frac{1}{\varepsilon_0} \cdot \frac{1}{n} \to 0 \quad (n \to \infty).$$

但由 T_1^* 有有界逆知存在 $C > 0$，使得

$$\|T_1^* f\| \geqslant C\|f\| \quad (\forall f \in Y_1^*).$$

这个矛盾说明对任意 $\varepsilon > 0$，必有 $\delta > 0$，使得 $T_1(S(0, \varepsilon))$ 在 $S(0, \delta)$ 中稠密，从而 $S(0, \delta) \subset \overline{T_1(S(0, \varepsilon))}$. 仿照开映射定理的证明（本章 §3 定理 3）可证 $S\left(0, \dfrac{\delta}{3}\right) \subset T_1(S(0, \varepsilon))$. 对任意 $y \in Y$，存在 $n \in \mathbf{N}_+$，使得 $\dfrac{y}{n} \in S\left(0, \dfrac{\delta}{3}\right)$，于是 $\dfrac{y}{n} \in T_1(S(0, \varepsilon))$，进一步 $y \in R(T_1) = R(T)$. 这说明 $R(T) = Y_1$. 故 $R(T)$ 是闭集.

（i）$\Rightarrow$（iii）. 由（3）式知 $\overline{R(T)} = {}^{\perp}N(T^*)$，而 $R(T)$ 闭，故 $R(T) = {}^{\perp}N(T^*)$.

（ii）$\Rightarrow$（iv）. 包含关系 $R(T^*) \subseteq N(T)^{\perp}$ 由（5）式立得. 为证相反的包含关系，

设 $f \in N(T)^{\perp}$, 则对 $y = Tx$, 可由 $f_1(y) = f(x)$ 定义 $Y_1 = R(T)$ 上的泛函 f_1, 若 $Tx = Tx_1$, 则由 $f \in N(T)^{\perp}$ 知必有 $f(x) = f(x_1)$, 从而 $f_1(y)$ 的定义是完善的, f_1 显然是 Y_1 上的线性泛函. 我们证明 $f_1 \in Y_1^*$, 即 f_1 是有界的. 由(i)与(ii)的等价性知 $R(T)$ 是闭的, 定义 $\widetilde{T}: X/N(T) \to Y_1$ 为 $\widetilde{T}(x+N(T)) = Tx$, 则 $\widetilde{T}$ 是 1 对 1 的满射, 于是 $\widetilde{T}^{-1}$ 有界, 从而存在 $C > 0$, 使得对任意 $y \in Y_1$, 有

$$\| \widetilde{T}^{-1} y \| \leqslant C \| y \|,$$

即

$$\| x + N(T) \| \leqslant C \| y \| \quad (Tx = y),$$

故存在 $x_0 \in N(T)$ 使

$$\| x + x_0 \| \leqslant 2C \| y \| \quad (y \neq 0),$$

由此不难得到

$$
\begin{aligned}
|f_1(y)| = |f(x)| &= |f(x+x_0)| \\
&\leqslant \| f \| \, \| x + x_0 \| \\
&\leqslant \| f \| \cdot 2C \| y \|,
\end{aligned}
$$

即 f_1 是有界的. f_1 可以保范扩张到 Y 上, 不妨仍用 f_1 记该扩张, 对任意 $x \in X$, 有 $T^* f_1(x) = f_1(Tx) = f(x)$. 所以 $T^* f_1 = f$. 证毕.

§6 有界线性算子的谱

6.1 算子的预解式与谱

在线性代数中, 线性变换的特征值是非常重要的概念, 在微分方程与积分方程中, 特征值也占有重要的地位. 在量子力学中, 能量可以表示为 L^2 上的一个自伴算子, 该算子的特征值便对应于系统约束的能级.

和有限维空间不同的是, 在下面要定义的无穷维空间上有界线性算子的谱中不仅含特征值, 还含其他类型的谱点, 这使得无穷维空间上线性算子的谱比有限维空间情形复杂得多.

定义 1 设 X 是 Banach 空间, $T \in L(X)$, I 是 X 上的恒等算子, 若 $\lambda \in \mathbf{C}$ 使得 $\lambda I - T$ 有有界逆, 则称 λ 在 T 的预解集中, 记作 $\lambda \in \rho(T)$, 并记

$$R(\lambda, T) = (\lambda I - T)^{-1},$$

称 $R(\lambda, T)$ 为 T 的**预解式**.

若 $\lambda \in \mathbf{C}$ 使得 $\lambda I - T$ 在 X 上没有有界逆, 则说 λ 在 T 的谱中, 记作 $\lambda \in \sigma(T)$,

也就是说，$\sigma(T) = \{\lambda \in \mathbf{C} \mid \lambda I - T$ 在 X 上没有有界逆$\}$，称 $\sigma(T)$ 为 T 的**谱**.

$\lambda I - T$ 没有有界逆的情形有几种呢？显然，若有 $x \neq 0$ 使得 $(\lambda I - T)x = 0$，则 $\lambda I - T$ 无有界逆，此时称 λ 为 T 的**特征值**，T 的特征值全体记作 $\sigma_p(T)$，$\sigma_p(T)$ 也称作 T 的**点谱**. 如果 λ 不是 T 的特征值，$\lambda I - T$ 有没有可能不可逆呢？我们先来看一个例子.

例 1   设 $X = l^2(\mathbf{Z}_+) = \left\{ \{\xi_n\}_{n=0}^{\infty} \mid \sum_{n=0}^{\infty} |\xi_n|^2 < \infty \right\}$，$\{e_n\} = \{(0, 0, \cdots, 0, \overset{n}{1},$ $0, \cdots)\}_{n=0}^{\infty}$ 是 X 的正交基，$\{\alpha_n\}_{n=0}^{\infty}$ 是收敛到 0 的点列且 $\alpha_n \neq 0$，定义 T 为

$$Te_n = \alpha_n e_n,$$

则 T 可以扩张为 X 上的有界线性算子. 事实上，只需定义

$$Tx = \sum_{n=0}^{\infty} \alpha_n a_n e_n \quad \left(x = \sum_{n=0}^{\infty} a_n e_n \right)$$

即可.

我们证明 $0 \in \sigma(T)$，但 $0 \notin \sigma_p(T)$. 若有 $x = \sum_{n=0}^{\infty} a_n e_n \neq 0$，使得 $Tx = 0$，则有 $\sum_{n=0}^{\infty} \alpha_n a_n e_n = 0$，于是 $\alpha_n a_n = 0$ $(n = 0, 1, 2, \cdots)$，由于 $\alpha_n \neq 0$，故 $a_n = 0$，这与 $x \neq 0$ 矛盾，所以 $0 \notin \sigma_p(T)$. 另一方面，若 T 有有界逆，则

$$e_n = T^{-1} T e_n = T^{-1}(\alpha_n e_n) = \alpha_n T^{-1} e_n,$$

即 $T^{-1} e_n = \dfrac{1}{\alpha_n} e_n$，从而

$$\sup_n \| T^{-1} e_n \| = \sup_n \left| \frac{1}{\alpha_n} \right| = \infty,$$

这与 T^{-1} 的有界性矛盾. 因此 $0 \in \sigma(T)$. 证毕.

从例 1 可见，$\sigma(T)$ 中不仅含特征值，还含非特征值的元素. 我们可以按以下方式将 $\sigma(T)$ 分类：

(i) $\lambda \in \sigma_p(T)$；

(ii) $\lambda \notin \sigma_p(T)$，且 $R(\lambda I - T) \neq X$，但 $\overline{R(\lambda I - T)} = X$，则称 λ 在 T 的**连续谱**中，记作 $\lambda \in \sigma_c(T)$；

(iii) $\lambda \notin \sigma_p(T)$，且 $\overline{R(\lambda I - T)} \neq X$，则称 λ 在 T 的**剩余谱**中，记作 $\lambda \in \sigma_r(T)$.

易见 $\sigma_p(T)$，$\sigma_c(T)$，$\sigma_r(T)$ 是互不相交的集合，且

$$\sigma(T) = \sigma_p(T) \cup \sigma_c(T) \cup \sigma_r(T).$$

算子理论中，一个十分重要的问题是计算算子的谱. 然而，遗憾的是，人们能精确计算出来的谱是很有限的，只有一些很特殊的算子类，它们的谱是清楚的. 尽管如此，我们还是可以对算子的谱给出一些估计或确定它的范围，下面的定理便给出了一种估计.

定理 1 设 X 是 Banach 空间，$T \in L(X)$，则

$$\sigma(T) \subset \{\lambda \in \mathbf{C} \mid |\lambda| \leqslant \|T\|\}.$$

证明 只需证明若 $|\lambda| > \|T\|$，则 $\lambda I - T$ 有有界逆. 事实上，由 $|\lambda| > \|T\|$ 知 $\left\|\dfrac{T}{\lambda}\right\| < 1$，于是 $I - \dfrac{T}{\lambda}$ 有界可逆，且

$$\left(I - \frac{T}{\lambda}\right)^{-1} = \sum_{n=0}^{\infty}\left(\frac{T}{\lambda}\right)^n = I + \sum_{n=1}^{\infty}\left(\frac{T}{\lambda}\right)^n,$$

进而

$$R(\lambda, T) = \frac{1}{\lambda}\left(I - \frac{T}{\lambda}\right)^{-1} = \frac{1}{\lambda}\left[I + \sum_{n=1}^{\infty}\left(\frac{T}{\lambda}\right)^n\right] \quad (|\lambda| > \|T\|),$$

故 $\lambda I - T$ 有界可逆. 证毕.

定理 1 的估计是比较粗糙的，后面还会给出更精确的估计，在作进一步的估计之前，先来对算子的谱作些定性的讨论. 定理 1 指出：有界线性算子 T 的谱 $\sigma(T)$ 是 $\mathbf{C}$ 中的有界集. 除此之外，能否得到 $\sigma(T)$ 的更进一步的性质？下面的定理 2 与定理 4 回答了这个问题.

定理 2 设 X 是 Banach 空间，$T \in L(X)$，则 $\rho(T)$ 是 $\mathbf{C}$ 中的开集，从而 $\sigma(T)$ 是 $\mathbf{C}$ 中的闭集.

证明 任取 $\lambda_0 \in \rho(T)$，往证存在 $\varepsilon > 0$，使得 $O(\lambda_0, \varepsilon) = \{\lambda \in \mathbf{C} \mid |\lambda - \lambda_0| < \varepsilon\} \subset \rho(T)$，从而 $\rho(T)$ 是开集. 注意到

$$\lambda I - T = (\lambda - \lambda_0)I + (\lambda_0 I - T) = (\lambda_0 I - T)\left[(\lambda - \lambda_0)(\lambda_0 I - T)^{-1} + I\right],$$

所以当 $|\lambda - \lambda_0| < \|(\lambda_0 I - T)^{-1}\|^{-1}$ 时，$I + (\lambda - \lambda_0)(\lambda_0 I - T)^{-1}$ 有界可逆，且

$$\left[I + (\lambda - \lambda_0)(\lambda_0 I - T)^{-1}\right]^{-1} = \sum_{n=0}^{\infty}(-1)^n\left[(\lambda - \lambda_0)(\lambda_0 I - T)^{-1}\right]^n,$$

进而 $\lambda I - T$ 有界可逆，且

$$(\lambda I - T)^{-1} = \left\{\sum_{n=0}^{\infty}(-1)^n\left[(\lambda - \lambda_0)(\lambda_0 I - T)^{-1}\right]^n\right\} \cdot (\lambda_0 I - T)^{-1}.$$

令 $\varepsilon = \|(\lambda_0 I - T)^{-1}\|^{-1}$，则 $O(\lambda_0, \varepsilon) \subset \rho(T)$，故 $\rho(T)$ 是开集. 证毕.

由定理 2 可见，$R(\lambda, T)$ 是定义在 $\mathbf{C}$ 中开集上的一个算子值函数，这个函数具有什么样的性质呢？为此，我们定义所谓抽象的解析函数.

定义 2 设 $x(\lambda)$ 是定义在复平面 $\mathbf{C}$ 中的区域 D 内、取值于 Banach 空间 X 中的函数（即 D 到 X 中的映射）.

(i) 若对 $\lambda_0 \in D$，按 X 中范数拓扑，极限

$$\lim_{h \to 0}\frac{x(\lambda_0 + h) - x(\lambda_0)}{h}$$

存在，则称 $x(\lambda_0)$ **在点** $\lambda = \lambda_0$ 处**强解析**，并记

$$x'(\lambda_0) = \lim_{h \to 0} \frac{x(\lambda_0+h) - x(\lambda_0)}{h};$$

若 $x(\lambda)$ 在 D 中每一点强解析,则称 $x(\lambda)$ **在 D 中强解析**.

(ii) 若对任意 $f \in X^*$,$f(x(\lambda))$ 是 D 中的解析函数,则称 $x(\lambda)$ **在 D 内弱解析**.

显然,D 内强解析的函数必定弱解析. 有意思的是,逆命题也成立,即有

定理 3   在区域 D 内弱解析的函数 $x(\lambda)$ 必在 D 内强解析.

证明   对任意 $\lambda_0 \in D$,存在包含在 D 中的 Jordan(若尔当)曲线 C,使得 λ_0 在 C 的内部,于是存在 $r>0$,使得 $\overline{O(\lambda_0, r)} = \{\lambda \in \mathbf{C} \mid |\lambda - \lambda_0| \le r\} \subset C$ 的内部. 由 Cauchy 积分公式,对任意 $f \in X^*$,及任意 $\lambda_1 \in O(\lambda_0, r)$ 有

$$f(x(\lambda_1)) = \frac{1}{2\pi i} \int_C \frac{f(x(\lambda))}{\lambda - \lambda_1} d\lambda.$$

设 $\lambda_0 + \mu, \lambda_0 + \nu \in O(\lambda_0, r)$,则

$$\frac{1}{\mu - \nu} \left\{ \frac{f(x(\lambda_0 + \mu)) - f(x(\lambda_0))}{\mu} - \frac{f(x(\lambda_0 + \nu)) - f(x(\lambda_0))}{\nu} \right\}$$

$$= \frac{1}{\mu - \nu} \left\{ \frac{1}{2\pi i} \int_C \left[\frac{f(x(\lambda))}{(\lambda - (\lambda_0 + \mu))\mu} - \frac{f(x(\lambda))}{(\lambda - \lambda_0)\mu} \right] d\lambda - \frac{1}{2\pi i} \int_C \left[\frac{f(x(\lambda))}{(\lambda - (\lambda_0 + \nu))\nu} - \frac{f(x(\lambda))}{(\lambda - \lambda_0)\nu} \right] d\lambda \right\}$$

$$= \frac{1}{2\pi i} \int_C \frac{f(x(\lambda))}{(\lambda - (\lambda_0 + \mu))(\lambda - (\lambda_0 + \nu))(\lambda - \lambda_0)} d\lambda. \tag{1}$$

由于 $\overline{O(\lambda_0, r)} \subset C$ 的内部,故(1)式右端可看作 $f \in X^*$ 的泛函,且关于 $\lambda_0 + \mu, \lambda_0 + \nu \in \overline{O(\lambda_0, r)}$ 有界,事实上,若记

$$I_{\mu\nu}(f) = \frac{1}{2\pi i} \int_C \frac{f(x(\lambda))}{(\lambda - (\lambda_0 + \mu))(\lambda - (\lambda_0 + \nu))(\lambda - \lambda_0)} d\lambda,$$

则

$$|I_{\mu\nu}(f)| \le \frac{1}{2\pi} \int_C \frac{|f(x(\lambda))|}{|(\lambda - (\lambda_0 + \mu))(\lambda - (\lambda_0 + \nu))(\lambda - \lambda_0)|} |d\lambda|$$

$$\le \frac{1}{2\pi} \frac{1}{\rho(O(\lambda_0, r), C)^3} \int_C |f(x(\lambda))| \cdot |d\lambda| < \infty,$$

因此,由 $\|x^{**}\| = \|x\|$(任意 $x \in X$)及一致有界原理立得

$$\sup_{\lambda_0 + \mu, \lambda_0 + \nu \in O(\lambda_0, r), \mu \ne \nu} \frac{1}{|\mu - \nu|} \left\| \frac{x(\lambda_0 + \mu) - x(\lambda_0)}{\mu} - \frac{x(\lambda_0 + \nu) - x(\lambda_0)}{\nu} \right\| \le M$$

(为什么?),从而对任意 $\mu_n \to 0 (n \to \infty)$,$\left\{ \dfrac{x(\lambda_0 + \mu_n) - x(\lambda_0)}{\mu_n} \right\}_{n=1}^{\infty}$ 是 Cauchy 列. 由 X 是完备的立知

$$\lim_{\mu \to 0} \frac{x(\lambda_0 + \mu) - x(\lambda_0)}{\mu}$$

存在. 证毕.

定理 4 设 X 是 Banach 空间, $T \in L(X)$, 则 $\sigma(T) \neq \varnothing$.

证明 我们已知当 $|\lambda| > \|T\|$ 时,

$$R(\lambda, T) = \frac{1}{\lambda} \left\{ I + \sum_{n=1}^{\infty} \left(\frac{T}{\lambda} \right)^n \right\}$$

按算子范数收敛. 不难验证

$$\|R(\lambda, T)\| \to 0 \quad (|\lambda| \to \infty).$$

若 $\sigma(T) = \varnothing$, 则 $R(\lambda, T)$ 在 $\mathbf{C}$ 中任一点 λ_0 处都可以展成 $\lambda - \lambda_0$ 的幂级数, 故而 $R(\lambda, T)$ 在全平面 $\mathbf{C}$ 内解析, 于是对任意 $f \in X^*$ 及 $x \in X$, $f(R(\lambda, T)x)$ 是 λ 的有界整函数, 由 Liouville(刘维尔)定理知

$$f(R(\lambda, T)x) \equiv 0,$$

由 f 及 x 的任意性得 $R(\lambda, T) = 0$, 这便得到矛盾. 证毕.

容易证明, 对任意 $\lambda, \mu \in \rho(T)$, 有

$$R(\lambda, T) - R(\mu, T) = (\mu - \lambda) R(\lambda, T) R(\mu, T), \tag{2}$$

此公式称为**第一预解式**, 是一个很有用的恒等式.

6.2 谱半径公式

现在仍回到关于谱的估计问题上来.

定义 3 设 X 是 Banach 空间, $T \in L(X)$, 称

$$r(T) = \sup_{\lambda \in \sigma(T)} |\lambda|$$

为 T 的**谱半径**.

定理 5 设 X 是 Banach 空间, 若 $T \in L(X)$, 则

$$r(T) = \lim_{n \to \infty} \|T^n\|^{\frac{1}{n}}.$$

证明 首先证明对任意 $T \in L(X)$, $\lim_{n \to \infty} \|T^n\|^{\frac{1}{n}}$ 总是存在的. 记 $r = \inf_n \|T^n\|^{\frac{1}{n}}$, 则 $\varliminf_{n \to \infty} \|T^n\|^{\frac{1}{n}} \geq r$, 往证 $\varlimsup_{n \to \infty} \|T^n\|^{\frac{1}{n}} \leq r$.

由下确界定义, 对任意 $\varepsilon > 0$, 存在正整数 m, 使

$$\|T^m\|^{\frac{1}{m}} < r + \varepsilon.$$

对任何自然数 n, 有非负整数 $k, l, 0 \leq l < m$, 使

$$n = km + l,$$

于是

$$\|T^n\| \leq \|T^{km}\| \cdot \|T^l\| \leq \|T^m\|^k \cdot \|T\|^l,$$

从而

$$\parallel T^n\parallel^{\frac{1}{n}}\leqslant\parallel T^m\parallel^{\frac{k}{n}}\parallel T\parallel^{\frac{l}{n}}\leqslant(r+\varepsilon)^{\frac{km}{n}}\parallel T\parallel^{\frac{l}{n}},$$

由于 $\dfrac{km}{n}\to1$，$\dfrac{l}{n}\to0$（$n\to\infty$），故

$$\varlimsup_{n\to\infty}\parallel T^n\parallel^{\frac{1}{n}}\leqslant r+\varepsilon,$$

由 ε 的任意性立得 $\varlimsup\limits_{n\to\infty}\parallel T^n\parallel^{\frac{1}{n}}\leqslant r$，所以

$$\lim_{n\to\infty}\parallel T^n\parallel^{\frac{1}{n}}=\inf_n\parallel T^n\parallel^{\frac{1}{n}}.$$

现设 $|\lambda|>\lim\limits_{n\to\infty}\parallel T^n\parallel^{\frac{1}{n}}$，往证 $\lambda I-T$ 有有界逆. 仍记 $r=\lim\limits_{n\to\infty}\parallel T^n\parallel^{\frac{1}{n}}$，对任给 $\varepsilon>0$，当 n 充分大时，$\parallel T^n\parallel^{\frac{1}{n}}\leqslant r+\dfrac{\varepsilon}{2}$，于是若 $|\lambda|\geqslant r+\varepsilon$，则

$$\left\|\frac{T^{n-1}}{\lambda^n}\right\|=|\lambda|^{-n}\parallel T^{n-1}\parallel\leqslant(r+\varepsilon)^{-n}\left(r+\frac{\varepsilon}{2}\right)^{n-1},$$

可见级数 $\sum\limits_{n=1}^{\infty}\lambda^{-n}T^{n-1}$ 在 $|\lambda|>r$ 时按算子范数收敛，直接验证知 $\sum\limits_{n=1}^{\infty}\lambda^{-n}T^{n-1}$ 恰为 $\lambda I-T$ 的逆. 所以 $r(T)\leqslant\lim\limits_{n\to\infty}\parallel T^n\parallel^{\frac{1}{n}}$.

下证 $r(T)\geqslant\lim\limits_{n\to\infty}\parallel T^n\parallel^{\frac{1}{n}}$. 由第一预解公式知

$$\frac{R(\lambda,T)-R(\mu,T)}{\lambda-\mu}=-R(\lambda,T)R(\mu,T)\quad(\lambda,\mu\in\rho(T)),$$

故

$$\lim_{\lambda\to\mu}\frac{R(\lambda,T)-R(\mu,T)}{\lambda-\mu}=-R(\mu,T)^2\quad(\mu\in\rho(T)),$$

所以 $R(\lambda,T)$ 是 $\rho(T)$ 上的解析函数. 特别地，$R(\lambda,T)$ 在 $|\lambda|>r(T)$ 上解析，从而对任意 $f\in[L(X)]^*$，$f(R(\lambda,T))$ 是 $|\lambda|>r(T)$ 上的复值解析函数，又对于 $|\lambda|>\lim\limits_{n\to\infty}\parallel T^n\parallel^{\frac{1}{n}}$，有

$$R(\lambda,T)=\sum_{n=1}^{\infty}\lambda^{-n}T^{n-1},$$

于是得 $f(R(\lambda,T))$ 的 Laurent（洛朗）展式

$$f(R(\lambda,T))=\sum_{n=1}^{\infty}\lambda^{-n}f(T^{n-1}),\quad|\lambda|>\lim_{n\to\infty}\parallel T^n\parallel^{\frac{1}{n}}.$$

由复值解析函数 Laurent 展式的唯一性，上式在 $|\lambda|>r(T)$ 上也成立. 因此对任意 $\varepsilon>0$，级数

$$\sum_{n=1}^{\infty}|(r(T)+\varepsilon)^{-n}f(T^{n-1})|$$

收敛. 从而对任意 $f\in[L(X)]^*$，都存在 $M_f>0$，使得

$$\left| f\left(\left(r(T)+\varepsilon \right)^{-n} T^{n-1} \right) \right| \le M_f, \quad n=1,2,3,\cdots.$$

由一致有界原理知存在常数 $M>0$,使

$$\| (r(T)+\varepsilon)^{-n} T^{n-1} \| \le M, \quad n=1,2,\cdots.$$

故

$$\lim_{n\to\infty} \| T^n \|^{\frac{1}{n}} \le r(T)+\varepsilon.$$

由 ε 的任意性得 $\lim\limits_{n\to\infty} \| T^n \|^{\frac{1}{n}} \le r(T)$. 证毕.

§7　紧　算　子

7.1　紧算子的定义与性质

在有界线性算子中,有一类算子的结构相对简单些,人们经常研究的许多积分算子都属此类算子,这就是下面要定义的紧算子.

定义 1　设 X 是 Banach 空间,$T\in L(X)$,若 T 将 X 中的每个有界集变成列紧集,则称 T 是 X 上的**紧算子**或**全连续算子**.

在紧算子类中,有一类更特殊的算子,即

定义 2　设 X 是 Banach 空间,$T\in L(X)$,若 $\dim R(T)<\infty$,则称 T 为**有限秩算子**.

命题 1　任何有限秩算子必为紧算子.

证明　设 $T\in L(X)$ 是有限秩算子,$S\subset X$ 是有界集,则 TS 是 $R(T)$ 中的有界集,由于 $\dim R(T)<\infty$,所以也有 $\dim TS<\infty$,从而 TS 必列紧. 证毕.

记 X 上紧算子全体为 $K(X)$.

命题 2　(i) 对任意 $T,S\in K(X)$,$\alpha,\beta\in\mathbf{C}$,有 $\alpha T+\beta S\in K(X)$;

(ii) $K(X)$ 是 $L(X)$ 中的闭集;

(iii) $T\in K(X)$ 当且仅当 $T^*\in K(X^*)$.

证明　(i) 是显然的. 为证(ii),设 $T_n\in K(X)$,且 $\| T_n-T \|\to0\,(n\to\infty)$,往证 $T\in K(X)$. 对任给 $\varepsilon>0$,取 $n\in\mathbf{N}$,使得

$$\| T_n-T \| < \frac{\varepsilon}{2},$$

由于 $\overline{T_n(X)_1}$ 是紧集,故存在有限 $\frac{\varepsilon}{2}$ 网,设为 $\{y_1,y_2,\cdots,y_m\}$,则

$$\overline{T(X)_1} \subset \bigcup_{i=1}^{m} S(y_i,\varepsilon);$$

这说明 $\overline{T(X)_1}$ 有有限 ε 网,从而 $\overline{T(X)_1}$ 紧.

（iii）先证必要性. 假设 $T \in K(X)$，$\{f_n\} \subset (X^*)_1$，往证 $\{T^*f_n\}$ 有收敛子列. 对任意 $n \in \mathbf{N}$，定义

$$\phi_n(x) = f_n(x) \quad (\forall x \in \overline{T(X)_1}),$$

显然 $\phi_n \in C(\overline{T(X)_1})$，只需证明 $\{\phi_n\}$ 作为 $C(\overline{T(X)_1})$ 中的函数列有收敛子列. 事实上，

$$|\phi_n(x)| \leq \|f_n\| \cdot \|x\| \leq \|T\| \quad (\forall x \in \overline{T(X)_1}),$$
$$|\phi_n(x) - \phi_n(\tilde{x})| \leq \|f_n\| \cdot \|x - \tilde{x}\| \leq \|x - \tilde{x}\|.$$

这说明 $\{\phi_n\}$ 一致有界且等度连续. 由 Arzelà–Ascoli 定理（第一章 §4 定理 14）知 $\{\phi_n\}$ 有收敛子列，即 $\{T^*f_n\}$ 有收敛子列.

为证充分性，设 $T^* \in K(X^*)$，则由刚才的证明知 $T^{**} \in K(X^{**})$，但 $T = T^{**}|_X$，因此，只需证明紧算子在任何子空间上的限制仍是紧算子即可，但这是显而易见的. 证毕.

定理 1　设 $T \in K(X)$，则 $R(T)$ 可分.

证明　记 $S_n = \{x \in X \mid \|x\| \leq n\}$，$n = 1, 2, \cdots$，则

$$R(T) = \bigcup_{n=1}^{\infty} TS_n.$$

因 T 是紧算子，故 TS_n 列紧从而可分，即 TS_n 含有一个可数的稠密子集，设为 M_n，显然 $\bigcup_{n=1}^{\infty} M_n$ 在 $R(T)$ 中稠密且可数. 证毕.

定理 2　设 $T \in K(X)$，若 $\{x_n\} \subset X$，且 $x_n \xrightarrow{w} x_0 (n \to \infty)$，则 $\|Tx_n - Tx_0\| \to 0$ $(n \to \infty)$.

证明　假若不然，则存在 $\varepsilon > 0$，及 $\{x_n\}$ 的子列 $\{x_{n_k}\}$，使得

$$\|Tx_{n_k} - Tx_0\| > \varepsilon, \quad k = 1, 2, \cdots.$$

注意到弱收敛序列必有界及 T 是紧算子知 $\{Tx_{n_k}\}_{k=1}^{\infty}$ 有收敛子列. 不妨设

$$Tx_{n_k} \to y_0 \quad (k \to \infty).$$

于是对任意 $f \in X^*$，$\lim\limits_{k \to \infty} f(Tx_{n_k}) = f(y_0)$. 另一方面，由 $x_{n_k} \xrightarrow{w} x_0 (k \to \infty)$ 又有

$$\lim_{k \to \infty} f(Tx_{n_k}) = \lim_k T^*f(x_{n_k}) = T^*f(x_0) = f(Tx_0),$$

于是

$$f(y_0) = f(Tx_0) \quad (\forall f \in X^*),$$

由 Hahn–Banach 定理知必有 $y_0 = Tx_0$. 这与 $\|Tx_{n_k} - Tx_0\| > \varepsilon$ 矛盾. 证毕.

应该指出的是，有些教科书中定义满足定理 2 结论的算子为全连续算子，即 T 为全连续算子当且仅当 T 将弱收敛序列变成范数收敛序列. 一般情况下，这与紧算子定义并不等价，只有当 X 是自反空间时，全连续性与紧性才等价.

定义 3 设 $f \in X^*, x_0 \in X$, 记 $x_0 \otimes f$ 为算子

$$x \mapsto f(x) x_0 \quad (\forall x \in X),$$

称它为**一秩算子**.

定理 3 T 是 X 上有限秩算子的充要条件是存在 $n \in \mathbf{N}$ 及 $x_i \in X, f_i \in X^*$ $(i = 1, 2, \cdots, n)$, 使得

$$T = \sum_{i=1}^{n} x_i \otimes f_i.$$

证明 充分性是显然的, 这是因为

$$R(T) = L(x_1, x_2, \cdots, x_n),$$

即 $R(T)$ 是由 $x_1, x_2, \cdots, x_n$ 张成的有限维子空间.

为证必要性, 设 $\dim R(T) = n$, 取 $R(T)$ 的一组基 $\{x_1, x_2, \cdots, x_n\}$, 则对任意 $x \in X$, 存在唯一的 $\alpha_i(x)$, 使得

$$Tx = \sum_{i=1}^{n} \alpha_i(x) x_i.$$

由 T 的线性性及表示式的唯一性不难验证 α_i 是线性的, 又由

$$\| Tx \| = \left\| \sum_{i=1}^{n} \alpha_i(x) x_i \right\| \leq \sum_{i=1}^{n} |\alpha_i(x)| \, \|x_i\| \leq \max_{1 \leq i \leq n} \|x_i\| \sum_{i=1}^{n} |\alpha_i(x)|,$$

知 $\sum_{i=1}^{n} |\alpha_i(x)|$ 强于 $\| Tx \|$. 反之, 对任意 i, 由 Hahn-Banach 定理知存在 $f_i \in X^*$, 使得

$$f_i(x_i) = \rho(x_i, L(x_1, x_2, \cdots, x_{i-1}, x_{i+1}, \cdots, x_n)) = d_i,$$

$$\| f_i \| = \rho(x_i, L(x_1, x_2, \cdots, x_{i-1}, x_{i+1}, \cdots, x_n))^{-1} = \frac{1}{d_i},$$

$$f_i \big|_{L(x_1, x_2, \cdots, x_{i-1}, x_{i+1}, \cdots, x_n)} = 0,$$

于是

$$Tx = \sum_{i=1}^{n} \alpha_i(x) x_i = \sum_{i=1}^{n} f_i(Tx) x_i = \sum_{i=1}^{n} (T^* f_i)(x) x_i$$

$$= \Big[\sum_{i=1}^{n} x_i \otimes (T^* f_i) \Big](x),$$

所以 $T = \sum_{i=1}^{n} x_i \otimes (T^* f_i)$. 证毕.

从定理 3 可以看出, 有限秩算子的结构是简单的, 因此, 人们自然希望用有限秩算子来描述紧算子, 具体地说, 即紧算子能否用有限秩算子逼近? 这一问题的回答依赖于空间的结构. 1973 年, Enflo (安弗洛) 曾举出一个反例说明存在可分的 Banach 空间及其上的紧算子, 该算子不能用有限秩算子按范数逼近. 那么, 在何种空间上上述问题有肯定的回答呢? 这正是下面要讨论的.

定义 4   设 X 是可分 Banach 空间, $\{e_n\}_{n=1}^{\infty} \subset X$ 称为 X 的 **Schauder 基**是指:对任意 $x \in X$,存在唯一的序列 $\{C_n(x)\}$,使得

$$x = \sum_{n=1}^{\infty} C_n(x) e_n = \lim_{N \to \infty} \sum_{n=1}^{N} C_n(x) e_n.$$

由于对任意 $n \in \mathbf{N}, x \to C_n(x)$ 是一一对应,故 $C_n(x)$ 显然是 X 上的线性函数.进一步,我们可以证明

引理   设 X 如定义 4,则 $\forall n \in \mathbf{N}, C_n \in X^*$.

证明   对任意 N,记 $S_N(x) = \sum_{n=1}^{N} C_n(x) e_n$,定义

$$|x| = \sup_{N \in \mathbf{N}} \|S_N x\|,$$

可以验证 $(X, |\cdot|)$ 是完备空间.事实上,若 $\{x_k\}$ 是 $(X, |\cdot|)$ 中的 Cauchy 列,则对任意 $\varepsilon > 0$,存在 K_0,当 $k, k' > K_0$ 时,对任意 N 有

$$\|S_N(x_k) - S_N(x_{k'})\| < \varepsilon, \tag{1}$$

于是 $\{S_N(x_k)\}_{k=1}^{\infty}$ 收敛到 X 中某个元,记为 S_N. 另一方面,对任意固定的 N,由 $S_N(x_k) = \sum_{n=1}^{N} C_n(x_k) e_n$ 收敛不难得到 $\{C_n(x_k)\}_{k=1}^{\infty}$ 是收敛数列 $(n = 1, 2, \cdots)$,记 $\tilde{C}_n$ 为其极限,则 $S_N = \sum_{n=1}^{N} \tilde{C}_n e_n$,在(1)式中令 $k' \to \infty$,得

$$\|S_N(x_k) - S_N\| \leq \varepsilon \quad (\forall N).$$

故而对任意 $k > K_0$ 及任意正整数 N, N',有

$$\|S_N - S_{N'}\| \leq \|S_N - S_N(x_k)\| + \|S_N(x_k) - S_{N'}(x_k)\| + \|S_{N'}(x_k) - S_{N'}\|$$
$$\leq 2\varepsilon + \|S_N(x_k) - S_{N'}(x_k)\|.$$

由于 $S_N(x_k) \to x_k (N \to \infty)$,故存在自然数 N_k,当 $N, N' \geq N_k$ 时,有

$$\|S_N(x_k) - S_{N'}(x_k)\| < \varepsilon,$$

因此

$$\|S_N - S_{N'}\| < 3\varepsilon \quad (\forall N, N' > N_k),$$

这说明 $\{S_N\}$ 是 $(X, \|\cdot\|)$ 中 Cauchy 列,从而收敛到某个元.换言之, $\sum_{n=1}^{\infty} \tilde{C}_n e_n$ 是 $(X, \|\cdot\|)$ 中的收敛级数,记 $x = \sum_{n=1}^{\infty} \tilde{C}_n e_n$,由 x 表示式的唯一性知 $\tilde{C}_n = C_n(x)$. 即 $x = \sum_{n=1}^{\infty} C_n(x) e_n$,由此可见当 $k \geq K_0$ 时,有

$$\|S_N(x_k) - S_N(x)\| < 3\varepsilon \quad (\forall N),$$

进而

$$|x_k - x| = \sup_{N} \|S_N(x_k) - S_N(x)\| \leq 3\varepsilon.$$

所以 x_k 在 $(X, |\cdot|)$ 中收敛到 x,即 $(X, |\cdot|)$ 完备.

注意到
$$\| x \| = \lim_{N \to \infty} \| S_N(x) \| \leqslant | x | \quad (\forall x \in X),$$
于是 $\| \cdot \|$ 与 $| \cdot |$ 等价,从而存在 $M > 0$,使得
$$| x | \leqslant M \| x \| \quad (\forall x \in X),$$
故对任意 $n \in \mathbf{N}$,有
$$\| C_n(x) e_n \| = \| S_n(x) - S_{n-1}(x) \| \leqslant 2M \| x \| \quad (\forall x \in X),$$
可见
$$| C_n(x) | \leqslant 2M \| e_n \|^{-1} \| x \| \quad (\forall n \in \mathbf{N}, x \in X),$$
故 $C_n(x) \in X^*$. 证毕.

定理 4 设 X 是可分的 Banach 空间,若 X 有 Schauder 基,则 X 上的任何紧算子可用有限秩算子按算子范数逼近.

证明 对任意 $x \in X$,令
$$S_N(x) = \sum_{n=1}^{N} C_n(x) e_n,$$
其中 $\{ e_n \}_{n=1}^{\infty}$ 是 X 的 Schauder 基, $x = \sum_{n=1}^{\infty} C_n(x) e_n$. 则由引理知存在正数 M,使得
$$\sup_N \| S_N(x) \| = | x | \leqslant M \| x \|,$$
由一致有界原理知存在 $M_1 > 0$,使得
$$\| S_N \| \leqslant M_1 < \infty.$$

现设 $T \in K(X)$,则 $\overline{T(X)_1}$ 是紧集,于是存在有限的 $\dfrac{\varepsilon}{3(M_1+1)}$ 网 $\{ x_1, x_2, \cdots, x_m \}$,即对任意 $x \in (X)_1$,存在 x_i,使得
$$\| Tx - x_i \| < \frac{\varepsilon}{3(M_1+1)},$$
由 Schauder 基的定义知存在 $N \in \mathbf{N}$,使得
$$\| x_i - S_N x_i \| < \frac{\varepsilon}{3} \quad (i = 1, 2, \cdots, m),$$
但因 $\| S_N \| \leqslant M_1$,故
$$\| S_N(Tx) - S_N x_i \| \leqslant \frac{M_1}{3(M_1+1)} \varepsilon.$$
综上得
$$\| Tx - (S_N T) x \| < \varepsilon \quad (\forall x \in (X)_1).$$
因此,
$$\| T - S_N T \| \leqslant \varepsilon.$$
令 $T_N = S_N T$,则 $\| T_N - T \| \to 0 \,(N \to \infty)$. 证毕.

由于可分的 Hilbert 空间中有正交基,它当然也是 Schauder 基,因此,可分的 Hilbert 空间上的任一紧算子可用有限秩算子逼近. 定理 4 的重要性在于和紧算子相关的问题可以转化为有限维空间上线性算子的相关问题. 一些积分方程问题正是这样处理的.

例 1   设 $K(x,y) \in L^2([a,b] \times [a,b])$,则

$$Tf(x) = \int_{[a,b]} K(x,y)f(y)\,\mathrm{d}y \quad (\forall f \in L^2([a,b]))$$

是 $L^2([a,b])$ 上的紧算子.

证明   显然,只需证明 T 可用有限秩算子按算子范数逼近. 对任意 $N \in \mathbf{N}$,记

$$K_N(x,y) = \begin{cases} K(x,y), & |K(x,y)| \leqslant N, \\ 0, & |K(x,y)| > N, \end{cases}$$

则由 K 的可积性知

$$\iint_{[a,b] \times [a,b]} |K(x,y) - K_N(x,y)|^2 \mathrm{d}x\mathrm{d}y \to 0 \quad (N \to \infty),$$

故对任意 $\varepsilon > 0$,存在 N_0,当 $N \geqslant N_0$ 时,有

$$\| K - K_N \|_{L^2} \leqslant \frac{\varepsilon}{2},$$

对固定的 $N \geqslant N_0$,特别地,对 N_0,由 $|K_{N_0}| \leqslant N_0$ 知存在阶梯函数序列 $\{\phi_n(x,y)\}$,使得在 $[a,b] \times [a,b]$ 上,

$$\phi_n(x,y) \to K_{N_0} \quad \text{a. e. },$$

且

$$|\phi_n(x,y)| \leqslant N_0,$$

于是存在 N_1,使得当 $n \geqslant N_1$ 时,

$$\| \phi_n - K_{N_0} \|_{L^2} < \frac{\varepsilon}{2},$$

进而

$$\| \phi_n - K \|_{L^2} \leqslant \| \phi_n - K_{N_0} \|_{L^2} + \| K_{N_0} - K \|_{L^2} < \varepsilon \quad (\forall n \geqslant N_1).$$

设

$$\phi_n = \sum_{i=1}^{r_n} \alpha_i^{(n)} \chi_{E_i}, \quad E_i \cap E_j = \varnothing \ (i \neq j).$$

由于对平面内任一有界可测集 E,存在互不相交的可测矩形 $\{A_j^{(k)} \times B_j^{(k)}\}_{j=1}^{\infty}$ $(k = 1, 2, \cdots)$,使得 $\bigcup_{j=1}^{\infty} A_j^{(k)} \times B_j^{(k)}$ 有界,$\bigcup_{j=1}^{n} A_j^{(k)} \times B_j^{(k)} \supset E$,且 $m\left(\bigcup_{j=1}^{\infty}(A_j^{(k)} \times B_j^{(k)}) - E\right) \to 0$ $(k \to \infty)$. 于是存在正整数 N_k,使得

$$\left\| \sum_{j=1}^{N_k} \chi_{A_j^{(k)} \times B_j^{(k)}} - \chi_E \right\|_{L^2} \to 0 \quad (k \to \infty),$$

因此不妨设每个 E_i 是可测矩形, 即 $E_i = A_i \times B_i$, 其中 A_i, B_i 均为 $[a,b]$ 的可测子集. 从而

$$\phi_n(x,y) = \sum_{i=1}^{r_n} \alpha_i^{(n)} \chi_{A_i}(x) \chi_{B_i}(y),$$

对任意 $f \in L^2([a,b])$, 定义

$$T_n f(x) = \int_{[a,b]} \phi_n(x,y) f(y) \, \mathrm{d}y,$$

则由

$$\int_{[a,b]} \phi_n(x,y) f(y) \, \mathrm{d}y = \sum_{i=1}^{r_n} \alpha_i^{(n)} \int_{B_i} f(y) \, \mathrm{d}y \cdot \chi_{A_i}(x)$$

立知 T_n 是 L^2 上的有限秩算子, 事实上, 按定义 3 有

$$T_n = \sum_{i=1}^{r_n} \alpha_i^{(n)} \chi_{A_i} \otimes \chi_{B_i}.$$

不难证明当 $n \geqslant N_1$ 时,

$$\| T_n - T \| \leqslant \left[\iint_{[a,b] \times [a,b]} | K(x,y) - \phi_n(x,y) |^2 \mathrm{d}x \mathrm{d}y \right]^{1/2} < \varepsilon,$$

由 ε 的任意性立得 $\| T_n - T \| \to 0 (n \to \infty)$, 这说明 $T \in K(L^2)$. 证毕.

7.2　Riesz–Schauder 理论

按紧算子的定义, 任何有限维空间上的线性算子都是紧算子, 而对这些算子, 其谱的结构是清楚的, 谱点均为特征值. 下面将会看到, 无穷维 Banach 空间上紧算子的谱点只要是非零的, 则必为特征值. 可见紧算子的谱结构与有限维空间上的线性算子的谱结构甚为相似.

定理 5　设 X 是 Banach 空间, T 是 X 上的紧算子, $\lambda \in \mathbf{C}$, 若 $\lambda \neq 0$, 且 $R(\lambda I - T) = X$, 则 $\lambda \in \rho(T)$.

证明　若 $\dim X < \infty$, 结论显然, 故不妨设 $\dim X = \infty$, 往证 $\lambda I - T$ 是单射, 从而由逆算子定理可知 $\lambda \in \rho(T)$. 设 $x_0 \in N(\lambda I - T)$, 只需证 $x_0 = 0$.

记 $N_n = \{ x \in X \mid (\lambda I - T)^n x = 0 \}$, 则由 $(\lambda I - T)^n$ 的连续性知 N_n 是 X 的闭子空间, 且

$$N_1 \subset N_2 \subset \cdots \subset N_n \subset \cdots,$$

若 $N_1 \neq \{0\}$, 则存在 $x_1 \neq 0$, $x_1 \in N_1$, 由 $R(\lambda I - T) = X$ 知存在 $x_2 \in X$, 使得 $(\lambda I - T) x_2 = x_1$, 则 $x_2 \in N_2$, 但 $x_2 \notin N_1$. 以此类推, 可以找到 $x_n \in N_n$, 使得 $(\lambda I - T) x_n = x_{n-1}$, 但 $x_n \notin N_{n-1}$, 所以 $N_{n-1} \subsetneqq N_n$. 由 Riesz 引理 (第一章 §4 定理 10), 存在 $y_n \in N_n$, 使得

$$\| y_n \| = 1, \quad \rho(y_n, N_{n-1}) > \frac{1}{2} \quad (n = 1, 2, \cdots).$$

若 $n>m$，由 $N_m \subset N_{n-1}$ 及 $(\lambda I-T)N_m \subset (\lambda I-T)N_n \subset N_{n-1}$ 知

$$y_m - \frac{\lambda I-T}{\lambda} y_m + \frac{\lambda I-T}{\lambda} y_n \in N_{n-1},$$

因此

$$\| Ty_n - Ty_m \| = |\lambda| \cdot \left\| y_n - \left(y_m - \frac{\lambda I-T}{\lambda} y_m + \frac{\lambda I-T}{\lambda} y_n \right) \right\| > \frac{1}{2} |\lambda|.$$

这与 T 是紧算子相矛盾. 证毕.

定理 6　设 T 是 Banach 空间 X 上的紧算子, 若 $\lambda \neq 0$, 则 $\dim N(\lambda I-T) < \infty$.

证明　记 $S=\lambda I-T$, 则 $N(S)$ 是 X 的闭子空间. 设 $\{x_n\}_{n=1}^{\infty} \subset N(S)$, $\|x_n\| \leq 1$, $n=1,2,\cdots$. 由 T 是紧算子知有子列 $\{x_{n_i}\}_{i=1}^{\infty}$, 使 $\{Tx_{n_i}\}_{i=1}^{\infty}$ 收敛, 由于 $Sx_n=0$, 故 $\lambda x_{n_i}=Tx_{n_i}$, 所以 $\{x_{n_i}\}_{i=1}^{\infty}$ 也收敛. 这说明 $N(S)$ 的单位球是列紧的, 从而 $\dim N(S) < \infty$. 证毕.

定理 7　设 T 是 Banach 空间 X 上的紧算子, $\lambda \neq 0$, 则 $R(\lambda I-T)$ 是闭的.

证明　由于 $\dim N(\lambda I-T) < \infty$, 故由本章 §2 定理 4 知存在 X 的子空间 M, 使 $X=N(\lambda I-T)+M$, 且 $N(\lambda I-T) \cap M = \{0\}$. 定义 $S:M \to X$ 如下:

$$Sx=(\lambda I-T)x, \quad \forall x \in M.$$

显然 $S \in L(M,X)$, 且 $R(S)=R(\lambda I-T)$, 因此, 只需证明 $R(S)$ 是闭的.

不难验证 S 是单射, 事实上, 若有非零的 $x \in M$, 使 $Sx=0$, 则 $(\lambda I-T)x=0$, 于是 $x \in N(\lambda I-T)$, 这与 M 的定义矛盾. 为证 $R(S)$ 是闭的, 往证 S 下方有界, 即存在 $C>0$, 使得

$$\| Sx \| \geq C \| x \| \quad (\forall x \in M).$$

若不然, 则存在点列 $\{x_n\}_{n=1}^{\infty} \subset M$, $\|x_n\|=1$, 使得 $Sx_n \to 0 (n \to \infty)$. 因 T 是紧算子, 故 $\{Tx_n\}_{n=1}^{\infty}$ 有收敛子列, 设为 $\{Tx_{n_i}\}_{i=1}^{\infty}$, 于是 $\lambda x_{n_i}=Tx_{n_i}+Sx_{n_i}$ 收敛, 设 $\lambda x_{n_i} \to x_0 (i \to \infty)$, 由 M 是闭的知 $x_0 \in M$, 但 $Sx_0 = \lim\limits_{i \to \infty} S(\lambda x_{n_i})=0$, 故 $x_0=0$. 然而由 $\|x_n\|=1$, $\lambda \neq 0$, 应有

$$\| x_0 \| = \lim_{i \to \infty} \| \lambda x_{n_i} \| = |\lambda| \neq 0.$$

这就得到矛盾. 所以 S 确是下方有界的, 进而 $R(S)$ 是闭的. 证毕.

定理 8　设 T 是 Banach 空间 X 上的紧算子, $\lambda \neq 0$, 且 $\lambda \notin \sigma_p(T)$, 则 $\lambda \in \rho(T^*)$.

证明　由定理 7 知 $R(\lambda I-T)$ 是闭的, 因 $\lambda \notin \sigma_p(T)$, 故 $\lambda I-T$ 是单射, 于是 $\lambda I-T$ 是 X 到 $R(\lambda I-T)$ 的一对一的满射, 从而存在 $R(\lambda I-T)$ 到 X 的有界线性算子 S_λ 满足 $S_\lambda(\lambda I-T)=I_X$, $(\lambda I-T)S_\lambda=I_{R(\lambda I-T)}$, 其中 I_X 表示 X 上的恒等算子.

下证 $\lambda I-T^*$ 是满射, 任取 $f \in X^*$, 定义 $R(\lambda I-T)$ 上的线性泛函 ψ 如下:

$$\psi(x)=f(S_\lambda x) \quad (\forall x \in R(\lambda I-T)),$$

则 $|\psi(x)| \leq \|f\| \cdot \|S_\lambda\| \cdot \|x\|$, 故 ψ 是有界的. 由 Hahn-Banach 定理, 可将 ψ

延拓到 X 上，仍记为 ψ，于是由

$$((\lambda I-T^*)\psi)(y)=((\lambda I-T)^*\psi)(y)=\psi((\lambda I-T)y)$$
$$=f(S_\lambda(\lambda I-T)y)=f(y)\qquad(\forall y\in X)$$

立知 $(\lambda I-T^*)\psi=f$，即 $\lambda I-T^*$ 是满射. 注意到 T^* 也是紧算子，故由定理 5 知 $\lambda\in\rho(T^*)$. 证毕.

定理 9（Riesz–Schauder） 设 X 是 Banach 空间，$T\in K(X)$，则

（i）当 $\dim X=\infty$ 时，$0\in\sigma(T)$；

（ii）设 $\lambda\in\sigma(T)$，若 $\lambda\neq0$，则 $\lambda\in\sigma_p(T)$；

（iii）设 $\lambda\in\sigma_p(T)$，且 $\lambda\neq0$，则 $\dim N(\lambda I-T)<\infty$；

（iv）设 $\lambda_1,\lambda_2,\cdots,\lambda_n\in\sigma_p(T)$，且 $\lambda_i\neq\lambda_j(i\neq j)$，则对任意 $x_i\in N(\lambda_iI-T)(i=1,2,\cdots,n)$，$\{x_i\}_{i=1}^n$ 是线性无关的；

（v）$\sigma(T)$ 若有极限点，则极限点必为 0，换言之，$\sigma(T)$ 或为有限集或为以 0 为唯一极限点的可数集；

（vi）$\sigma(T)=\sigma(T^*)$；

（vii）对任意 $\lambda\in\sigma(T)$，只要 $\lambda\neq0$，则 $\dim N(\lambda I-T)=\dim N(\lambda I-T^*)$；

（viii）若 $\lambda\in\sigma(T)$，$\mu\in\sigma(T^*)$，且 $\lambda\neq\mu$，则对任意 $x\in N(\lambda I-T)$ 与 $f\in N(\mu I-T^*)$，有 $f(x)=0$，换言之，$N(\lambda I-T)^\perp\supset N(\mu I-T^*)$；

（ix）设 $\lambda\in\sigma_p(T)$，$\lambda\neq0$，则 $(\lambda I-T)x=y$ 可解的充要条件是 $y\in{}^\perp N(\lambda I-T^*)$；

（x）若 $\lambda\in\sigma_p(T)$ 且 $\lambda\neq0$，则

$$(\lambda I-T^*)\phi=f$$

可解的充要条件是 $f\in N(\lambda I-T)^\perp$.

证明 （i）若 $0\notin\sigma(T)$，则 T^{-1} 是 X 上的有界线性算子. 不难证明对任意紧算子 T 及 $S\in L(X)$，ST 与 TS 均是紧算子. 事实上，若 M 是 X 中的有界集，则由 T 紧知 TM 是列紧集，于是由 S 的有界性知 STM 也是列紧集. 故而 $ST\in K(X)$，类似可证 $TS\in K(X)$. 因此，由 $T\in K(X)$ 及 T^{-1} 有界得 $I=T^{-1}T\in K(X)$，然而当 $\dim X=\infty$ 时，$I((X)_1)=(X)_1$ 不可能是列紧集，这与 I 的紧性矛盾. 所以 T 不可逆，即 $0\in\sigma(T)$.

（ii）设 $\lambda\in\sigma(T)$，$\lambda\neq0$，则由定理 5 与定理 7 知 $R(\lambda I-T)$ 是 X 的真闭子空间，由 Hahn–Banach 定理知存在非零的 $f\in X^*$，使得 $f|_{R(\lambda I-T)}=0$，即对任意 $x\in X$，

$$(\lambda I-T^*)f(x)=(\lambda I-T)^*f(x)=f((\lambda I-T)x)=0,$$

故 $(\lambda I-T^*)f=0$，从而 $\lambda\in\sigma_p(T^*)$，由定理 8 知必有 $\lambda\in\sigma_p(T)$.

（iii）此即定理 6.

（iv）设 $\lambda_1,\lambda_2,\cdots,\lambda_n\in\sigma_p(T)$，且 $\lambda_i\neq\lambda_j(i\neq j)$，$x_i\in N(\lambda_iI-T)$，若存在不全为零的数 $k_1,k_2,\cdots,k_n$，使得

$$\sum_{i=1}^{n} k_i x_i = 0,$$

不妨设 $k_1 \neq 0$，则依次以 $\lambda_i I - T$（$\lambda_i = 2, 3, \cdots, n$）作用于上式得

$$(\lambda_2 I - T)\Big(\sum_{i=1}^{n} k_i x_i\Big) = k_1(\lambda_2 - \lambda_1)x_1 + \sum_{i=3}^{n} k_i(\lambda_2 - \lambda_i)x_i = 0,$$

$$(\lambda_3 I - T)(\lambda_2 I - T)\Big(\sum_{i=1}^{n} k_i x_i\Big) = k_1(\lambda_2 - \lambda_1)(\lambda_3 - \lambda_1)x_1 + \sum_{i=4}^{n} k_i(\lambda_2 - \lambda_i)(\lambda_3 - \lambda_i)x_i = 0,$$

$$\cdots$$

$$\prod_{j=2}^{n}(\lambda_j I - T)\Big(\sum_{i=1}^{n} k_i x_i\Big) = k_1 \prod_{j=2}^{n}(\lambda_j - \lambda_1)x_1 = 0,$$

由于 $\prod_{j=2}^{n}(\lambda_j - \lambda_1) \neq 0, k_1 \neq 0$，故 $x_1 = 0$. 这与 x_1 是特征向量矛盾.

（v）设 $\{\lambda_n\} \subset \sigma(T)$ 是一列互异的特征值，由于 $\sigma(T)$ 有界，故不妨设 $\lambda_n \to \lambda_0$（$n \to \infty$）（否则也可取收敛子列）. 若 $\lambda_0 \neq 0$，则当 n 充分大时，$\lambda_n \neq 0$，因此不妨设每个 $\lambda_n \neq 0$，于是由其收敛到非零复数 λ_0 知必有常数 M，使得

$$\left|\frac{1}{\lambda_n}\right| \leqslant M, \quad n = 1, 2, \cdots.$$

记 x_n 为对应于 λ_n 的特征向量，$M_n = L(x_1, x_2, \cdots, x_n)$（即 $x_1, x_2, \cdots, x_n$ 张成的 X 的子空间），则 M_n 是 n 维子空间，且 $M_n \subsetneqq M_{n+1}$，取 $y_n \in M_n - M_{n-1}$，使得 $\|y_n\| = 1$，且 $\rho(y_n, M_{n-1}) > \frac{1}{2}$. 设 $y_n = \sum_{i=1}^{n} \alpha_i^{(n)} x_i$，则

$$(\lambda_n I - T)y_n = \sum_{i=1}^{n-1} \alpha_i^{(n)}(\lambda_n - \lambda_i)x_i \in M_{n-1},$$

故当 $n > m$ 时，$y_n - T\frac{y_n}{\lambda_n} + T\frac{y_m}{\lambda_m} \in M_{n-1}$，这是因为

$$y_n - T\frac{y_n}{\lambda_n} + T\frac{y_m}{\lambda_m} = \frac{1}{\lambda_n}(\lambda_n I - T)y_n - \frac{1}{\lambda_m}(\lambda_m I - T)y_m + y_m \in M_{n-1}.$$

由此可见

$$\left\| T\frac{y_n}{\lambda_n} - T\frac{y_m}{\lambda_m} \right\| = \left\| y_n - \Big(y_n - T\frac{y_n}{\lambda_n} + T\frac{y_m}{\lambda_m}\Big) \right\| \geqslant \rho(y_n, M_{n-1}) > \frac{1}{2}.$$

但 $\left|\frac{y_n}{\lambda_n}\right| \leqslant M$，由 T 的紧性知 $\left\{T\Big(\frac{y_n}{\lambda_n}\Big)\right\}$ 有收敛子列，这与 $\left\| T\frac{y_n}{\lambda_n} - T\frac{y_m}{\lambda_m} \right\| > \frac{1}{2}$ 矛盾. 所以 $\sigma(T)$ 以 0 为唯一可能的极限点.

（vi）若 $\dim X < \infty$，则 T 在任一基下的表示是一个方阵，T^* 是转置矩阵，于是 $\lambda \in \sigma(T)$ 等价于 $\det(\lambda I - T) = 0$，这与 $\det(\lambda I - T^*) = 0$（即 $\lambda \in \sigma(T^*)$）显然是等价的. 下设 $\dim X = \infty$，此时 X^* 也是无限维空间，且 T^* 也是紧算子. 由（i）知 $0 \in \sigma(T)$，且 $0 \in \sigma(T^*)$. 现设 $\lambda \in \sigma(T)$，且 $\lambda \neq 0$，由（ii）的证明过程可知 $\lambda \in \sigma_p(T^*)$. 若 $\lambda \notin$

$\sigma(T)$,则由定理 8 知 $\lambda \notin \sigma(T^*)$,因此 $\sigma(T)=\sigma(T^*)$.

(vii) 若 $\lambda \in \sigma(T)$ 且 $\lambda \neq 0$,则 $\lambda \in \sigma_p(T)$,由于 $T \in K(X)$ 当且仅当 $\frac{T}{\lambda} \in K(X)$,

且 $\lambda \in \sigma(T)$ ($\lambda \neq 0$) 当且仅当 $1 \in \sigma\left(\frac{T}{\lambda}\right)$,故不妨设 $\lambda=1$. 记 $S=I-T$,由于 T 是紧算子,故由定理 7 知 $R(S)$ 是闭的. 于是
$$N(S^*)=R(S)^\perp, \quad R(S)={}^\perp N(S^*).$$
往证 $(X/R(S))^* \cong R(S)^\perp$.

对任意 $f \in R(S)^\perp$ 及任意 $x_1, x_2 \in X$,若 $x_1-x_2 \in R(S)$,则
$$f(x_1)=f(x_2),$$
故 f 诱导 $X/R(S)$ 上一个线性泛函 $\tilde{f}$:
$$\tilde{f}([x])=f(x) \quad (\forall x \in [x], [x] \in X/R(S)).$$
显然
$$|\tilde{f}([x])| \leqslant \|f\|\|x\| \quad (\forall x \in [x]),$$
进而
$$|\tilde{f}([x])| \leqslant \|f\| \inf_{x \in [x]}\|x\| = \|f\|\|[x]\|.$$
这说明 $\tilde{f} \in (X/R(S))^*$,且 $\|\tilde{f}\| \leqslant \|f\|$.

反之,设 $\tilde{f} \in (X/R(S))^*$,定义 f 为
$$f(x)=\tilde{f}([x]) \quad (\forall x \in X, [x] \in X/R(S) \text{ 且 } x \in [x]).$$
注意到 $\|[x]\| \leqslant \|x\|$,于是
$$|f(x)| \leqslant \|\tilde{f}\|\|[x]\| \leqslant \|\tilde{f}\| \cdot \|x\|.$$
由此可见 $f \in X^*$,且 $\|f\| \leqslant \|\tilde{f}\|$. 由 f 的定义易见当 $x \in R(S)$ 时 $f(x)=0$,所以 $f \in R(S)^\perp$. 综上知 $(X/R(S))^*$ 与 $R(S)^\perp$ 等距同构. 这说明 $\dim(X/R(S))=\dim(X/R(S))^*=\dim N(S^*)<\infty$.

下证 $\dim(X/R(S)) \leqslant \dim N(S)$. 若不然,则 $\dim(X/R(S))>\dim N(S)$,由于 $\dim(X/R(S))<\infty$,故存在 X 的有限维子空间 M,使 $\dim M=\dim(X/R(S))$,且 $M \dotplus R(S)=X$(为什么?),于是 $\dim M>\dim N(S)$. 取 M 的真子空间 M_0,使得 $\dim M_0=\dim N(S)$,于是存在 $N(S)$ 与 M_0 之间的等距线性同构 $V:N(S) \to M_0$. 定义算子 $\widetilde{S}$ 如下:
$$\widetilde{S}(x)=(S+VP)(x)=S(x)+VP(x),$$
其中 P 是 X 到 $N(S)$ 的投影. 不难验证 $N(\widetilde{S})=\{0\}$(由 $VP(x) \in M_0 \subset M, S(x) \in R(S)$

很容易证明这一点). 注意到 $\widetilde{S}=(I-T)+VP$, 且 VP 是有限秩算子, 故 $\widetilde{S}$ 是恒等算子

与紧算子 $T-VP$ 之差, 从而 $R(\widetilde{S})=X$. 但 $R(\widetilde{S})=R(S)+M_0 \subsetneqq R(S)+M$, 这就得到矛

盾. 因此, 必有 $\dim(X/R(S)) \le \dim N(S)$. 由上面的证明可见

$$\dim(X/R(S))=\dim((X/R(S))^*)=\dim(R(S)^\perp)$$
$$=\dim[^\perp N(S^*)]^\perp \ge \dim N(S^*).$$

类似可得

$$\dim(X^*/R(S^*)) \ge \dim N(S^{**}) \ge \dim N(S)$$

(这是因为 S^{**} 是 S 的扩张).

由不等式 $\dim(X/R(S)) \le \dim N(S)$ 得

$$\dim N(S^*) \le \dim(X/R(S)) \le \dim N(S) \le \dim(X^*/R(S^*)) \le \dim N(S^*).$$
证毕.

(viii) 设 $x\in N(\lambda I-T)$, $f\in N(\mu I-T^*)$, 则 $\mu f(x)=T^* f(x)=f(Tx)=\lambda f(x)$. 由 $\mu \ne \lambda$ 立得 $f(x)=0$.

(ix) 设 $(\lambda I-T)x=y$ 有解, $f\in N(\lambda I-T^*)$, 则

$$f(y)=f((\lambda I-T)x)=(\lambda I-T)^* f(x)=(\lambda I-T^*)f(x)=0.$$

反之, 设 $y\in ^\perp N(\lambda I-T^*)$, 往证存在 $x\in X$, 使得 $(\lambda I-T)x=y$. 假若不然, 即 $y\notin R(\lambda I-T)$, 则因 $R(\lambda I-T)$ 是闭的, 由 Hahn-Banach 定理知存在 $f\in X^*$, 使得 $f|_{R(\lambda I-T)}=0$, 但 $f(y)\ne 0$, 于是对任意 $x\in X$, 有

$$(\lambda I-T^*)f(x)=f((\lambda I-T)x)=0,$$

故 $f\in N(\lambda I-T^*)$, 然而 $f(y)\ne 0$, 这与 $y\in ^\perp N(\lambda I-T^*)$ 矛盾. 因此方程 $(\lambda I-T)x=y$ 必可解.

(x) 必要性: 类似 (ix) 的必要性证明. 为证充分性, 假设 $f\in N(\lambda I-T)^\perp$, 在 $R(\lambda I-T)$ 上定义泛函 ϕ 如下:

$$\phi(x)=f(y), \quad x=(\lambda I-T)y\in R(\lambda I-T).$$

由于 $f\in N(\lambda I-T)^\perp$, 不难看出上述定义是完善的. 事实上, 若有 y_1, y 使得 $x=(\lambda I-T)y=(\lambda I-T)y_1$, 则 $(\lambda I-T)(y-y_1)=0$, 因此, 只要 $y\ne y_1$, 则 $y-y_1$ 必为 T 相应于 λ 的特征向量. 从而 $f(y-y_1)=0$, 即 $f(y)=f(y_1)$. 所以 $\phi(x)$ 由 x 唯一确定, ϕ 的线性性则是显而易见的.

记 y_0 为满足 $(\lambda I-T)y=x$ 的 y 中范数最小者, 即 $\|y_0\|=\inf\{\|y\| \mid (\lambda I-T)y=x\}$, 则存在与 x 无关的常数 M 使得 $\|y_0\|\le M\|x\|$ (事实上由于 $\lambda I-T$ 是 $X/N(\lambda I-T)$ 到 $R(\lambda I-T)$ 的可逆算子, 故存在 $M>0$, 使得

$$\|[y]\|\le M\|(\lambda I-T)[y]\| \quad ([y]\in X/N(\lambda I-T))$$
$$=M\|(\lambda I-T)y\|=M\|x\| \quad (x=(\lambda I-T)y),$$

由于 $N(\lambda I-T)$ 是有限维的,故下确界 $\|[y]\| = \inf\limits_{\tilde{y}\in N(\lambda I-T)} \|y+\tilde{y}\|$ 可达,即存在 $y_0\in[y]$,使得 $\|y_0\| = \|[y]\|$. 由 $\phi(x)=f(y_0)$ 得

$$|\phi(x)| = |f(y_0)| \leqslant \|f\|\,\|y_0\| \leqslant M\|f\|\,\|x\|,$$

因此 ϕ 是 $R(\lambda I-T)$ 上的有界线性泛函,将 ϕ 保范扩张到 X 上,仍记为 ϕ,则对任意 $x\in X$,有

$$(\lambda I-T^*)\phi(x) = \phi((\lambda I-T)x) = f(x).$$

即 ϕ 为方程 $(\lambda I-T^*)\phi=f$ 的解. 证毕.

7.3　关于不变子空间的注

与有界线性算子相关的一个重大课题是关于算子结构的研究,算子结构理论中一个最基本的问题是不变子空间的存在性. 所谓不变子空间指的是

定义 5　设 X 是 Banach 空间,$T\in L(X)$,$M\subset X$ 是 X 的闭子空间,若

$$TM\subset M,$$

即对任意 $x\in M$,$Tx\in M$,则称 M 为 T 的**不变子空间**. T 的不变子空间全体记作 Lat T.

回忆线性代数中,任何矩阵都有一个 Jordan 标准形,而且可以通过矩阵的特征值求得,因此,对有限维空间而言,其上的线性算子有简单的结构. 可是,对无穷维空间而言,情况就复杂多了,我们不难构造一个有界线性算子,使得它的谱不含特征值,这使得按传统途径研究算子的结构变成不可能. 人们曾一度希望在无穷维空间上寻找到类似 Jordan 块的东西,这就是所谓的**不可约算子**. 一个算子 $T\in L(X)$ 称为不可约指的是不存在 X 的两个闭子空间 M,N 满足:

(i) $X=M\dot{+}N$;

(ii) $TM\subset M$,$TN\subset N$.

从矩阵的 Jordan 标准形不难看出上述概念的合理性. 然而,遗憾的是,人们甚至不能回答这样的问题:

对任意 $T\in L(X)$,T 是否必有非平凡的不变子空间?

这就是著名的不变子空间问题.

这里非平凡的子空间是指既不是 $\{0\}$,也不是 X 的子空间. 该问题首先为 Von Neumann(冯·诺伊曼)研究,他证明:无穷维 Hilbert 空间上每个紧算子有非平凡的不变子空间. 此后,N. Aronszajn(阿龙扎扬)与 K. Smith(史密斯)又证明:一般的复 Banach 空间上的紧算子有非平凡的不变子空间.

若 $T\in K(X)$,且有特征值 λ,则不难证明对应于 λ 的特征向量全体 E_λ 是 T 的不变子空间,由此可见,若 $\dim X=\infty$,则对任意 $T\in K(X)$,只要 $\sigma(T)\neq\{0\}$,则由前段证明知 $\sigma(T)$ 中非零谱点必为特征值,从而 T 有不变子空间. 因此只需证明

$\sigma(T)=\{0\}$ 的情形. 这样的算子通常称为拟幂零算子, 即

定义 6   设 $T \in L(X)$, 若 $\sigma(T)=\{0\}$, 则称 T 为**拟幂零算子**.

定理 10   设 X 是无穷维 Banach 空间, $T \in K(X)$, 则 T 有非平凡的不变子空间.

由于这个定理的证明较长, 此处从略. 有兴趣者可参见夏道行等所著文献 [9], 那里有一个更一般结果的证明.

虽然紧算子情形的不变子空间问题已经讨论得比较清楚, 但一般情形仍是一个悬而未决的难题. 1984 年, C. J. Read (里德) 在空间 l^1 上构造出一个有界线性算子, 它没有非平凡的不变子空间, 这说明, 在 Banach 空间情形下, 不变子空间问题有否定的回答. 然而对于 Hilbert 空间情形, 人们迄今没有一个圆满的答案.

围绕着不变子空间问题, 人们进行了大量的研究, 已形成一整套的理论和技巧, 有兴趣者可参见 Rosenthal 所著文献 [10] (中译本, 1991, 吉林大学出版社).

习题 二

1. 设 X_0 是线性赋范空间 X 中的闭凸集, $x_0 \notin X_0$. 试证: 存在 $f \in X^*$ 严格分离 x_0 与 X_0.

2. 设 X, Y 是线性赋范空间, $T: X \rightarrow Y$ 是线性映射, 若 T 是一对一的满射, 则称 X 与 Y 是同构的. 证明: 若 X 是有限维线性赋范空间, 则 X^* 与 X 同构.

3. 设 X 是有限维线性赋范空间, 试证: X 上任意两个范数都是等价范数.

4. 设 X 是有限维线性赋范空间, 试证: X 中的弱收敛等价于按范数收敛.

5. 设 X 是 Banach 空间, $T, S \in L(X)$, 由 $TS=0$ 能否推出

(i) T 与 S 至少有一为零? 或

(ii) $ST=0$?

6. 定义 $L^2([0,1])$ 上的算子 T_1, T_2 分别为

$$T_1 f(t) = t f(t), \quad T_2 f(t) = \int_0^1 t s f(s) \, ds,$$

试证: T_1, T_2 是 $L^2([0,1])$ 上的有界线性算子, 但 T_1 与 T_2 不可交换, 即 $[T_1, T_2] = T_1 T_2 - T_2 T_1 \neq 0$.

7. 设 $\varphi \in L^{\infty}([0,1])$, 定义 $L^2([0,1])$ 上的算子 M_{φ} 为

$$M_{\varphi} f = \varphi f, \quad f \in L^2([0,1]),$$

试证: M_{φ} 是有界线性算子, 并求 M_{φ} 的范数.

8. 定义 l^2 上的算子 S 为

$$S(x_1, x_2, \cdots, x_n, \cdots) = (0, x_1, x_2, \cdots, x_n, \cdots),$$

试证:S 有左逆,但无右逆.

9. 试证:微分算子 $T=\dfrac{\mathrm{d}}{\mathrm{d}t}:C^1([0,1])\rightarrow C([0,1])$ 有右逆,但无左逆.

10. 设 X 是 Banach 空间,X_0 是 X 的闭子空间,映射 $\pi:X\rightarrow X/X_0$ 定义为
$$\pi:x\rightarrow[x]\quad(x\in X),$$
试证:π 是开映射.

11. 设 X,Y 是 Banach 空间,$T:X\rightarrow Y$ 是有界线性算子,满足:

(i) $R(T)=Y$;

(ii) 存在 $m>0$,使得对任意 $x\in X$ 有
$$\|Tx\|\geqslant m\|x\|,$$
试证:T 有有界逆 T^{-1},且 $\|T^{-1}\|\leqslant\dfrac{1}{m}$.

12. 设 X,Y 是 Banach 空间,$T:X\rightarrow Y$ 是有界线性算子,若存在 $c>0$,使得对任意 $y\in R(T)$,存在 $x\in T^{-1}y=\{x\mid Tx=y\}$ 满足
$$\|x\|\leqslant c\|y\|,$$
试证:$R(T)$ 在 Y 中是闭的.

13. 设 X 是 Banach 空间,$T\in L(X)$,若 $R(T^*)=X^*$,则 T 是 X 到 $R(T)$ 的有有界逆的算子.

14. 设 X,Y 是 Banach 空间,$T:X\rightarrow Y$ 是单的闭线性算子,$R(T)$ 在 Y 中稠密且 T^{-1} 有界,试证:$R(T)=Y$.

15. 设 X,Y 是 Banach 空间,$T:X\rightarrow Y$ 是闭线性算子,试证:

(i) $N(T)$ 是闭线性子空间;

(ii) 若 $N(T)=\{0\}$,则 $R(T)$ 在 Y 中是闭的当且仅当存在 $a>0$,使得 $\forall x\in D(T)$,
$$\|x\|\leqslant a\|Tx\|;$$

(iii) 若 $N(T)\neq\{0\}$,则 $R(T)$ 在 Y 中是闭的当且仅当存在 $a>0$,使得 $\forall x\in D(T)$,
$$d(x,N(T))\leqslant a\|Tx\|,$$
其中 $d(x,N(T))=\inf\limits_{\tilde{x}\in N(T)}\|x-\tilde{x}\|$.

16. 两个闭线性算子的和或积是否仍是闭线性算子?

17. 如果一个线性算子的值域是闭的,这个算子是否必为闭算子?

18. 有界线性算子与闭线性算子有什么关系?

19. 设 X 是线性赋范空间,$\{x_n\}_{n=1}^{\infty}$ 是 X 中线性无关的序列,试证:存在 $\{f_n\}\subset X^*$,使 $\|f_n\|=1$,且 $f_n(x_k)=\delta_{nk}=\begin{cases}1,&n=k,\\0,&n\neq k.\end{cases}$

20. 设 $t_0\in(a,b)$,定义 $C^1([a,b])$ 上的泛函

$$F(f) = f'(t_0),$$

试证: $F \in \left[C^1([a,b]) \right]^*$.

21. 设序列 $\{a_n\}$ 使得对任意 $x = \{\xi_n\} \in l^1$, $\sum\limits_{n=1}^{\infty} a_n \xi_n$ 收敛, 试证:

(i) $\{a_n\} \in l^{\infty}$;

(ii) 记 $f(\{\xi_n\}) = \sum\limits_{n=1}^{\infty} a_n \xi_n$, 则 $f \in (l^1)^*$, 且 $\|f\| = \sup\limits_{n \geqslant 1} |a_n|$.

22. 设 $1 < p < \infty$, 且 $\dfrac{1}{p} + \dfrac{1}{q} = 1$, 若序列 $\{a_n\}$ 使得对任意 $x = \{\xi_n\} \in l^p$, $\sum\limits_{n=1}^{\infty} a_n \xi_n$ 收敛, 试证:

(i) $\{a_n\} \in l^q$;

(ii) 记 $f(\{\xi_n\}) = \sum\limits_{n=1}^{\infty} a_n \xi_n$, 则 $f \in (l^p)^*$, 且 $\|f\| = \left(\sum\limits_{n=1}^{\infty} |a_n|^q \right)^{\frac{1}{q}}$.

23. 设 X 是 Banach 空间, M 是 X 的闭子空间, $x_0 \in X$, 试证: $x_0 \in M$ 当且仅当对任意 $f \in X^*$, 只要 $f|_M = 0$, 必有 $f(x_0) = 0$.

24. 证明: 在有限维线性空间中, 线性算子 T 可以用某一矩阵表示. 其共轭算子的矩阵与这个矩阵有什么关系?

25. 设 $\{\alpha_n\}$ 是 $\mathbf{C}$ 中收敛到 0 的点列, 定义 l^2 上的算子 T 为

$$T(\{\xi_n\}) = \{\alpha_n \xi_n\},$$

试证: T 是 l^2 上的紧算子, 并求 T^*.

26. 证明: 若 P 是有限秩投影, 则 P^* 也是有限秩投影.

27. 设 X, Y 是 Banach 空间, $T \in L(X, Y)$, T 与 T^* 都是满射, 试证: T 是等距算子当且仅当 T^* 是等距算子.

28. 定义 l^1 上的算子 T 为

$$T(x_1, x_2, \cdots, x_n, \cdots) = (x_1, x_2, \cdots, x_n, 0, 0 \cdots),$$

试求 T^*.

29. 设 $\Omega \subset \mathbf{R}^n$ 是开集, $K(s,t) \in L^2(\Omega \times \Omega)$, 定义

$$Tf(s) = \int_{\Omega} K(s,t) f(t) \, \mathrm{d}t, \quad f(t) \in L^2(\Omega),$$

试证: $T \in L(L^2(\Omega))$.

30. 在 $C([-\pi, \pi])$ 或 $L^2([-\pi, \pi])$ 上定义算子 T_n 为

$$T_n f(t) = \frac{1}{\pi} \int_{-\pi}^{\pi} f(\xi) \frac{\sin(2n+1)\frac{\xi-t}{2}}{2\sin\frac{\xi-t}{2}} \, \mathrm{d}\xi,$$

试计算 $\|T_n\|$.

31. 在 $L^2([-\pi,\pi])$ 上定义泛函序列 $\{f_n\}$ 为

$$f_n(x) = \int_{-\pi}^{\pi} x(t)\,\mathrm{e}^{\mathrm{i}nt}\,\mathrm{d}t,$$

试证：f_n 弱收敛到 0.

32. 设 X 是 Banach 空间，试问：

（i）X^* 中的弱收敛与弱 $*$ 收敛是什么关系？

（ii）若 X 是自反空间，在这样的空间中，弱收敛与弱 $*$ 收敛是什么关系？

33. 若 X 是有限维线性赋范空间，则 X 中点列的弱收敛与范数收敛是什么关系？

34. 设 X 是 Banach 空间，$f,g \in X^*$，证明：$\mathrm{Ker}\,f = \mathrm{Ker}\,g$ 当且仅当存在 $\lambda \neq 0$，使得 $f = \lambda g$.

35. 设 X 是 Banach 空间，M 是 X 的真闭子空间，试证：存在 $f \in X^*$，使得 $\mathrm{Ker}\,f = M$ 当且仅当 $\dim(X/M) = 1$.

36. 设 X 是 Banach 空间，$x \in X$，若对任意 $f \in X^*$，有 $f(x) = 0$，试证：$x = 0$.

37. 设 M 是 Banach 空间 X 的子空间，试证：

（i）若 M 是 X 的闭子空间，则 M^* 等距同构于 $(X/M)^\perp$；

（ii）若 N 是 X^* 的子空间，则存在 X 的子空间 M，使得 $M^\perp = N$ 当且仅当 N 是弱 $*$ 闭的.

38. 设 X 是 Banach 空间，K 是 X^* 的有界弱 $*$ 闭凸子集，则对任意 $f \in X$，$\{\varphi(f) \mid \varphi \in K\}$ 是 $\mathbf{C}$ 的紧凸子集. 进一步，若 λ_0 是 $\{\varphi(f_0) \mid \varphi \in K\}$ 的端点，则 $\{\varphi \in K \mid \varphi(f_0) = \lambda_0\}$ 的任意端点是 K 的端点.

39. 设 X,Y 是 Banach 空间，$T_n \in L(X,Y)$，对任意 $x \in X$ 及 $f \in Y^*$，$\{f(T_n x)\}$ 是有界数列，试证：$\{\|T_n\|\}$ 有界.

40. 定义 $C([0,1])$ 上的算子 T 为

$$Tf(t) = \int_0^t f(s)\,\mathrm{d}s,$$

试计算 $\sigma_p(T), \sigma_c(T), \sigma_r(T)$ 及 $\sigma(T)$.

41. 在 l^2 上定义算子 S 为

$$S(\xi_1, \xi_2, \cdots, \xi_n, \cdots) = (\xi_2, \xi_3, \cdots),$$

证明：

（i）$\sigma_p(S) = \{\lambda \in \mathbf{C} \mid |\lambda| < 1\}$；

（ii）$\sigma_c(S) = \{\lambda \in \mathbf{C} \mid |\lambda| = 1\}$；

（iii）$\sigma(S) = \{\lambda \in \mathbf{C} \mid |\lambda| \leqslant 1\}$.

42. 设 $\{\alpha_n\} \subset l^\infty$，定义 l^2 上的算子 T 为

$$T(\{\xi_n\}) = \{\alpha_n \xi_n\},$$

试求 $\sigma_p(T)$ 与 $\sigma(T)$.

43. 设 X 是 Banach 空间, $P \in L(X)$ 是投影算子, 试求 $\sigma_p(P)$, $\sigma_c(P)$ 及 $\sigma(P)$.

44. 设 X 是线性赋范空间, 试证: 不存在 $T, S \in L(X)$, 使得 $[T, S] = TS - ST = I_X$.

45. 设 X 是 Banach 空间, $T \in L(X)$, 试证:
$$\sigma_r(T) \subset \sigma_p(T^*) \subset \sigma_r(T) \cup \sigma_p(T).$$

46. 设 X 是 Banach 空间, $T \in L(X)$, $\lambda_1, \lambda_2, \cdots, \lambda_n \in \sigma_p(T)$ 是 n 个不同的特征值, x_i 是对应于 $\lambda_i (i = 1, 2, \cdots, n)$ 的特征向量, 试证: $\{x_1, x_2, \cdots, x_n\}$ 是线性无关的.

47. 两个可逆算子的乘积是否仍为可逆算子?

48. 紧算子能否有左逆? 能否有右逆?

49. 设 X 是 Banach 空间, $\{T_n\} \subset L(X)$ 是紧算子序列, 且对任意 $x \in X$, $\{T_n x\}$ 是 X 中的 Cauchy 列, 则

(i) 是否存在有界线性算子 T, 使得对任意 x, 有 $\| T_n x - Tx \| \to 0 (n \to \infty)$?

(ii) 若 (i) 中的 T 存在, T 是否为紧算子?

50. 试构造一个有界线性算子 T, 使得 T^2 是紧算子, 但 T 不是.

51. 设 X 是线性赋范空间, 若 X 不完备, 试证:

(i) 对于 X 上一致收敛的紧算子列, 其极限未必是紧算子;

(ii) 存在非紧的有界线性算子 T, 使得 T^* 是紧的.

52. 设 X 是 Banach 空间, K 是 X 上的紧算子, 令 $T = I - K$. 试证: 存在自然数 n, 使得对任意 $m \geq n$, 有 $\mathrm{Ker}\, T^m = \mathrm{Ker}\, T^{m+1}$.

53. 设 $\Omega \subset \mathbf{R}^n$ 是 Lebesgue 可测集, $a_i(t), b_i(t) \in L^2(\Omega)$, $1 \leq i \leq m$, 令
$$K(s, t) = \sum_{i=1}^{m} a_i(s) b_i(t),$$
$$Tx(s) = \int_{\Omega} K(s, t) x(t)\,\mathrm{d}t, \quad x(t) \in L^2(\Omega),$$
试证: $T \in L(L^2(\Omega))$, 且 $\dim R(T) \leq m$.

第 三 章

Hilbert空间上的有界线性算子

直角坐标系的作用大家有目共睹,它不仅在几何与代数之间架设了一座桥梁,而且使得许多原本复杂的问题变得容易解决.它让代数工具得以运用到几何问题中,也赋予一些代数问题以几何背景.

如前章所述,Banach 空间中可能无法建立坐标系,有限维空间的那套理论(最大线性无关组)就无法运用到无穷维空间,Hahn–Banach 定理为 Banach 空间提供了另一个工具——对偶空间,它在一定程度上充当了坐标的角色,事实上,如果回到有限维空间,就很容易搞清楚两者的关系.

如果在空间中引入内积,情况就大不一样了,不妨回顾一下微积分中的 Fourier 级数.一个周期函数 f 如果可积(不妨假设其周期为 2π),则必有一个 Fourier 级数展开:

$$f(x) \sim \sum_n a_n \cos nx + b_n \sin nx,$$

然而,不能在函数与级数之间轻易画等号,事实上,这个问题迄今并未完全解决!即使 $f(x)$ 是连续函数,也未必能画等号.我们暂且抛开级数收敛性问题,不妨分析一番这是个什么类型的问题.

在数学分析中,读者必定见过如下形式的等式:

$$\int_0^{2\pi} \cos nx \sin mx \mathrm{d}x = 0, n, m = 0, 1, 2, \cdots;$$

$$\int_0^{2\pi} \cos nx \cos mx \mathrm{d}x = 0, n \neq m;$$

$$\int_0^{2\pi} \sin nx \sin mx \mathrm{d}x = 0, n \neq m.$$

如果在某个定义在 $[0, \pi]$ 上的函数空间 L 中引入内积

$$(f, g) = \int_0^{2\pi} f(x) g(x) \mathrm{d}(x), \quad \forall f, g \in L,$$

不难检验,$(\cdot, \cdot)$ 满足有限维空间中向量内积的所有性质,但对函数有一个要求,

即 $f \in L$ 必须是平方可积的,否则,(f, f) 便失去了意义. 所以这个函数空间应该是上册中所说的 $L^2([0, 2\pi])$. 若 $f \in L^2([0, 2\pi])$,不难看出 f 必定可积,因此它是有 Fourier 展开的,问题是,f 与其 Fourier 级数能否画等号? 何种意义下的等号? 如果可以画等号,级数中的通项 $a_n \cos nx + b_n \sin nx$ 意味着什么? 假如把这些问题搞清楚,读者会发现,$\{\cos nx, \sin mx\}_{n,m=0}^{\infty}$ 充当了直角坐标系的角色!

上述思想方法能不能推广到一般的 Hilbert 空间? 在一般的 Hilbert 空间上,有界线性算子的结构能不能搞清楚? 这正是本章将要探索的问题.

问题 1   如果 H 是 Hilbert 空间,H 的闭子空间 M 相当于欧氏空间中的什么几何体? 它有正交补吗?

问题 2   Hilbert 空间的共轭空间可以描述清楚吗?

问题 3   在欧氏空间中,线性变换可以转换成矩阵,于是对应的有正交矩阵(对应正交变换)、对称矩阵(对应对称变换)等,这些矩阵有着特殊的结构,相关的概念可以推广到 Hilbert 空间吗? 能否搞清楚这些特殊算子(变换)的结构?

问题 4   如果给问题 3 中出现的特殊算子再加上紧性的条件,其结构可以搞清楚吗?

我们将看到,由于 Hilbert 空间中存在正交基,因此其空间的几何性质比 Banach 空间要丰富得多,Hilbert 空间上的有界线性算子理论也比 Banach 空间情形更加深刻,特别是 Hilbert 空间上的自伴算子理论,构成了有界线性算子理论中的最完美的部分.

§1   投影定理与 Fréchet–Riesz 表示定理

1.1   投影定理

我们在第二章中曾指出,Banach 空间的子空间未必有补子空间. 然而,在 Hilbert 空间中,任意子空间都有正交补子空间,这就是著名的投影(射影)定理. 这也是 Hilbert 空间几何性质比 Banach 空间丰富的原因之一.

定理 1(投影定理)   设 M 是 Hilbert 空间 H 的闭子空间,则存在唯一的闭子空间 N,满足:

(i) $M \perp N$;

(ii) $H = M + N$,即对任意 $x \in H$,存在 $y \in M$ 与 $z \in N$,使得 $x = y + z$.

证明   显然,M 也是 Hilbert 空间,从而有一组正交基,设为 $\{y_\alpha\}_{\alpha \in \Lambda}$,记 $N = \{z \in H \mid z \perp M\}$,则 $M \perp N$. 对任意 $x \in H$,由第一章 §3 引理的证明知,使 $(x, y_\alpha) \neq 0$ 的 α 最

多只有可数个,记为 $\{(x,y_{\alpha_i})\}_{i=1}^{\infty}$,则对任意 $\alpha \in \Lambda, \alpha \neq \alpha_i, i=1,2,\cdots,(x,y_{\alpha})=0.$ 令

$$y = \sum_{i=1}^{\infty} (x,y_{\alpha_i}) y_{\alpha_i},$$

由 Bessel 不等式知 $\sum_{i=1}^{\infty} |(x,y_{\alpha_i})|^2 \leq \|x\|^2$,从而上式右端级数收敛. 由于 M 是 H 中的闭集,所以 $y \in M.$

记 $z=x-y$,对任意 $\alpha \in \Lambda$,若 $\alpha = \alpha_j$,则

$$(z,y_{\alpha_j}) = (x,y_{\alpha_j}) - (y,y_{\alpha_j}) = (x,y_{\alpha_j}) - \Big(\sum_{i=1}^{\infty} (x,y_{\alpha_i}) y_{\alpha_i}, y_{\alpha_j} \Big)$$
$$= (x,y_{\alpha_j}) - (x,y_{\alpha_j}) = 0,$$

若 $\alpha \neq \alpha_j$,则

$$(z,y_{\alpha}) = (x,y_{\alpha}) - \Big(\sum_{i=1}^{\infty} (x,y_{\alpha_i}) y_{\alpha_i}, y_{\alpha} \Big) = 0.$$

这说明对任意 $\alpha \in \Lambda, (z,y_{\alpha})=0$,故 $z \perp M$,即 $z \in N$,由 x 的任意性知 $H=M+N.$

为证唯一性,假设另有 $N' \subset H$,满足(i),(ii),则由 N 的定义知显然有 $N' \subset N.$ 对任意 $z \in N$,由于 N' 满足(ii),故存在 $y \in M, \tilde{z} \in N'$,使得 $z=y+\tilde{z}$,于是 $z-\tilde{z}=y \in M$,但因 $N' \perp M, N \perp M$,所以 $z-\tilde{z} \perp M$,因此 $z-\tilde{z} \perp y$,这说明 $\|z-\tilde{z}\|^2 = (z-\tilde{z},y)=0$,故 $z=\tilde{z}$,即 $z \in N'$,唯一性得证. 综上,定理证毕.

注 通常称 y 为 x 在 M 中的正交投影,称 N 为 M 在 H 中的正交补,记作 $N=M^{\perp}$. 即使 M 是 H 中任一集合,也有正交补概念,见下面的定义. 不难看出,对任意 $x \in H$,表示式 $x=y+z$ 是唯一的,事实上,若另有 $y' \in M, z' \in N$,使得 $x=y'+z'$,则由 $y+z=y'+z'$ 得 $y-y'=z'-z$,从而 $y-y' \in M \cap N$,然而由(i)有 $M \perp N$,故 $(y-y',y-y')=0$,于是 $\|y-y'\|=0$,故 $y=y'$,进一步 $z=z'.$

可以证明,对 H 的任意闭子空间 M,有 $(M^{\perp})^{\perp}=M$,即使 M 是非闭的线性子空间,我们也有类似的结论.

定义 设 M 是 Hilbert 空间 H 的子集,记 $M^{\perp} = \{y \in H \mid (y,x)=0, \forall x \in M\}$,称 $M^{\perp}$ 为 M 在 H 中的**正交补**.

定理 2 设 M 是 Hilbert 空间 H 的线性子空间,则 $\overline{M}=(M^{\perp})^{\perp}.$

证明 不难证明 $(M^{\perp})^{\perp}$ 是 H 的闭子集. 事实上,它是 H 的闭子空间,由正交补定义显然有 $M \subset (M^{\perp})^{\perp}$,于是 $\overline{M} \subset (M^{\perp})^{\perp}.$

现设 $x \in (M^{\perp})^{\perp}$,由于 $\overline{M}$ 是 H 的闭子空间,故由定理 1 知存在 $y \in \overline{M}, z \in \overline{M}^{\perp}$,使得

$$x=y+z,$$

由 $z \perp \overline{M}$ 知 $z \perp M$,即 $z \in M^{\perp}$,从而 $(x,z)=0$,于是由 $y \perp z$ 得

$$(z,z) = (y+z,z) = (x,z) = 0,$$

故 $z=0$，这说明 $x=y \in \overline{M}$. 证毕.

　　注　若 M 是 Hilbert 空间 H 中的任一闭子集，则定理 2 的结论一般是不成立的，但若记 $L(M)$ 为含 M 的所有 H 的闭子空间之交，即 $L(M)$ 为含 M 的最小的闭子空间，则有 $L(M) = (M^{\perp})^{\perp}$，其证明与上面的证明相仿. 通常称 $L(M)$ 为 M **张成的 H 之子空间**.

1.2　Fréchet–Riesz 表示定理

　　我们在上一章已经看到了对偶空间（或共轭空间）的影响，它在众多的问题中起着重要作用，由于它的重要性，我们有必要研究 Hilbert 空间的对偶问题，有意思的是，Hilbert 空间的对偶空间在共轭同构意义下就是它本身，这便是 Fréchet–Riesz 表示定理.

　　设 H 是 Hilbert 空间，显然，对任意 $y \in H$，

$$f_y(x) = (x,y)$$

定义了 H 上的一个线性泛函，由于 $|f_y(x)| = |(x,y)| \leqslant \|x\| \|y\|$，可见 f_y 是 H 上的有界线性泛函，并且 $\|f_y\| \leqslant \|y\|$，如果取 $x=y$，则得 $|f_y(y)| = \|y\|^2$，于是又有 $\|f_y\| \geqslant \|y\|$，所以 $\|f_y\| = \|y\|$，因此，映射

$$i : y \longmapsto f_y$$

是 H 到 H^* 的一个等距映射.

　　一个自然的问题是：H^* 中除了形如 $f_y(x) = (x,y)$ 的泛函，还有没有别的泛函？换句话说，映射 i 是不是一个满射？Fréchet–Riesz 表示定理正是对上述问题的一个完满回答.

　　定理 3（Fréchet–Riesz 表示定理）　设 $f \in H^*$，则存在唯一的 $y_f \in H$，使得

$$f(x) = (x,y_f), \quad \forall x \in H,$$

且

$$\|f\| = \|y_f\|.$$

　　证明　唯一性是平凡的，事实上，若有 $y_f, \tilde{y}_f$ 定义了同一个 f，则对任意 $x \in H$，

$$f(x) = (x,y_f) = (x,\tilde{y}_f),$$

于是 $(x, y_f - \tilde{y}_f) = 0$，特别地，取 $x = y_f - \tilde{y}_f$，则得 $\|y_f - \tilde{y}_f\|^2 = 0$，所以 $y_f = \tilde{y}_f$.

　　为证存在性，记 $M = \ker f = \{x \in H \mid f(x) = 0\}$，则 M 显然是 H 的一个闭子空间，若 $M = H$，则 $f = 0$，此时取 $y_f = 0$ 即可，故不妨设 $M \subsetneqq H$，从而 $M^{\perp} \neq \{0\}$，对任意 $x \in H$，记

$$x = x_M + x_{M^{\perp}}, \quad x_M \in M, \quad x_{M^{\perp}} \in M^{\perp},$$

则 $f(x) = f(x_{M^\perp})$，显然，只要 $x_{M^\perp} \neq 0$，则 $f(x_{M^\perp}) \neq 0$，取定 $x_{M^\perp}^{(0)} \in M^\perp \setminus \{0\}$，对任意 $x \in H$，令 $k = f(x)/f(x_{M^\perp}^{(0)})$，则

$$f(x) = kf(x_{M^\perp}^{(0)}) = f(kx_{M^\perp}^{(0)}),$$

因此 $f(x - kx_{M^\perp}^{(0)}) = 0$，这说明 $x - kx_{M^\perp}^{(0)} \in M$，故得到 x 的分解

$$x = x - kx_{M^\perp}^{(0)} + kx_{M^\perp}^{(0)},$$

将上式两边与 $x_{M^\perp}^{(0)}$ 作内积得

$$(x, x_{M^\perp}^{(0)}) = k \parallel x_{M^\perp}^{(0)} \parallel^2,$$

于是 $k = (x, x_{M^\perp}^{(0)} / \parallel x_{M^\perp}^{(0)} \parallel^2)$，即

$$f(x) = kf(x_{M^\perp}^{(0)}) = \left(x, \frac{x_{M^\perp}^{(0)}}{\parallel x_{M^\perp}^{(0)} \parallel^2} \right) f(x_{M^\perp}^{(0)}) = \left(x, \frac{\overline{f(x_{M^\perp}^{(0)})}}{\parallel x_{M^\perp}^{(0)} \parallel^2} x_{M^\perp}^{(0)} \right).$$

令 $y_f = \dfrac{\overline{f(x_{M^\perp}^{(0)})}}{\parallel x_{M^\perp}^{(0)} \parallel^2} x_{M^\perp}^{(0)}$，则 y_f 即为所求.

至于等式 $\parallel f \parallel = \parallel y_f \parallel$ 的证明则已包含在本小节一开始的说明中. 证毕.

虽然我们证明了 $i: H \to H^*$ 是一一对应且到上的保范映射，但我们还不能说 H 与 H^* 是同构的，因为我们所指的同构通常要保持线性结构，然而 i 并不是一个线性映射，例如，对任意 $y_1, y_2 \in H$ 及 $\alpha, \beta \in \mathbf{C}$，记 $f_1 = i(y_1)$，$f_2 = i(y_2)$，$f_3 = i(\alpha y_1 + \beta y_2)$，则

$$\begin{aligned} f_3(x) &= (x, \alpha y_1 + \beta y_2) = \bar{\alpha}(x, y_1) + \bar{\beta}(x, y_2) \\ &= \bar{\alpha} f_1(x) + \bar{\beta} f_2(x) = (\bar{\alpha} f_1 + \bar{\beta} f_2)(x), \end{aligned}$$

可见 $f_3 = \bar{\alpha} f_1 + \bar{\beta} f_2$，即

$$i(\alpha y_1 + \beta y_2) = \bar{\alpha} i(y_1) + \bar{\beta} i(y_2),$$

这就是说，i 是共轭线性映射，而非线性映射.

我们可以在 H^* 中定义内积如下：

$$(f, g) = \overline{(y_f, y_g)},$$

此处 y_f, y_g 分别为 f, g 在 i 下的原像.

不难验证在此内积下，H^* 构成 Hilbert 空间，此时，我们可以说 $i: H \to H^*$ 是两个 Hilbert 空间之间的**保范共轭线性**双射，这样的两个空间通常称作**共轭同构**. 若对共轭同构的 Hilbert 空间不加区别，则有 $H^* = H$.

1.3　Hilbert 共轭算子

Hilbert 空间 H 上有界线性算子的共轭与 Banach 空间稍有不同，按 Banach 空间情形下的定义，对任意 $T \in L(H)$ 及 $f \in H^*$，$x \in H$，有

$$T^* f(x) = f(Tx).$$

由 Fréchet-Riesz 表示定理,存在 $y_f \in H$,使得 $f(x) = (x, y_f)$,从而

$$f(Tx) = (Tx, y_f), \quad \forall x \in H.$$

另一方面,由于 $T^* f \in H^*$,故存在 $y_{T^* f} \in H$,使得

$$T^* f(x) = (x, y_{T^* f}), \quad \forall x \in H.$$

于是 $(Tx, y_f) = (x, y_{T^* f})$,$y_{T^* f}$ 与 y_f 是什么关系?是否必有 $y_{T^* f} = T^* y_f$?若该等式恒成立,则意味着

$$(Tx, y_f) = (x, T^* y_f).$$

现在以 λT 替代 T,按等式 $\lambda f(Tx) = f(\lambda Tx) = (\lambda T)^* f(x)$ 应有 $(\lambda T)^* = \lambda T^*$,然而将 λT 代入 $(Tx, y_f) = (x, T^* y_f)$ 得

$$(x, (\lambda T)^* y_f) = (\lambda Tx, y_f) = \lambda(Tx, y_f) = \lambda(x, T^* y_f) = (x, \bar{\lambda} T^* y_f),$$

可见 $(\lambda T)^* y_f = \bar{\lambda} T^* y_f$,这就是说在 Banach 空间对偶意义下,等式 $(Tx, y_f) = (x, T^* y_f)$ 可以不成立.由于我们是在共轭线性同构下将 H 与 H^* 等同,如果沿用 Banach 空间上的共轭算子的定义,等式 $(Tx, y) = (x, T^* y)$ 一般不成立,这样 Hilbert 空间中的许多性质使用起来很不方便,所以我们有必要重新探讨 Hilbert 空间上共轭算子的定义.

设 T 是 Hilbert 空间 H_1 到 H_2 的有界线性算子,对任意 $y \in H_2$,记

$$f(x) = (Tx, y), \quad \forall x \in H_1,$$

则 $|f(x)| = |(Tx, y)| \leqslant \|Tx\| \|y\| \leqslant \|T\| \|x\| \|y\|$,故 f 是 H_1 上的有界线性泛函,由 Fréchet-Riesz 表示定理知,存在唯一的 $y_f \in H_1$,使得

$$f(x) = (x, y_f), \quad \forall x \in H_1,$$

不难验证 y_f 由 y 唯一确定,因此,可以定义

$$T^* y = y_f,$$

容易证明 T^* 是 $H_2 (= H_2^*)$ 到 $H_1 (= H_1^*)$ 的有界线性算子,称 T^* 为 T 的 **Hilbert 共轭算子**.

由上述定义可见

$$(Tx, y) = (x, T^* y), \quad \forall x \in H_1, y \in H_2.$$

现在我们来看看,Hilbert 共轭算子具有什么性质.

定理 4　设 H 是 Hilbert 空间,$S, T \in L(H)$,则

(i) $(S+T)^* = S^* + T^*$;

(ii) $(ST)^* = T^* S^*$;

(iii) $(T^*)^* = T$;

(iv) 对任意 $\alpha \in \mathbf{C}$,$(\alpha T)^* = \bar{\alpha} T^*$;

(v) 若 T 有有界逆,则 T^* 也有有界逆,且
$$(T^*)^{-1} = (T^{-1})^*;$$

(vi) $\|T^*\| = \|T\|$.

证明 (i)与(ii)由定义直接验证可得. 为证(iii),任取 $x,y \in H$,由 $(Tx,y) = (x,T^*y)$ 知
$$(x,(T^*)^*y) = (T^*x,y) = \overline{(y,T^*x)} = \overline{(Ty,x)} = (x,Ty),$$
由 x,y 的任意性得 $(T^*)^* = T$.

下证(iv). 对任意 $x,y \in H$,
$$(x,(\alpha T)^*y) = ((\alpha T)x,y) = \alpha(Tx,y) = \alpha(x,T^*y) = (x,\bar{\alpha}T^*y),$$
故而 $(\alpha T)^* = \bar{\alpha}T^*$.

再证(v),不难验证 $I^* = I$,由于 $TT^{-1} = T^{-1}T = I$,故由(ii)得
$$T^*(T^{-1})^* = (T^{-1}T)^* = I^* = I,$$
$$(T^{-1})^*T^* = (TT^{-1})^* = I^* = I.$$
进而易知 T^* 有有界逆,且 $(T^*)^{-1} = (T^{-1})^*$.

至于(vi),由 $\|Tx\| = \sup\limits_{\|y\|\leqslant 1}|(Tx,y)|$ 立得
$$\|T\| = \sup\limits_{\|x\|\leqslant 1}\|Tx\| = \sup\limits_{\|x\|\leqslant 1}\sup\limits_{\|y\|\leqslant 1}|(Tx,y)|$$
$$= \sup\limits_{\|y\|\leqslant 1}\sup\limits_{\|x\|\leqslant 1}|(x,T^*y)| = \sup\limits_{\|y\|\leqslant 1}\|T^*y\| = \|T^*\|.$$
证毕.

在第二章,我们曾就 Banach 空间 X 上的有界线性算子 T 证明了如下的对偶关系:

(i) $N(T^*) = \overline{R(T)}^{\perp}$;

(ii) $N(T) = {}^{\perp}\overline{R(T^*)}$;

(iii) ${}^{\perp}N(T^*) = \overline{R(T)}$;

(iv) $\overline{R(T^*)} \subset N(T)^{\perp}$.

并指出(iv)可以是严格的包含关系. 对于 Hilbert 空间上的有界线性算子 T,(i)—(iv)是否仍然成立呢? 下面的定理肯定地回答了这个问题.

定理 5 设 T 是从 Hilbert 空间 H_1 到 Hilbert 空间 H_2 的有界线性算子,则

(i) $N(T) = R(T^*)^{\perp} = \overline{R(T^*)}^{\perp}$;

(ii) $N(T^*) = R(T)^{\perp} = \overline{R(T)}^{\perp}$;

(iii) $\overline{R(T)} = N(T^*)^{\perp}$;

(iv) $\overline{R(T^*)} = N(T)^{\perp}$.

应该注意的是,由于 H^* 与 H 在共轭同构意义下相同,故(i)与(iii)中的零化子均是相对于 H 而言.

证明　对任意 $x \in N(T)$,有 $Tx = 0$,从而对任意 $y \in H_2$,
$$(x, T^* y) = (Tx, y) = 0,$$
故 $x \in R(T^*)^\perp$,即 $N(T) \subset R(T^*)^\perp$.

反之,设 $x \in R(T^*)^\perp$,则对任意 $y \in H_2$,
$$(Tx, y) = (x, T^* y) = 0,$$
从而 $Tx = 0$,即 $x \in N(T)$.因此 $N(T) \supset R(T^*)^\perp$.

综上得 $N(T) = R(T^*)^\perp$,(i)得证.

由 $\overline{R(T^*)} = [R(T^*)^\perp]^\perp = N(T)^\perp$ 立知(iv)成立.

(ii)与(iii)可类似证明. 证毕.

§2　几类特殊算子

2.1　定义及例子

诚如我们在第二章最后所指出的,无限维空间上的算子的结构远比有限维空间复杂得多,迄今还没有一个关于一般算子结构的比较完整的理论,于是很长时期以来,人们致力于探讨一些特殊的算子,以期通过对这些算子的研究,为一般算子理论的研究带来启示与帮助.

从大的方面看,特殊算子有两类,一类是某些特殊空间上的算子,这类算子的一个显著特点是与函数论有着密切联系,从而可以借助函数论的方法和工具来研究,同时对函数论的发展也有促进作用,最具代表性的首推 Hardy 空间上的 Toeplitz (特普利茨)算子,这类算子不仅为一般算子提供了丰富多彩的例子,也为函数论的研究注入了新的活力,特别是其指标理论的研究,沟通了算子理论、拓扑、几何等学科的内在联系,形成了核心数学的一个重要组成部分.

另一类是一般空间上具有某些特殊性质的算子,例如可以通过代数的方法定义某些特殊算子.具体地说,这些算子可能满足某些代数方程,从而我们可以利用这些性质研究这类算子的一般理论.

本节主要讨论 Hilbert 空间上满足某些代数方程的几类特殊算子,至于函数空间上的算子,由于其理论的深度与广度均超出了本书的范围,故本书不作详细讨论.

定义 1　设 H 是 Hilbert 空间,$T \in B(H)$.

(i) 若对任何 $x \in H, (Tx, x) \geqslant 0$,则称 T 为**正算子**,记为 $T \geqslant 0$;

(ii) 若 $T^* = T$,则称 T 为**自伴算子**或**自共轭算子**,H 上的两个自伴算子 T_1, T_2 若满足 $T_1 - T_2 \geqslant 0$,则记为 $T_1 \geqslant T_2$;

(iii) 若 $T^*T = TT^*$,则称 T 为**正规算子**;

(iv) 若 $T^*T = TT^* = I$,则称 T 为**酉算子**.

注 显然,T 为自伴算子的充要条件是 $(Tx, y) = (x, Ty)$. 进而,T 为自伴算子当且仅当对任何 $x \in H, (Tx, x)$ 为实数. 事实上,若 T 为自伴算子,则 $(Tx, x) = (x, Tx) = \overline{(Tx, x)}$,从而 (Tx, x) 为实数. 反之,若对任意 $x \in H, (Tx, x)$ 为实数,则有

$$(Tx, y) = \frac{1}{4}\left[(T(x+y), x+y) - (T(x-y), x-y) \right] +$$
$$\frac{i}{4}\left[(T(x+iy), x+iy) - (T(x-iy), x-iy) \right]$$
$$= \frac{1}{4}\left[(x+y, T(x+y)) - (x-y, T(x-y)) \right] +$$
$$\frac{i}{4}\left[(x+iy, T(x+iy)) - (x-iy, T(x-iy)) \right]$$
$$= (x, Ty).$$

可见 T 是自伴算子.

由此可以看出,正算子一定是自伴算子. 显然,自伴算子与酉算子都是正规算子.

例1 设 $H = L^2([a, b]), k(s, t) \in L^2([a, b] \times [a, b])$,算子 K 定义为

$$(Kf)(s) = \int_a^b k(s, t) f(t)\, dt, s \in [a, b], f \in H,$$

则 K 是 $L^2([a, b])$ 上以 $k(s, t)$ 为核的积分算子. 容易验证,K^* 是以 $\overline{k(t, s)}$ 为核的积分算子.

所以,K 是自伴算子的充要条件是 $k(s, t) = \overline{k(t, s)}$.

例2 设 $H = l^2, (a_{ij})$ 是无穷矩阵 $(i, j = 1, 2, \cdots)$,满足:对任何 $x = \{\xi_j\} \in l^2, \eta_i = \sum_{j=1}^{\infty} a_{ij}\xi_j$ 对每个 i 收敛且数列 $y = \{\eta_i\} \in l^2$. 定义算子 $A: x \mapsto y$,则 A 是 l^2 上的有界线性算子(请读者自行验证),通常称 A 是由矩阵 (a_{ij}) 表示的算子. 可以验证 A^* 是由 $(\overline{a_{ji}})$ 表示的算子(见本章习题5).

所以,A 为自伴算子的充要条件是 $a_{ij} = \overline{a_{ji}}$.

例3 设 H 是 Hilbert 空间,M 是 H 的闭子空间. 由本章 §1 的投影定理,对任何 $x \in H$,有 $x = y + z$,其中 $y \in M, z \in M^{\perp}$,且这个表示式是唯一的. 定义 $P: H \to H$ 为 $Px = y$,则 P 是 H 上的有界线性算子,且当 $x \in M$ 时 $Px = x$;当 $x \in M^{\perp}$ 时 $Px = 0$. 称 P 为 H 到 M 上的**正交投影算子**,简称为**投影算子**.

由于 $(Px,x)=(Px,Px)=\parallel Px\parallel^2\geqslant 0$，故 P 是正算子.

关于投影算子的性质，我们将在下一节详细讨论.

例 4 设 H 是可分的 Hilbert 空间，$\{e_n\}_{-\infty}^{\infty}$ 是 H 的正规直交基. H 上的算子 U 由 $Ue_n=e_{n+1}$ 定义，易验证 U 是 H 上的有界线性算子，$U^*e_n=e_{n-1}$，从而 $U^*U=UU^*=I$，即 U 是酉算子，通常称这个算子为**双侧位移算子**.

定义 2 Hilbert 空间上的有界线性算子 T 若满足

$$(Tx,Ty)=(x,y),$$

则称 T 为**等距算子**.

注 不难验证，一个算子是等距算子的充要条件是 $T^*T=I$. 一个等距算子 T 是酉算子的充要条件是 T 为满射. 从而酉算子一定是等距算子，但等距算子不一定是酉算子.

例 5 设 H 是可分的 Hilbert 空间，$\{e_n\}_{n=1}^{\infty}$ 是 H 的正规直交基. H 上的算子 S 由 $Se_n=e_{n+1}$ 定义，则 $S^*e_n=e_{n-1}(n\geqslant 2)$，$S^*e_1=0$，从而 $S^*S=I$，所以 S 是等距算子. 然而，由于 $e_1\notin R(S)$，故 S 不是酉算子. 通常称这个算子为**单侧位移算子**.

例 6 设 D 是复平面上的开单位圆盘，即 $D=\{z\in\mathbf{C}\mid|z|<1\}$，$\mathrm{d}\sigma$ 是 D 上的面积测度，作 $L^2(D,\mathrm{d}\sigma)$ 上的乘法算子 N 如下：当 $f\in L^2(D,\mathrm{d}\sigma)$ 时，

$$(Nf)(z)=zf(z),z\in D,$$

显然 N 是有界线性算子，容易验证，N^* 也是乘法算子，且

$$(N^*f)(z)=\bar{z}f(z),f\in L^2(D,\mathrm{d}\sigma).$$

因此，当 $f\in L^2(D,\mathrm{d}\sigma)$ 时，

$$(NN^*f)(z)=(N^*Nf)(z)=|z|^2f(z).$$

所以 N 是正规算子.

2.2 双线性形式

设 H 是 Hilbert 空间，$T\in B(H)$ 是自伴算子，令

$$\varphi(x,y)=(Tx,y),$$

则 $\varphi(x,y)$ 满足：

(i) $\varphi(\alpha x,y)=\alpha\varphi(x,y)\quad(\alpha\in\mathbf{C})$；

(ii) $\varphi(x+y,z)=\varphi(x,z)+\varphi(y,z)$；

(iii) $\varphi(x,y)=\overline{\varphi(y,x)}$.

(i) 和 (ii) 实际是说，$\varphi(x,y)$ 关于第一个变元 x 是线性的，从 (iii) 知 $\varphi(x,y)$ 关于第二个变元 y 是共轭线性的，即

$$\varphi(x,\alpha y_1+\beta y_2)=\bar{\alpha}\varphi(x,y_1)+\bar{\beta}\varphi(x,y_2),$$

我们可以利用上述性质给出一个更一般的概念.

定义 3　设 H 是 Hilbert 空间,若二元映射 $\varphi:H\times H\to\mathbf{C}$ 满足:

(i) $\varphi(\alpha x+\beta y,z)=\alpha\varphi(x,z)+\beta\varphi(y,z)$;

(ii) $\varphi(x,\alpha y+\beta z)=\bar{\alpha}\varphi(x,y)+\bar{\beta}\varphi(x,z)$,

则称 φ 为 H 上的**双线性形式**.

若条件(ii)代以更强的:

(iii) $\varphi(x,y)=\overline{\varphi(y,x)}$,

则称 φ 为 H 上的**共轭双线性形式**.

若一个双线性形式 φ 满足:

(iv) 存在 $M\geqslant 0$,使 $|\varphi(x,y)|\leqslant M\|x\|\|y\|$,

则称 φ 为**有界双线性形式**.

若双线性形式 φ 满足:

(v) 对任意 $x,y\in H,\varphi(x,y)=\varphi(y,x)$,

则称 φ 为**自伴双线性形式**.

若共轭双线性形式 φ 满足:

(vi) 对所有的 $x\in H,\varphi(x,x)\geqslant 0$,

则称 φ 为**正定双线性形式**.

注　双线性形式关于后一个变量实际上是共轭线性的,故而有的书上又称双线性形式为一次半线性形式.

条件(vi)实际上只是半正定性.因为 $\varphi(x,x)=0$ 并不能推出 $x=0$.有时候我们仿照内积的记号,记双线性形式 $\varphi(x,y)$ 为 $\langle x,y\rangle$.

根据定义,对有界算子 T,$\langle x,y\rangle=(Tx,y)$ 是有界双线性形式.若 T 还是自伴算子或正算子,则 $\langle x,y\rangle$ 还是自伴或正定的.

除了 Hilbert 空间上的有界线性算子诱导的双线性形式之外,还有没有其他的双线性形式?下面我们就来讨论这个问题.

定理 1　若 $\varphi(x,y)$ 是 H 上的有界双线性形式,则存在唯一的有界算子 T,使

$$\varphi(x,y)=(Tx,y).$$

证明　设 $|\varphi(x,y)|\leqslant M\|x\|\|y\|$.固定 $y\in H$,作 H 上的线性泛函 F_y 为

$$F_y(x)=\varphi(x,y).$$

由于 $|F_y(x)|\leqslant M\|x\|\|y\|$,所以 F_y 是有界线性泛函,且 $\|F_y\|\leqslant M\|y\|$.由 Fréchet–Riesz 表示定理,存在唯一的 $z_y\in H$,使

$$F_y(x)=(x,z_y),$$

且 $\|z_y\|=\|F_y\|$.

作映射 $T':y\mapsto z_y$. 则 T' 是 H 上的有界线性算子. 事实上, 任取 $\alpha,\beta\in\mathbf{C}$ 及 x, $y_1,y_2\in H$, 有

$$
\begin{aligned}
(x,T'(\alpha y_1+\beta y_2)) &= (x,z_{\alpha y_1+\beta y_2})\\
&= F_{\alpha y_1+\beta y_2}(x)=\varphi(x,\alpha y_1+\beta y_2)\\
&= \bar\alpha\varphi(x,y_1)+\bar\beta\varphi(x,y_2)=\bar\alpha F_{y_1}(x)+\bar\beta F_{y_2}(x)\\
&= \bar\alpha(x,T'y_1)+\bar\beta(x,T'y_2)\\
&= (x,\alpha T'y_1+\beta T'y_2).
\end{aligned}
$$

由 x 的任意性, 有 $T'(\alpha y_1+\beta y_2)=\alpha T'y_1+\beta T'y_2$, 即 T' 是线性算子.

由于 $\|T'y\|=\|z_y\|=\|F_y\|\le M\|y\|$, 由此证明了 T' 是有界线性算子, 且

$$\varphi(x,y)=(x,T'y).$$

取 $T=T'^{*}$ 即为所求.

最后证明唯一性: 若还有 $T_1\in B(H)$ 使

$$\varphi(x,y)=(T_1x,y),$$

则由 $(Tx,y)=\varphi(x,y)=(T_1x,y)$ 及 x,y 的任意性, 有 $T=T_1$. 证毕.

推论 若 $\varphi(x,y)$ 是 H 上的有界共轭(正定)双线性形式, 则存在唯一的自伴(正)算子 T, 使

$$\varphi(x,y)=(Tx,y).$$

对于有界双线性形式 $\varphi(x,y)$, 记

$$\|\varphi\|=\sup\{|\varphi(x,y)|\mid\|x\|=1,\|y\|=1\}.$$

容易证明

$$\|\varphi\|=\inf\{M\mid|\varphi(x,y)|\le M\|x\|\|y\|\},$$

且 $|\varphi(x,y)|\le\|\varphi\|\|x\|\|y\|$.

对于共轭双线性形式 $\varphi(x,y)$, 记 $\psi(x)=\varphi(x,x)$, 则 ψ 是 H 上的实函数, 且满足:

(i) $\psi(\alpha x)=|\alpha|^2\psi(x),\alpha\in\mathbf{C},x\in H$;

(ii) $\psi(x+y)+\psi(x-y)=2[\psi(x)+\psi(y)]$;

(iii) $|\psi(x)|\le\|\varphi\|\|x\|^2$.

定义 4 Hilbert 空间 H 上的实函数 $\psi(x)$ 若满足:

(i) $\psi(\alpha x)=|\alpha|^2\psi(x),\alpha\in\mathbf{C},x\in H$;

(ii) $\psi(x+y)+\psi(x-y)=2[\psi(x)+\psi(y)]$;

(iii) 存在 $M\ge0$, 使 $|\psi(x)|\le M\|x\|^2$,

则称 ψ 为 H 上的**有界实二次形式**.

由此可见, 对有界共轭双线性形式 $\varphi(x,y)$, $\psi(x)=\varphi(x,x)$ 是 H 上的有界实二

次形式. 那么 H 上的任一有界实二次形式是否都是由某个有界共轭双线性形式诱导的呢? 下面的定理回答了这个问题.

定理 2 设 ψ 是 Hilbert 空间 H 上的有界实二次形式,则存在唯一的有界共轭双线性形式 φ,使

$$\psi(x) = \varphi(x,x).$$

证明 令 $\varphi(x,y) = \dfrac{1}{4}\big[\psi(x+y) - \psi(x-y) + \mathrm{i}\psi(x+\mathrm{i}y) - \mathrm{i}\psi(x-\mathrm{i}y)\big]$,则显然有 $\varphi(x,x) = \psi(x)$. 下面证明 φ 是有界双线性形式.

由于 $\psi\left(\dfrac{x+y}{2}\right) + \psi\left(\dfrac{x-y}{2}\right) = \dfrac{1}{2}\big[\psi(x) + \psi(y)\big]$,所以

$$\varphi(x,z) + \varphi(y,z) = \frac{1}{4}\big[\psi(x+z) - \psi(x-z) + \mathrm{i}\psi(x+\mathrm{i}z) - \mathrm{i}\psi(x-\mathrm{i}z)\big] +$$
$$\frac{1}{4}\big[\psi(y+z) - \psi(y-z) + \mathrm{i}\psi(y+\mathrm{i}z) - \mathrm{i}\psi(y-\mathrm{i}z)\big]$$
$$= \frac{1}{2}\left[\psi\left(\frac{x+y}{2}+z\right) + \psi\left(\frac{x-y}{2}\right) - \psi\left(\frac{x+y}{2}-z\right) - \psi\left(\frac{x-y}{2}\right)\right] +$$
$$\frac{\mathrm{i}}{2}\left[\psi\left(\frac{x+y}{2}+\mathrm{i}z\right) + \psi\left(\frac{x-y}{2}\right) - \psi\left(\frac{x+y}{2}-\mathrm{i}z\right) - \psi\left(\frac{x-y}{2}\right)\right]$$
$$= \frac{1}{2}\left[\psi\left(\frac{x+y}{2}+z\right) - \psi\left(\frac{x+y}{2}-z\right) + \mathrm{i}\psi\left(\frac{x+y}{2}+\mathrm{i}z\right) - \mathrm{i}\psi\left(\frac{x+y}{2}-\mathrm{i}z\right)\right]$$
$$= 2\varphi\left(\frac{x+y}{2},z\right).$$

令 $y=0$,并注意 $\varphi(0,z)=0$,有

$$\varphi(x,z) = 2\varphi\left(\frac{x}{2},z\right),$$

将 x 换成 $x+y$,有

$$\varphi(x+y,z) = 2\varphi\left(\frac{x+y}{2},z\right),$$

两者比较得

$$\varphi(x,z) + \varphi(y,z) = \varphi(x+y,z),$$

即 φ 关于第一个变量是可加的. 又由

$$\varphi(y,x) = \frac{1}{4}\big[\psi(y+x) - \psi(y-x) + \mathrm{i}\psi(y+\mathrm{i}x) - \mathrm{i}\psi(y-\mathrm{i}x)\big]$$
$$= \frac{1}{4}\big[\psi(x+y) - \psi(x-y) + \mathrm{i}\psi(x-\mathrm{i}y) - \mathrm{i}\psi(x+\mathrm{i}y)\big]$$
$$= \overline{\varphi(x,y)},$$

知 φ 关于第二个变量也是可加的.

所以,对任何有理数 r_1, r_2,有

$$\varphi(r_1 x, r_2 y) = r_1 r_2 \varphi(x, y).$$

从而

$$|r_1 r_2||\varphi(x, y)| = |\varphi(r_1 x, r_2 y)|$$

$$\leqslant \frac{M}{4}(\parallel r_1 x + r_2 y \parallel^2 + \parallel r_1 x - r_2 y \parallel^2 + \parallel r_1 x + i r_2 y \parallel^2 + \parallel r_1 x - i r_2 y \parallel^2)$$

$$= M(r_1^2 \parallel x \parallel^2 + r_2^2 \parallel y \parallel^2) \quad (\text{平行四边形法则}).$$

对 $x \neq 0, y \neq 0$,取有理数列 $r_1^{(n)} = \dfrac{1}{r_2^{(n)}} \to \left(\dfrac{\parallel y \parallel}{\parallel x \parallel} \right)^{\frac{1}{2}} (n \to \infty)$,则得

$$|\varphi(x, y)| \leqslant 2M \parallel x \parallel \parallel y \parallel.$$

若 x, y 有一个为 0,上式显然也成立. 从这个不等式可知 φ 关于 x 和 y 都是连续的,再一次利用可加性,知对任何实数 α,有 $\varphi(\alpha x, y) = \alpha \varphi(x, y)$,$\varphi(x, \alpha y) = \alpha \varphi(x, y)$.

又因为 $\psi(ix) = \psi(x)$,所以

$$\varphi(ix, y) = \frac{1}{4}[\psi(ix+y) - \psi(ix-y) + i\psi(ix+iy) - i\psi(ix-iy)]$$

$$= \frac{1}{4}[\psi(x-iy) - \psi(x+iy) + i\psi(x+y) - i\psi(x-y)]$$

$$= \frac{i}{4}[\psi(x+y) - \psi(x-y) + i\psi(x+iy) - i\psi(x-iy)]$$

$$= i\varphi(x, y),$$

从而 φ 是一个有界双线性形式.

唯一性从 $\varphi(x, y)$ 的构造立即得到. 证毕.

推论 若 ψ 是 H 上的有界实二次形式,则存在有界自伴算子 T,使 $\psi(x) = (Tx, x)$.

定理 3 若 $\varphi(x, y)$ 是 H 上的正定双线性形式,则有

$$|\varphi(x, y)|^2 \leqslant \varphi(x, x) \varphi(y, y).$$

证明完全类似关于内积的 Schwarz 不等式的证明.

特别地,若 T 是正算子,则有

$$|(Tx, y)|^2 \leqslant (Tx, x)(Ty, y),$$

上式称为**广义 Schwarz 不等式**.

2.3　算子谱的性质

相对于一般算子而言,人们对正算子、自伴算子、酉算子以及正规算子要了解

得多些,本小节给出这些算子的谱的一些常用性质.

定理 4　自伴算子的谱包含在实数域中,酉算子的谱在单位圆周上.

证明　先证自伴算子 T 的谱点一定是实数.只要证明不是实数的复数一定是 T 的正则点.任取 $x \in H$,由 $|((T \pm iI)x, x)| = |(Tx, x) \pm i(x, x)| \geqslant (x, x) = \|x\|^2$,有 $\|(T \pm iI)x\| \geqslant \|x\|$,所以 $T \pm iI$ 是一一对应,且 $(T \pm iI)^{-1}$ 是有界算子.(此处 $(T \pm iI)^{-1}$ 仅是定义在 $R(T \pm iI)$ 上取值于 H 的算子.)

下证 $R(T \pm iI) = H$.由本章 §1 定理 5,有

$$\overline{R(T \pm iI)} = N(T \mp iI)^\perp = H,$$

所以 $R(T \pm iI)$ 在 H 中是稠密的.接下来要证明 $R(T \pm iI)$ 为闭集.

由不等式 $\|(T \pm iI)x\| \geqslant \|x\|$ 知 $R(T \pm iI)$ 是闭集,所以 $R(T \pm iI) = H$.

可见 $(T \pm iI)^{-1}$ 是 H 到 H 的有界线性算子,即 $\pm i \notin \sigma(T)$.

任取 $b \in \mathbf{R}$,且 $b \neq 0$,则 $T - (a+ib)I = b\left(\dfrac{T-aI}{b} - iI\right)$.由于 T 是自伴算子,所以 $\dfrac{T-aI}{b}$ 也是自伴算子,由前一段知 $T - (a+ib)I$ 可逆,$a+ib \notin \sigma(T)$,故有 $\sigma(T) \subseteq \mathbf{R}$.

下面证明酉算子的谱一定在单位圆周上.设 U 是酉算子,由于 $\|U\| \leqslant 1$,所以 $\sigma(U) \subseteq \{z \in \mathbf{C} \mid |z| \leqslant 1\}$.

对 $\lambda_0 = 0$,显然 $U - \lambda_0 I = U$ 可逆,所以 $0 \notin \sigma(U)$.

对 $\lambda_0 \neq 0$,且 $|\lambda_0| < 1$,则 $U - \lambda_0 I = U(I - \lambda_0 U^*) = \lambda_0 U(\lambda_0^{-1}I - U^*)$.由于 U^* 仍是酉算子,且 $|\lambda_0^{-1}| > 1$,因此 $\lambda_0^{-1}I - U^*$ 可逆.又 U 可逆,$\lambda_0 \neq 0$,所以 $U - \lambda_0 I$ 可逆,即 $\lambda_0 \notin \sigma(U)$.这说明 $\sigma(U) \subseteq \{z \in \mathbf{C} \mid |z| = 1\}$.证毕.

定理 5　(i) 自伴算子的谱半径等于算子范数;

(ii) 正规算子的谱半径等于算子范数.

在证明之前,我们先回忆一些相关概念.一个算子 $T \in B(H)$ 的谱半径 $r(T)$ 定义为 $\sup\limits_{\lambda \in \sigma(T)} |\lambda|$.对谱半径 $r(T)$ 有一个估计:$r(T) \leqslant \|T\|$,以及一个确切的计算公式:

$$r(T) = \lim_{n \to \infty} \|T^n\|^{\frac{1}{n}}.$$

下面我们利用这个公式来证明定理 5.

定理 5 的证明　(i) 设 T 是自伴算子,则有 $T = T^*$,所以 $\|T^2\| = \|T^*T\| = \|T\|^2$(为什么?留作练习),进一步有

$$\|T^4\| = \|T^2\|^2 = \|T\|^4, \cdots, \|T^{2^k}\| = \|T\|^{2^k},$$

所以 $r(T) = \lim\limits_{n \to \infty} \|T^n\|^{\frac{1}{n}} = \lim\limits_{k \to \infty} \|T^{2^k}\|^{\frac{1}{2^k}} = \|T\|$.

(ii) 下设 T 是正规算子,则 $T^*T = TT^*$.由

$$\|T^2\|^2 = \|(T^2)^*T^2\| = \|T^*T^*TT\| = \|(T^*T)^2\| = \|T^*T\|^2 = \|T\|^4,$$

可知 $\|T^2\| = \|T\|^2$.余者同上.证毕.

推论   若正规算子 T 的谱是单点集 $\{\lambda\}$,则 $T=\lambda I$.

证明   记 $S=T-\lambda I$,则 S 也是正规算子. 若 $S\neq 0$,则 $\|S\|\neq 0$,因此 $r(S)=\|S\|\neq 0$. 所以必存在 $\lambda_1\neq 0$,使 λ_1 是 S 的谱点. 因此 $\lambda+\lambda_1$ 是 T 的谱点. 而 $\lambda+\lambda_1\neq\lambda$,与假设矛盾. 所以 $S=0$,即 $T=\lambda I$. 证毕.

定理 6 $T\in B(H)$ 是正算子的充要条件是 T 是自伴算子且 T 的谱点都是非负实数.

证明   设 T 是正算子,则 $T=T^*$,故 T 的谱点都是实数.

设 $\lambda_0<0$,则有 $((T-\lambda_0 I)x,x)=(Tx,x)-\lambda_0(x,x)\geqslant-\lambda_0\|x\|^2$. 所以 $\|(T-\lambda_0 I)x\|\geqslant-\lambda_0\|x\|$. 注意到 $-\lambda_0>0$,由此知 $T-\lambda_0 I$ 是一一对应,且 $(T-\lambda_0 I)^{-1}$ 有界. 由 $\overline{R(T-\lambda_0 I)}=N(T-\lambda_0 I)^{\perp}=H$ 以及 $R(T-\lambda_0 I)$ 是闭集知,$R(T-\lambda_0 I)=H$. 故有 $\lambda_0\notin\sigma(T)$,即 T 的谱点都是非负实数.

反之,设 T 是自伴算子且 T 的谱点都为非负实数. 记 $\|T\|=a$,则 $r(T)=a$ 且 $\sigma(T)\subseteq[0,a]$,因此 $S=T-\dfrac{a}{2}I$ 的谱 $\sigma(S)\subseteq\left[-\dfrac{a}{2},\dfrac{a}{2}\right]$,进而

$$\left\|\frac{a}{2}I-T\right\|=\|S\|=r(S)\leqslant\frac{a}{2},$$

于是

$$\frac{a}{2}(x,x)-(Tx,x)=\left(\left(\frac{a}{2}I-T\right)x,x\right)\leqslant\left\|\left(\frac{a}{2}I-T\right)x\right\|\|x\|\leqslant\frac{a}{2}\|x\|^2.$$

这说明 $(Tx,x)\geqslant 0$,即 T 为正算子. 证毕.

2.4   自伴算子的上、下界

定义 5   设 T 为 Hilbert 空间 H 上的自伴算子,令

$$m(T)=\inf_{\|x\|=1}(Tx,x),\quad M(T)=\sup_{\|x\|=1}(Tx,x).$$

称 $m(T),M(T)$ 分别为 T 的**下界**和**上界**.

定理 7   设 H 是 Hilbert 空间,对自伴算子 $T\in B(H)$,有

$$\|T\|=\max\{|m(T)|,|M(T)|\}.$$

证明   设 $K=\max\{|m(T)|,|M(T)|\}$,因为

$$|M(T)|=\sup_{\|x\|=1}|(Tx,x)|\leqslant\|T\|,$$

$$|m(T)|\leqslant\sup_{\|x\|=1}|(Tx,x)|\leqslant\|T\|,$$

所以 $K\leqslant\|T\|$.

为证相反的不等式,任取 $\lambda>0$,容易验证

$$\|Tx\|^2=\frac{1}{4}\left[\left(T\left(\lambda x+\frac{1}{\lambda}Tx\right),\lambda x+\frac{1}{\lambda}Tx\right)-\left(T\left(\lambda x-\frac{1}{\lambda}Tx\right),\lambda x-\frac{1}{\lambda}Tx\right)\right].$$

故

$$\| Tx \|^2 \leqslant \frac{1}{4} K \left(\left\| \lambda x + \frac{1}{\lambda} Tx \right\|^2 + \left\| \lambda x - \frac{1}{\lambda} Tx \right\|^2 \right)$$

$$= \frac{1}{2} K \left(\lambda^2 \| x \|^2 + \frac{1}{\lambda^2} \| Tx \|^2 \right).$$

不妨设 $x \neq 0$，令 $\lambda = \sqrt{\dfrac{\| Tx \|}{\| x \|}}$，则有

$$\| Tx \|^2 \leqslant K \| Tx \| \, \| x \|,$$

于是

$$\| Tx \| \leqslant K \| x \|,$$

所以 $\| T \| \leqslant K$. 证毕.

注　根据 $m(T), M(T)$ 的定义，有

$$m(T) I \leqslant T \leqslant M(T) I.$$

定理 8　设 T 是 Hilbert 空间 H 上的自伴算子，则 $\sigma(T) \subseteq [m(T), M(T)]$，且 $m(T), M(T) \in \sigma(T)$.

证明　设 $\lambda \notin [m(T), M(T)]$，由于 $\sigma(T) \subseteq \mathbf{R}$，不妨设 $\lambda \in \mathbf{R}$，且 $\lambda < m(T)$.

记 $d = m(T) - \lambda$，则对任意 $x \in H$，$\| x \| = 1$，有

$$(Tx, x) - \lambda \geqslant d,$$

即

$$(Tx - \lambda x, x) \geqslant d.$$

所以对任意 $x \in H$，有 $d \| x \|^2 \leqslant \| (T - \lambda I) x \| \, \| x \|$，从而 $d \| x \| \leqslant \| (T - \lambda I) x \|$. 由此可知 $(\lambda I - T)^{-1}$ 存在且有界（定义在 $R(\lambda I - T)$ 上），且对任意 $y \in R(\lambda I - T)$ 有

$$\| (\lambda I - T)^{-1} y \| \leqslant d^{-1} \| y \|.$$

往证 $R(\lambda I - T) = H$. 由于 $\overline{R(\lambda I - T)} = N(\bar{\lambda} I - T^*)^{\perp} = N(\lambda I - T)^{\perp} = H$，故只要证明 $R(\lambda I - T)$ 是 H 的闭子空间即可.

若 $y_n \in R(\lambda I - T)$ 满足 $y_n \to y (n \to \infty)$. 不妨设 $y_n = (\lambda I - T) x_n$，由于 $\| y_n - y_m \| = \| (\lambda I - T)(x_n - x_m) \| \geqslant d \| x_n - x_m \|$，故 x_n 是 Cauchy 列，从而收敛，设 $x_n \to x (n \to \infty)$，则 $(\lambda I - T) x_n \to (\lambda I - T) x (n \to \infty)$，即 $y = (\lambda I - T) x \in R(\lambda I - T)$，所以 $R(\lambda I - T)$ 是闭的. 因此 $\lambda \in \rho(T)$，这就证明了 $\sigma(T) \subseteq [m(T), M(T)]$.

下证 $m(T), M(T) \in \sigma(T)$. 设 $\lambda = m(T)$，则对任意 $x \in H$，有

$$((T - \lambda I) x, x) \geqslant 0.$$

分别以 $T - \lambda I, x, (T - \lambda I) x$ 代替定理 3 中的 T, x 和 y 得

$$\| (T - \lambda I) x \|^4 \leqslant ((T - \lambda I) x, x)((T - \lambda I)^2 x, (T - \lambda I) x)$$

$$\leqslant ((T - \lambda I) x, x) \| T - \lambda I \|^3 \| x \|^2.$$

由于 $\inf\limits_{\|x\|=1}((T-\lambda I)x,x)=\inf\limits_{\|x\|=1}(Tx,x)-\lambda=m(T)-\lambda=0$，所以 $\inf\limits_{\|x\|=1}\|(T-\lambda I)x\|=0$，从而 $\lambda\in\sigma(T)$.

$M(T)\in\sigma(T)$ 的证明是类似的. 证毕.

2.5   谱映射定理

回忆在线性代数中，如果知道矩阵 A 的特征值，那么 A 的多项式的特征值也可以计算出来. 具体说来，若 λ 是 A 的特征值，则对任意多项式 p，$p(\lambda)$ 是 $p(A)$ 的特征值. 在无限维空间上是不是也有一个类似的结论呢？这正是下面要探讨的问题.

设 $T\in B(H)$，$p(z)=c_0+c_1z+c_2z^2+\cdots+c_nz^n$ 是多项式，则可定义 $p(T)$ 为 $c_0I+c_1T+\cdots+c_nT^n$，简记为

$$p(T)=\sum_{k=0}^{n}c_kT^k,$$

其中 $T^0=I$.

容易证明这种运算满足性质：若 p,q 是两个多项式，则

$$(pq)(T)=p(T)q(T),\quad(p+q)(T)=p(T)+q(T).$$

若 T 是可逆算子，则对于有负次幂的多项式 $p(z)=\sum\limits_{k=-m}^{n}c_kz^k$，也可以作运算 $p(T)=\sum\limits_{k=-m}^{n}c_kT^k$，其中，若 $k<0$，则 $T^k=(T^{-1})^{-k}$.

定理 9   设 H 是 Hilbert 空间，$T\in B(H)$，p 是多项式，则 $\sigma(p(T))=p(\sigma(T))$.

注 $p(\sigma(T))$ 是指集合 $\{p(\lambda)\mid\lambda\in\sigma(T)\}$.

证明   设 $p(z)=\sum\limits_{k=0}^{n}c_kz^k$，由代数基本定理，可以将 $p(z)$ 分解为

$$p(z)=c_n(z-\xi_1)(z-\xi_2)\cdots(z-\xi_n).$$

所以

$$p(T)=c_n(T-\xi_1I)(T-\xi_2I)\cdots(T-\xi_nI).$$

显然 $p(T)$ 可逆等价于每一个 $T-\xi_iI$ 可逆，这又等价于 p 的根都是 T 的正则点，即 $\sigma(T)\subseteq\{z\mid p(z)\neq0\}$，或者说 $p(T)$ 可逆等价于 $0\notin p(\sigma(T))$. 故 $\xi\notin\sigma(p(T))$ 当且仅当 $p(T)-\xi I$ 可逆当且仅当 $q(T)$ 可逆（其中 $q(z)=p(z)-\xi$）当且仅当 $0\notin q(\sigma(T))$ 当且仅当 $\xi\notin p(\sigma(T))$. 所以 $p(\sigma(T))=\sigma(p(T))$. 证毕.

定理 10   设 H 是 Hilbert 空间，$T\in B(H)$ 是可逆算子，$p(z)=\sum\limits_{k=-m}^{n}c_kz^k$. 则 $\sigma(p(T))=p(\sigma(T))$.

证明   令 $q(z)=z^mp(z)$，则 $q(T)=T^mp(T)$. 由于 T^m 可逆，所以 $p(T)$ 可逆等价于 $q(T)$ 可逆，即 $0\notin\sigma(q(T))=q(\sigma(T))$.

又 $0 \notin \sigma(T)$，所以 $0 \notin q(\sigma(T))$ 等价于 $0 \notin p(\sigma(T))$，从而 $p(T)$ 可逆的充要条件是 $0 \notin p(\sigma(T))$. 由此易知 $\sigma(p(T)) = p(\sigma(T))$. 证毕.

推论　设 $U \in B(H)$ 是酉算子，$p(z) = \sum_{k=-m}^{n} c_k z^k$，则

$$\| p(U) \| = \max_{e^{it} \in \sigma(U)} | p(e^{it}) |.$$

证明　由定理 10，有 $\sigma(p(U)) = p(\sigma(U))$. 又因为 $p(U)$ 仍是正规算子，所以 $\| p(U) \| = r(p(U))$. 从而 $\| p(U) \| = r(p(U)) = \max_{\lambda \in \sigma(p(U))} | \lambda | = \max_{e^{it} \in \sigma(U)} | p(e^{it}) |$. 证毕.

§3　紧自伴算子

首先来看一个线性代数中的问题：

例 1　设 $\mathbf{C}^n$ 是有限维的复欧氏空间，A 是 $\mathbf{C}^n$ 中的自伴算子. 任取 $\mathbf{C}^n$ 中的一组正规直交基，A 在这组基下的矩阵 (a_{ij})（仍记为 A）是 Hermite（埃尔米特）矩阵，即满足：$a_{ij} = \overline{a_{ji}}$，由线性代数的知识知道，一定可以通过一个酉变换将 A 化为实对角矩阵，即存在 $\mathbf{C}^n$ 的一组正规直交基 $\{e_1, e_2, \cdots, e_n\}$，使

$$A e_i = \lambda_i e_i \quad (i = 1, 2, \cdots, n),$$

其中 λ_i 是 A 的特征值. 记 P_i 为 $\mathbf{C}^n$ 到 e_i 所张成的一维子空间上的投影算子，则易知 A 有如下的分解：

$$A = \sum_{i=1}^{n} \lambda_i P_i, \quad \sum_{i=1}^{n} P_i = I.$$

这就是有限维空间上自伴算子的谱分解.

对于无限维空间上的自伴算子，人们也试图得到类似的分解，但很快就发现了问题：无限维空间上的自伴算子甚至可能没有特征值！

例 2　设 $H = L^2([a, b])(-\infty < a < b < \infty)$，定义算子 A 为

$$(Af)(t) = t f(t), t \in [a, b], f(t) \in L^2([a, b]).$$

容易验证 A 是一个自伴算子. 但 A 没有特征值. 事实上，假设 λ 是 A 的特征值，f 是相应的非零特征向量，由

$$(\lambda I - A) f = 0$$

有 $(\lambda - t) f(t) = 0$　a.e.，因此 $f(t) = 0$　a.e.，即 f 为 $L^2([a, b])$ 中的零向量，这个矛盾说明 A 没有特征值.

然而，我们知道，紧算子的非零谱都是特征值，而且紧算子是有限秩算子的逼近，从某种意义上说，紧算子是最接近有限维空间上的算子的. 紧自伴算子是否一定有类似于有限维空间中的谱分解呢？事实正是如此，本节将要探讨这个问题.

3.1   投影算子

无限维空间中的几何理论远比有限维空间复杂,在 Hilbert 空间中,人们常常将空间中的某些几何性质转换为代数形式,从而利用代数方法来研究其几何性质.在上节的例 3 中我们给出了 H 到 M 上的正交投影算子 P 的概念,这一小节我们要讨论这些算子的性质,这些性质反映了 Hilbert 空间的子空间的几何性质.

为了表示 P 与 M 的关系,有时候我们用 P_M 来记 H 到 M 上的投影算子.

定理 1 $P \in B(H)$ 为投影算子的充要条件是:(i) $P^* = P$(自伴性);(ii) $P^2 = P$(幂等性).

证明   必要性.设 P 为 H 到 M 上的投影算子,由上一节例 3,P 是正算子,从而是自伴算子,又对 $x \in H$,设 $Px = x_1 \in M$,则 $Px_1 = x_1$.从而 $P^2 x = P(Px) = Px_1 = x_1 = Px$,即 $P^2 = P$.

充分性.设 P 的值域为 M,任取 $x, y \in H$,有
$$(x - Px, Py) = (Px - P^2 x, y) = 0.$$
由 $y \in H$ 的任意性,知 $x - Px \in M^\perp$.令 $Px = x_1$,$x - Px = x_2$,则 $x = x_1 + x_2$,其中 $x_1 \in M$,$x_2 \in M^\perp$,从而对任意 $x \in H$,都存在直交分解 $x = x_1 + x_2$,$x_1 \in M$,$x_2 \in M^\perp$.下面我们证明 M 是闭的.

任取 $\{x_n\} \subset M$,$x_n \to x(n \to \infty)$,设 $x = x_1 + x_2$,其中 $x_1 \in M$,$x_2 \in M^\perp$,则 $(x_n, x_2) = 0$.令 $n \to \infty$,得 $(x, x_2) = 0$,从而 $x_2 = 0$,所以 $x = x_1 \in M$.故 M 是闭的.

这说明 P 是 H 到 M 上的投影算子.证毕.

两个投影算子的和、差、积不一定是投影算子,而是需要加上一定的条件.接下来我们就来讨论这些问题.

定理 2   设有两个投影算子 P_M, P_N,则下列命题等价:

(i) $P_M + P_N$ 仍是投影算子;

(ii) $P_M P_N = 0$;

(iii) $M \perp N$,此时 $P_M + P_N = P_{M \oplus N}$.

证明   我们按照 (i) $\Rightarrow$ (ii) $\Rightarrow$ (iii) $\Rightarrow$ (i) 的顺序来证明这个定理.

(i) $\Rightarrow$ (ii),设 $P_M + P_N$ 是投影算子,由定理 1,$(P_M + P_N)^2 = P_M + P_N$,所以 $P_M P_N + P_N P_M = 0$.上式左乘 P_M,有 $P_M P_N + P_M P_N P_M = 0$.取共轭又有 $P_N P_M + P_M P_N P_M = 0$.由此知 $P_N P_M = P_M P_N$,故 $P_M P_N = 0$.

(ii) $\Rightarrow$ (iii).任取 $x \in M$,$y \in N$,则
$$(x, y) = (P_M x, P_N y) = (x, P_M P_N y) = 0,$$
所以 $M \perp N$.进而 $P_M + P_N = P_{M \oplus N}$.

（iii）⇒（i）. 由于 $M\perp N$, 任取 $x\in H$, 由 $P_N x\in N$, 得 $P_M P_N x=0$, 即 $P_M P_N=0$. 取共轭, 有 $P_N P_M=0$, 所以 $(P_M+P_N)^2=P_M+P_M P_N+P_N P_M+P_N=P_M+P_N$, 从而 P_M+P_N 是幂等的. 显然 P_M+P_N 是自伴的, 故 P_M+P_N 是投影算子. 证毕.

定理 3　投影算子 P_M, P_N 的积 $P_M P_N$ 仍为投影算子的充要条件是 $P_M P_N=P_N P_M$, 而且此时 $P_M P_N=P_{M\cap N}$.

证明　必要性. 设 $P_M P_N$ 为投影算子, 则 $P_M P_N=(P_M P_N)^*=P_N P_M$.

充分性. 若 $P_M P_N=P_N P_M$, 则 $(P_M P_N)^*=P_N P_M=P_M P_N$, 所以 $P_M P_N$ 是自伴算子. 又 $(P_M P_N)^2=P_M P_N P_M P_N=P_M^2 P_N^2=P_M P_N$, 所以 $P_M P_N$ 是幂等的自伴算子, 从而是投影算子.

接下来证明 $P_M P_N$ 的值域是 $M\cap N$.

若 $x\in M\cap N$, 则 $P_M P_N x=P_M x=x$, 所以 $x\in R(P_M P_N)$. 另一方面, 显然 $R(P_M P_N)\subset M$, $R(P_N P_M)\subset N$, 所以 $R(P_M P_N)=R(P_N P_M)\subset M\cap N$. 证毕.

定理 4　对投影算子 P_M, P_N, 下列命题等价:

（i）$M\supseteq N$;

（ii）$P_M P_N=P_N P_M=P_N$;

（iii）对任意 $x\in H$, $\|P_N x\|\leqslant\|P_M x\|$;

（iv）$P_N\leqslant P_M$.

证明　我们按照（i）⇒（ii）⇒（iii）⇒（iv）⇒（i）的顺序来证明这一定理.

（i）⇒（ii）. 若 $M\supseteq N$, 则对任意 $x\in H$, $P_N x\in M$, 于是 $P_M P_N x=P_N x$, 所以 $P_M P_N=P_N$. 又 $P_N=(P_M P_N)^*=P_N P_M$, 故有 $P_M P_N=P_N P_M=P_N$.

（ii）⇒（iii）. 对任意 $x\in H$, 由于 $P_N x=P_N P_M x$, 又 $\|P_N\|\leqslant 1$, 所以 $\|P_N x\|=\|P_N P_M x\|\leqslant\|P_M x\|$.

（iii）⇒（iv）. 设 $\|P_N x\|\leqslant\|P_M x\|$, 则 $(P_N x, x)\leqslant(P_M x, x)$, 从而 $P_N\leqslant P_M$.

（iv）⇒（i）. 设 $P_N\leqslant P_M$, 则对任意 $x\in H$, 有 $(P_N x, x)\leqslant(P_M x, x)$. 特别地, 取 $x\in N$, 则有 $(x, x)\leqslant(P_M x, x)$, 这推出 $((I-P_M)x, x)\leqslant 0$. 但 $I-P_M\geqslant 0$, 所以 $(I-P_M)x=0$, 即 $x=P_M x\in M$, 故 $N\subseteq M$. 证毕.

定理 5　投影算子 P_M 与 P_N 之差 P_M-P_N 仍是投影算子的充要条件是 $N\subseteq M$, 且此时 P_M-P_N 的值域为 $N^\perp\cap M$.

证明　必要性. 设 $P=P_M-P_N$ 为投影算子, 其值域为 L, 则 $P_M=P_N+P_L$. 由定理 2, $M=N\oplus L$, 从而 $N\subseteq M$ 且 $L=M\cap N^\perp$.

充分性. 如果 $N\subseteq M$, 由定理 4, 有 $P_M P_N=P_N P_M=P_N$, 所以 $(P_M-P_N)^2=P_M-P_M P_N-P_N P_M+P_N=P_M-P_N$, 即 P_M-P_N 是幂等算子. 显然 P_M-P_N 是自伴的. 故 P_M-P_N 是投影算子. 证毕.

最后,我们考察无穷多个投影算子相加的情形.

若 $\{P_n\}_{n=1}^{\infty}$ 是一列投影算子,且两两正交,即 $P_nP_m=0\,(n\neq m)$,则对任意正整数 n,$\sum_{k=1}^{n}P_k$ 也是投影算子. 现在的问题是:$\sum_{n=1}^{\infty}P_n$ 是否收敛? 是否也是投影算子? 由于任意非零投影算子的范数为 1,所以 $\parallel P_{n+1}+P_{n+2}+\cdots+P_{n+l}\parallel$ 一般而言为 1,故在一般情况下,$\sum_{n=1}^{\infty}P_n$ 不按范数收敛. 但我们有如下的结论.

定理 6 设 $\{P_n\}_{n=1}^{\infty}$ 是 Hilbert 空间 H 上一列两两正交的投影算子,则存在投影算子 P,使得对任意 $x \in H$,有 $\sum_{n=1}^{\infty}P_nx=Px$.

证明 对任意 x,由于 $P_nx \perp P_mx\,(n\neq m)$,所以

$$\parallel P_{n+1}x\parallel^2 + \parallel P_{n+2}x\parallel^2 + \cdots + \parallel P_{n+l}x\parallel^2 = \parallel P_{n+1}x+P_{n+2}x+\cdots+P_{n+l}x\parallel^2 \leqslant \parallel x\parallel^2.$$

故 $\sum_{n=1}^{\infty}\parallel P_nx\parallel^2<\infty$,可见 $\sum_{k=1}^{n}P_kx$ 在 H 中收敛. 记 $Px=\lim_{n\to\infty}\sum_{k=1}^{n}P_kx$. 显然 P 是线性的. 又 $\parallel Px\parallel^2=\lim_{n\to\infty}\parallel \sum_{k=1}^{n}P_kx\parallel^2 \leqslant \parallel x\parallel^2$,从而 P 有界,且 $\parallel P\parallel \leqslant 1$.

由于 $\sum_{k=1}^{n}P_k$ 仍是投影算子,从而是自伴算子,所以 P 是自伴算子.

又从 $(P^2x,y)=(Px,Py)=\lim_{n\to\infty}\left(\sum_{k=1}^{n}P_kx,\sum_{k=1}^{n}P_ky\right)=\lim_{n\to\infty}\left(\sum_{k=1}^{n}P_kx,y\right)=(Px,y)$,知 P 是幂等算子. 故 P 是投影算子. 证毕.

3.2 不变子空间和约化子空间

在第二章我们曾提到过算子的不变子空间及约化问题,它是涉及算子结构的重要问题. 下面我们就 Hilbert 空间情形,利用投影算子将不变子空间及约化子空间转换成代数的语言,从而可以从代数的角度重新考察这些问题.

记 P_M 为 H 到 M 上的投影算子,关于不变子空间和约化子空间,有以下两个简单性质:

(i) M 是 T 的约化子空间的充要条件是 M 是 T 与 T^* 的不变子空间.

证明 设 M 是 T 的约化子空间,则 $TM \subseteq M$ 及 $TM^{\perp} \subseteq M^{\perp}$ 同时成立. 对任意 $x \in M$,作 T^*x 的直交分解

$$T^*x = y_1+y_2,$$

则

$$\parallel y_2\parallel^2 = (y_1+y_2,y_2)=(T^*x,y_2)=(x,Ty_2).$$

由于 $Ty_2 \in M^{\perp}$,所以 $(x,Ty_2)=0$. 因此 $y_2=0$,即 $T^*x=y_1 \in M$. 所以 M 也关于 T^* 不变.

反之, 设 M 关于 T 与 T^* 不变, 即 $TM\subseteq M, T^*M\subseteq M$. 对任意 $x\in M^\perp$, 作 Tx 的直交分解

$$Tx=z_1+z_2, z_1\in M, z_2\in M^\perp,$$

则

$$\|z_1\|^2=(z_1+z_2,z_1)=(Tx,z_1)=(x,T^*z_1).$$

由于 $T^*z_1\in M$, 所以 $(x,T^*z_1)=0$. 因此 $z_1=0$, 即 $Tx=z_2\in M^\perp$. 所以 $M^\perp$ 关于 T 不变, 即 M 是 T 的约化子空间. 证毕.

(ii) M 是 T 的不变子空间的充要条件是 $TP_M=P_MTP_M$, M 是 T 的约化子空间的充要条件是 $TP_M=P_MT$.

证明 设 M 是 T 的不变子空间, 任取 $x\in H$, 有 $P_Mx\in M$, 所以 $TP_Mx\in M$, 从而 $P_MTP_Mx=TP_Mx$, 故 $TP_M=P_MTP_M$.

反之, 设 $TP_M=P_MTP_M$. 任取 $x\in M$, 有 $P_Mx=x$, 所以 $Tx=P_MTx\in M$, 从而 M 是 T 的不变子空间.

由性质(i), M 是 T 的约化子空间的充要条件是 M 是 T 与 T^* 的不变子空间. 这等价于 $TP_M=P_MTP_M$ 及 $T^*P_M=P_MT^*P_M$ 同时成立. 后一式取共轭, 得 $P_MT=P_MTP_M$, 故有 $TP_M=P_MT$.

若 $TP_M=P_MT$, 则 $TP_M=TP_M^2=P_MTP_M$. 又 $T^*P_M=P_MT^*$, 则 $T^*P_M=P_MT^*P_M$, 即 M 是 T 与 T^* 的不变子空间, 从而约化 T. 证毕.

若 M 是 T 的约化子空间, 则 $TM\subseteq M$ 及 $T^*M\subseteq M$, 从而可以考虑 T 到 M 上的限制 $T|_M$, 这是 Hilbert 空间 M 上的有界线性算子. 易验证, $(T|_M)^*=T^*|_M$, 从而如果 T 是自伴算子, $T|_M$ 也是自伴算子. 如果 T 是紧算子, 容易看到, $T|_M$ 也是紧算子.

定理 7 若 T 是正规算子, λ 是复数, 则 $N(T-\lambda I)=N((T-\lambda I)^*)$, 且 $N(T-\lambda I)$ 是 T 的约化子空间.

证明 因为 T 是正规算子, 故 $T-\lambda I$ 也是正规算子, 所以

$$\|(T-\lambda I)x\|^2=((T-\lambda I)x,(T-\lambda I)x)=((T-\lambda I)^*(T-\lambda I)x,x)$$
$$=((T-\lambda I)(T-\lambda I)^*x,x)=\|(T-\lambda I)^*x\|^2.$$

故得 $N(T-\lambda I)=N((T-\lambda I)^*)$.

又对 $x\in N(T-\lambda I)$, 有 $Tx=\lambda x\in N(T-\lambda I)$, 所以 $N(T-\lambda I)$ 是 T 的不变子空间.

同样, $N((T-\lambda I)^*)$ 是 T^* 的不变子空间. 但 $N(T-\lambda I)=N((T-\lambda I)^*)$, 故 $N(T-\lambda I)$ 是 T 的约化子空间. 证毕.

定理 8 若 T 是正规算子, 且 λ,μ 是 T 的不同的特征值, 则 $N(T-\lambda I)\perp N(T-\mu I)$.

证明   设 $h \in N(T-\lambda I)$, $g \in N(T-\mu I)$. 由定理 7, $g \in N((T-\mu I)^*)$, 即 $T^* g = \bar{\mu} g$. 所以

$$\lambda(h,g) = (Th,g) = (h,T^*g) = (h,\bar{\mu}g) = \mu(h,g).$$

因为 $\lambda \neq \mu$, 所以 $(h,g) = 0$, 即 $h \perp g$. 证毕.

3.3　紧自伴算子的谱分解定理

定理 9　若 T 是紧自伴算子, 则 $\|T\|$ 或 $-\|T\|$ 是 T 的特征值.

证明　若 $T = 0$, 则定理自然成立. 不妨设 $T \neq 0$. 由本章 §2 定理 7, $\|T\| = \max\{|m(T)|, |M(T)|\}$, 从而存在一列 $\{x_n\}_{n=1}^{\infty}$, $\|x_n\| = 1$, 使 $(Tx_n, x_n) \to \lambda (n \to \infty)$, 其中 $\lambda = m(T)$ 或 $M(T)$, 且 $|\lambda| = \|T\|$. 由于 T 为紧算子, 故 $\{Tx_n\}$ 有收敛子列, 仍记为 $\{Tx_n\}$, 即 $Tx_n \to y (n \to \infty)$. 由于 $0 \leqslant \|(T-\lambda I)x_n\|^2 = \|Tx_n\|^2 - 2\lambda(Tx_n, x_n) + \lambda^2 \leqslant 2\lambda^2 - 2\lambda(Tx_n, x_n) \to 0 (n \to \infty)$, 所以 $Tx_n - \lambda x_n \to 0 (n \to \infty)$. 从 $\lambda \neq 0$ 及 $Tx_n \to y (n \to \infty)$, 知 x_n 也收敛. 设 $x_n \to x (n \to \infty)$, 则 $\|x\| = 1$ 且 $(T-\lambda I)x_n \to (T-\lambda I)x (n \to \infty)$, 所以 $Tx = \lambda x$, 即 λ 是 T 的特征值. 这说明 $\|T\|$ 或 $-\|T\|$ 是 T 的特征值. 证毕.

下面的定理称为紧自伴算子的谱分解定理, 它是有限维空间中相关结论的直接推广.

定理 10　若 T 是 Hilbert 空间 H 上的紧自伴算子, 则 T 有至多可数个互不相同的特征值. 若 $\{\lambda_1, \lambda_2, \cdots, \lambda_n, \cdots\}$ 是 T 的互异的非零特征值全体, P_n 是 H 到 $N(T-\lambda_n I)$ 上的投影算子, 则

(i) 当 $n \neq m$ 时, $P_n P_m = P_m P_n = 0$;

(ii) 在按算子范数收敛意义下, 有 $T = \sum_{n=1}^{\infty} \lambda_n P_n$.

证明　由定理 8, 知 (i) 成立. 由定理 9, 存在实数 $\lambda_1 \in \sigma_p(T)$, 使 $|\lambda_1| = \|T\|$. 记 $M_1 = N(T-\lambda_1 I)$, P_1 是 H 到 M_1 上的投影算子. 令 $H_2 = M_1^{\perp}$, 由于 M_1 约化 T, 所以 H_2 也约化 T, 且 $T_2 = T|_{H_2}$ 也是紧自伴算子. 再由定理 9, 存在实数 $\lambda_2 \in \sigma_p(T_2)$, 使 $|\lambda_2| = \|T_2\|$. 记 $M_2 = N(T_2 - \lambda_2 I)$, 注意 $\{0\} \neq M_2 \subseteq N(T-\lambda_2 I)$, 若 $\lambda_1 = \lambda_2$, 则 $M_2 \subseteq N(T-\lambda_1 I) = M_1$, 但 $M_1 \perp M_2$, 所以必有 $\lambda_1 \neq \lambda_2$.

记 P_2 为 H 到 M_2 的投影算子及 $H_3 = (M_1 \oplus M_2)^{\perp}$. 注意到 $\|T_2\| \leqslant \|T\|$, 故 $|\lambda_2| \leqslant |\lambda_1|$. 由数学归纳法, 我们可以得到一列 $\{\lambda_n\}$ 满足:

(1) $|\lambda_1| \geqslant |\lambda_2| \geqslant \cdots$;

(2) 对 $M_n = N(T-\lambda_n I)$, $|\lambda_{n+1}| = \|T|_{(M_1 \oplus M_2 \oplus \cdots \oplus M_n)^{\perp}}\|$.

由 (1), 存在 $\alpha \geqslant 0$, 使 $|\lambda_n| \to \alpha (n \to \infty)$. 往证 $\alpha = 0$, 即 $\lambda_n \to 0 (n \to \infty)$. 事实上, 设 $e_n \in M_n$, $\|e_n\| = 1$, 由 T 的紧性, 存在 $\{e_n\}_{n=1}^{\infty}$ 的子列 $\{e_{n_j}\}$ 及 $h \in H$, 使 $Te_{n_j} \to h (j \to \infty)$.

但由于 $e_n \perp e_m (n \neq m)$，及 $Te_{n_i} = \lambda_{n_i} e_{n_i}$，所以

$$\| Te_{n_j} - Te_{n_i} \|^2 = \lambda_{n_j}^2 + \lambda_{n_i}^2 \geqslant 2\alpha^2.$$

由于 $\{Te_{n_j}\}$ 是 Cauchy 列，所以 $\alpha = 0$.

最后证明 $T = \sum_{n=1}^{\infty} \lambda_n P_n$. 若 $h \in M_k (1 \leqslant k \leqslant n)$，则 $\left(T - \sum_{j=1}^{n} \lambda_j P_j \right) h = Th - \lambda_k h = 0$. 所以

$$M_1 \oplus M_2 \oplus \cdots \oplus M_n \subseteq N\left(T - \sum_{j=1}^{n} \lambda_j P_j \right),$$

又对 $h \in (M_1 \oplus M_2 \oplus \cdots \oplus M_n)^{\perp}$，有 $P_j h = 0 (1 \leqslant j \leqslant n)$，故

$$\left(T - \sum_{j=1}^{n} \lambda_j P_j \right) h = Th.$$

注意到 $(M_1 \oplus M_2 \oplus \cdots \oplus M_n)^{\perp}$ 约化 T，显见

$$\left\| T - \sum_{j=1}^{n} \lambda_j P_j \right\| = \| T \mid_{(M_1 \oplus M_2 \oplus \cdots \oplus M_n)^{\perp}} \| = |\lambda_{n+1}| \to 0 (n \to \infty),$$

故 $T = \sum_{n=1}^{\infty} \lambda_n P_n$. 证毕.

推论　设 $T, \{\lambda_n\}_{n=1}^{\infty}$ 及 P_n 同定理 10，则有

(i) $N(T) = [V\{P_n H \mid n \geqslant 1\}]^{\perp} = R(T)^{\perp}$；

(ii) $\| T \| = \sup\{|\lambda_n| \mid n \geqslant 1\}$ 且 $\lambda_n \to 0 \quad (n \to \infty)$.

这里 $V\{P_n H \mid n \geqslant 1\}$ 表示由 $P_n H (n \geqslant 1)$ 张成的 H 的子空间.

证明　由于 $P_n \perp P_m (n \neq m)$，若 $h \in H$，则由定理 10，

$$\| Th \|^2 = \sum_{n=1}^{\infty} \| \lambda_n P_n h \|^2 = \sum_{n=1}^{\infty} |\lambda_n|^2 \| P_n h \|^2.$$

故 $Th = 0$ 的充要条件是对所有的 n，$P_n h = 0$，即 $h \in N(T)$ 的充要条件是对所有的 n，$h \perp P_n H$. (i) 得证.

(ii) 从定理 10 的证明立知. 证毕.

§4　有界自伴算子的谱分解定理

上一节对紧自伴算子 $T \in B(H)$ 利用 T 的谱和相应的特征子空间上的投影（称为谱投影）给出了其表示. 但对一般的自伴算子，它的谱不一定是特征值，谱点也不一定是可数多个，因此，要建立类似紧自伴算子的结构理论，需引进新的概念与方法.

4.1　谱系、谱测度与谱积分

对一般自伴算子建立类似于紧自伴算子的分解理论，关键在于如何寻找类似

紧自伴算子的特征子空间或其投影,为此,我们引进下面的

定义 1   设 H 是 Hilbert 空间,对每一个实数 $\lambda \in \mathbf{R}$,对应于一个投影算子 E_λ. 若算子簇 $\{E_\lambda\}_{\lambda \in \mathbf{R}}$ 满足如下条件:

(i) 单调性:当 $\lambda \leqslant \mu$ 时,$E_\lambda \leqslant E_\mu$;

(ii) 右连续:对任意 $x \in H$,有 $\lim\limits_{\lambda \to \lambda_0 + 0} E_\lambda x = E_{\lambda_0} x$;

(iii) 存在有限实数 $\lambda = a$ 及 $\lambda = b$,使 $E_a = 0, E_b = I$,

则称 $\{E_\lambda\}_{\lambda \in \mathbf{R}}$ 为 H 上的**谱系**或**单位分解**.

由上一节定理 4,谱系条件(i)等价于:当 $\lambda < \mu$ 时,$E_\lambda E_\mu = E_\mu E_\lambda = E_\lambda$.

条件(ii)实际上是指在强收敛意义下,E_λ 是右连续的.

例 1   设 $\{P_n\}_{n=1}^\infty$ 是 Hilbert 空间 H 上的两两直交的投影算子,且(强) $\sum\limits_{n=1}^\infty P_n = I$,$\{\lambda_n\}_{n=1}^\infty$ 是一列实数,满足 $a < \lambda_n \leqslant b$,定义

$$E_\lambda = \sum_{\lambda_n \leqslant \lambda} P_n$$

(当 $\lambda < \inf\limits_n \lambda_n$ 时规定 $E_\lambda = 0$),则 $\{E_\lambda\}_{\lambda \in \mathbf{R}}$ 是谱系.

证明   注意和式 $\sum\limits_{\lambda_n \leqslant \lambda} P_n$ 有可能是无穷和,这时指的是强收敛意义下求和. 由上一节定理 6,E_λ 存在且是投影算子.

(i) 单调性:当 $\lambda \leqslant \mu$ 时,$E_\mu = \sum\limits_{\lambda_n \leqslant \mu} P_n = \sum\limits_{\lambda_n \leqslant \lambda} P_n + \sum\limits_{\lambda < \lambda_n \leqslant \mu} P_n = E_\lambda + \sum\limits_{\lambda < \lambda_n \leqslant \mu} P_n$,由于 $\sum\limits_{\lambda < \lambda_n \leqslant \mu} P_n \geqslant 0$,所以 $E_\lambda \leqslant E_\mu$.

(ii) 右连续性:设 $\lambda_0 \in \mathbf{R}, x \in H$,因为当 $\lambda > \lambda_0$ 时,$E_\lambda - E_{\lambda_0} = \sum\limits_{\lambda_0 < \lambda_n \leqslant \lambda} P_n$,所以只要证明 $\lim\limits_{\lambda \to \lambda_0 + 0} \sum\limits_{\lambda_0 < \lambda_n \leqslant \lambda} P_n x = 0$ 即可.

由于 $\{P_n\}$ 两两直交,所以

$$\sum_{n=1}^\infty \| P_n x \|^2 \leqslant \| x \|^2.$$

记 $M_\lambda = \{n \mid \lambda_0 < \lambda_n \leqslant \lambda\}$,$n_\lambda = \min\limits_{n \in M_\lambda} n$(当 M_λ 是空集时规定 $n_\lambda = \infty$),显然当 $\lambda_1 < \lambda_2$ 时,$M_{\lambda_1} \subseteq M_{\lambda_2}$,而且 $\bigcap\limits_{\lambda > \lambda_0} M_\lambda = \varnothing$,所以 n_λ 关于 $\lambda \in (\lambda_0, \infty)$ 是单调不增的函数,而且 $\lim\limits_{\lambda \to \lambda_0 + 0} n_\lambda = \infty$. 又因为

$$\left\| \sum_{\lambda_0 < \lambda_n \leqslant \lambda} P_n x \right\|^2 = \sum_{\lambda_0 < \lambda_n \leqslant \lambda} \| P_n x \|^2 = \sum_{n \in M_\lambda} \| P_n x \|^2 \leqslant \sum_{n = n_\lambda}^\infty \| P_n x \|^2,$$

当 $\lambda \to \lambda_0 + 0$ 时,上式右端趋于零,所以

$$\lim_{\lambda \to \lambda_0 + 0} \left\| \sum_{\lambda_0 < \lambda_n \leqslant \lambda} P_n x \right\|^2 = 0.$$

即 $\lim\limits_{\lambda \to \lambda_0 + 0} (E_\lambda - E_{\lambda_0}) = 0$,故 E_λ 是右连续的.

（iii）显然有 $E_a = 0, E_b = I$.

这就证明了 $\{E_\lambda\}$ 是谱系. 证毕.

例 2　对 Hilbert 空间 $L^2[0,1]$，记 $(-\infty, \lambda]$ 的特征函数为 $e_\lambda(t)$，作算子 E_λ 如下：

$$(E_\lambda f)(t) = e_\lambda(t) f(t), \quad f \in L^2[0,1].$$

由于 e_λ 是有界实函数，而且 $e_\lambda^2(t) = e_\lambda(t)$，所以 E_λ 是幂等的自伴算子，即投影算子.

（i）当 $\lambda < \mu$ 时，$e_\lambda(t) e_\mu(t) = e_\mu(t) e_\lambda(t) = e_\lambda(t)$，所以

$$E_\lambda E_\mu = E_\mu E_\lambda = E_\lambda,$$

由上一节定理 4 知，$E_\lambda \leqslant E_\mu$.

（ii）对任何 $f \in L^2[0,1]$，由 Lebesgue 控制收敛定理，

$$\lim_{\lambda \to \lambda_0} \int_0^1 |e_\lambda(t) - e_{\lambda_0}(t)|^2 |f(t)|^2 \mathrm{d}t = 0,$$

即 $(E_\lambda - E_{\lambda_0}) f \to 0 (\lambda \to \lambda_0)$，所以 E_λ 是强连续的.

（iii）显然 $E_0 = 0, E_1 = I$.

因此 $\{E_\lambda\}$ 是谱系.

定理 1　设 $\{E_\lambda\}_{\lambda \in \mathbf{R}}$ 是 H 上的谱系，则对任意 $\lambda_0 \in \mathbf{R}$，存在投影算子 P，使得对任意 $x \in H$，有 $\lim\limits_{\lambda \to \lambda_0 - 0} E_\lambda x = Px$，即 E_λ 在强收敛意义下的左极限存在.

证明　首先证明对任意 $x, y \in H$，$\lim\limits_{\lambda \to \lambda_0 - 0} (E_\lambda x, y)$ 存在. 任取 $\lambda < \lambda_0$，由 $E_\lambda \leqslant E_{\lambda_0}$，有

$$(E_\lambda x, x) \leqslant (E_{\lambda_0} x, x) \leqslant \|x\|^2,$$

又由于 $\{(E_\lambda x, x)\}$ 随着 λ 的增加而增加，故 $\lim\limits_{\lambda \to \lambda_0 - 0} (E_\lambda x, x)$ 存在. 于是对任意 $\varepsilon > 0$，存在 $\delta > 0$，当 $\lambda_0 - \delta < \lambda' < \lambda'' < \lambda_0$ 时，有

$$0 \leqslant (E_{\lambda''} x, x) - (E_{\lambda'} x, x) < \varepsilon,$$

即

$$0 \leqslant ((E_{\lambda''} - E_{\lambda'}) x, x) < \varepsilon.$$

任取 $x, y \in H$，由于 $\lim\limits_{\lambda \to \lambda_0 - 0} (E_\lambda x, x)$ 及 $\lim\limits_{\lambda \to \lambda_0 - 0} (E_\lambda y, y)$ 都存在，故对任给 $\varepsilon > 0$，存在 $\delta > 0$，使当 $\lambda_0 - \delta < \lambda' < \lambda'' < \lambda_0$ 时，有

$$0 \leqslant ((E_{\lambda''} - E_{\lambda'}) x, x) < \varepsilon$$

及

$$0 \leqslant ((E_{\lambda''} - E_{\lambda'}) y, y) < \varepsilon$$

同时成立. 故由广义 Schwarz 不等式，有

$$|(E_{\lambda''} x, y) - (E_{\lambda'} x, y)|^2 \leqslant ((E_{\lambda''} - E_{\lambda'}) x, x)((E_{\lambda''} - E_{\lambda'}) y, y) < \varepsilon^2,$$

即

$$\mid (E_{\lambda''}x,y)-(E_{\lambda'}x,y)\mid <\varepsilon.$$

再由 Cauchy 收敛原理,知 $\lim_{\lambda\to\lambda_0-0}(E_\lambda x,y)$ 存在.

对任意 $x,y\in H$,令

$$\langle x,y\rangle=\lim_{\lambda\to\lambda_0-0}(E_\lambda x,y).$$

易证 $\langle x,y\rangle$ 满足如下性质:

(i) $\langle x,x\rangle\geqslant 0$. 事实上 $\langle x,x\rangle=\lim_{\lambda\to\lambda_0-0}(E_\lambda x,x)=\lim_{\lambda\to\lambda_0-0}\parallel E_\lambda x\parallel^2\geqslant 0$;

(ii) 共轭双线性: $\langle\alpha x+\beta y,z\rangle=\alpha\langle x,z\rangle+\beta\langle y,z\rangle$,及 $\langle x,\alpha z\rangle=\bar{\alpha}\langle x,z\rangle$;

(iii) 有界性: $\mid\langle x,y\rangle\mid\leqslant\parallel x\parallel\parallel y\parallel$.

因此由本章 §2 定理 1 的推论,存在唯一的正算子 $P\in B(H)$,使

$$\lim_{\lambda\to\lambda_0-0}(E_\lambda x,y)=(Px,y).$$

下证 P 是投影算子,只要证明 P 是幂等的自伴算子. 由于

$$\begin{aligned}(Px,y)&=\lim_{\lambda\to\lambda_0-0}(E_\lambda x,y)=\lim_{\lambda\to\lambda_0-0}(x,E_\lambda y)\\&=\lim_{\lambda\to\lambda_0-0}\overline{(E_\lambda y,x)}=\overline{(Py,x)}=(x,Py),\end{aligned}$$

所以 $P=P^*$.

可以证明对任意 $\mu<\lambda_0,E_\mu P=PE_\mu=E_\mu$. 事实上,对任意 $x,y\in H$,

$$(E_\mu Px,y)=\lim_{\lambda\to\lambda_0-0}(E_\lambda x,E_\mu y)=\lim_{\lambda\to\lambda_0-0}(E_\mu E_\lambda x,y),$$

由于当 $\lambda>\mu$ 时,$E_\mu E_\lambda=E_\mu$,所以 $(E_\mu Px,y)=(E_\mu x,y)$. 故 $E_\mu P=E_\mu$. 取共轭即有 $E_\mu=PE_\mu$. 由此可知

$$(P^2x,y)=\lim_{\lambda\to\lambda_0-0}(E_\lambda Px,y)=\lim_{\lambda\to\lambda_0-0}(E_\lambda x,y)=(Px,y).$$

因此 P 是投影算子.

往证对任何 $x\in H,\lim_{\lambda\to\lambda_0-0}E_\lambda x=Px$.

由前面的证明,对任意 $\lambda<\lambda_0,E_\lambda P=PE_\lambda=E_\lambda$. 因此 $P-E_\lambda$ 是投影算子,从而

$$\parallel(P-E_\lambda)x\parallel^2=((P-E_\lambda)x,x)=(Px,x)-(E_\lambda x,x).$$

由于 $\lim_{\lambda\to\lambda_0-0}(E_\lambda x,x)=(Px,x)$,所以 $\lim_{\lambda\to\lambda_0-0}\parallel E_\lambda x-Px\parallel=0$,即 $\lim_{\lambda\to\lambda_0-0}E_\lambda x=Px$. 证毕.

定理 1 的证明思想是:首先找一个弱收敛意义下的极限算子(这比直接找强收敛意义下的极限算子要简单),然后证明这个算子是投影算子,最后证明在强收敛意义下也收敛. 这是一种很有用的方法.

对一个谱系 $\{E_\lambda\}$,如果设 Δ 是左开右闭区间 $\Delta=(\alpha,\beta]$,令 $E(\Delta)=E_\beta-E_\alpha$,则由单调性知 $E(\Delta)$ 仍是投影算子. 这时,如果有两个这种区间 Δ_1 及 Δ_2,则可以验证

$$E(\Delta_1\cap\Delta_2)=E(\Delta_1)E(\Delta_2).$$

我们可以将映射 $\Delta\mapsto E(\Delta)$ 扩张到 $\mathbf{R}$ 上所有 Borel(博雷尔)集形成的 σ 代数上,从而得到所谓的谱测度.

定义 2　设 X 是一个集合,Ω 是由 X 的某些子集形成的 σ 代数,H 是 Hilbert 空间,映射 $E:\Omega\to B(H)$ 满足下列条件:

（ⅰ）$E(\varnothing)=0,E(X)=I$；

（ⅱ）每个 $E(\Delta)$ 是投影算子,其中 $\Delta\in\Omega$；

（ⅲ）对 $\Delta_1,\Delta_2\in\Omega$,有 $E(\Delta_1\cap\Delta_2)=E(\Delta_1)E(\Delta_2)$；

（ⅳ）若 $\Delta_1\cap\Delta_2=\varnothing$,则 $E(\Delta_1\cup\Delta_2)=E(\Delta_1)+E(\Delta_2)$；

（ⅴ）对任意的 $x,y\in H,E_{x,y}(\Delta)=(E(\Delta)x,y),\Delta\in\Omega$ 是 (X,Ω) 上的测度,

则称 $E(\Delta)$ 是 (X,Ω,H) 上的**谱测度**.

如果 $X=\mathbf{R}^n$,我们总是假设 Ω 为 Borel 集全体形成的 σ 代数 $\mathscr{B}$.

例 3　设 X 是一个紧集,Ω 是 X 的所有 Borel 子集形成的 σ 代数,μ 是 (X,Ω) 上的测度,$H=L^2(X,\mathrm{d}\mu)$. 对 $\Delta\in\Omega$,设 χ_Δ 为 Δ 的特征函数,定义 $L^2(X,\mathrm{d}\mu)$ 上的算子 $E(\Delta)$ 如下:

$$(E(\Delta)f)(x)=\chi_\Delta(x)f(x),f\in L^2(X,\mathrm{d}\mu),x\in X.$$

容易验证 $E(\Delta)$ 是 (X,Ω,H) 上的谱测度(见本章习题 28).

例 4　设 X 是任意非空集合,Ω 是 X 的子集全体,H 是任一可分的 Hilbert 空间,$\{x_n\}$ 是 X 中固定的点列. 若 $\{e_1,e_2,\cdots\}$ 是 H 的正规直交基,对 $\Delta\in\Omega$,定义 $E(\Delta)$ 为到 $V\{e_n\mid x_n\in\Delta\}$ 上的直交投影,则 $E(\Delta)$ 是 (X,Ω,H) 上的谱测度(见本章习题 29). 由于 $E(\Delta)$ 是投影算子,所以 $E_{x,x}(\Delta)=(E(\Delta)x,x)=\parallel E(\Delta)x\parallel^2$,从而 $E_{x,x}(\Delta)$ 是正测度.

由定义 2 条件(ⅲ)知,任意两个投影 $E(\Delta_1)$ 与 $E(\Delta_2)$ 可交换. 由条件(ⅳ)可以推出有限可加性. 那么,谱测度是否具有可数可加性? 也即如 $\Delta=\bigcup\limits_{n=1}^{\infty}\Delta_n$,其中 $\Delta_n\in\Omega$ 是两两不交的,级数 $\sum\limits_{n=1}^{\infty}E(\Delta_n)$ 是否在算子范数意义下收敛于 $E(\Delta)$? 由本章 §3 定理 6 知,$\sum\limits_{k=1}^{\infty}E(\Delta_k)$ 强收敛于某个投影算子,又由(ⅴ),$\sum\limits_{k=1}^{\infty}E(\Delta_k)$ 弱收敛于 $E(\Delta)$,所以,对任何 $x\in H,\sum\limits_{k=1}^{\infty}E(\Delta_k)x=E(\Delta)x$,即谱测度有强收敛意义下的可数可加性.

下面我们考察 $\mathbf{R}$ 上的谱测度,并讨论谱系与谱测度之间的关系.

若 $E(\Delta)$ 是 $\mathbf{R}$ 上的谱测度,对任意 $\lambda\in\mathbf{R}$,令 $E_\lambda=E((-\infty,\lambda])$,则 E_λ 满足谱系的条件(ⅰ)与(ⅱ),若 $E(\Delta)$ 还是具有紧支集的谱测度(即存在 $\mathbf{R}$ 上的闭区间 $[a,b]$ 使 $E([a,b])=I$),则 E_λ 是一个谱系.

事实上,若 $\lambda<\mu$,则由于

$$(-\infty,\mu]=(-\infty,\lambda]\cup(\lambda,\mu],$$

由谱测度的条件(ⅲ),有

$$E_\mu - E_\lambda = E((\lambda, \mu]),$$

由于 $E((\lambda, \mu])$ 仍是投影算子, 所以 $E_\mu \geqslant E_\lambda$. 为证右连续性, 设 $x \in H, \lambda_0 \in \mathbf{R}$, 令 $\lambda_n = \lambda_0 + \dfrac{1}{n}$, 则 $E_{\lambda_n} - E_{\lambda_0} = E(\Delta_n)$, 其中 $\Delta_n = \left(\lambda_0, \lambda_0 + \dfrac{1}{n}\right]$. 所以

$$\| E_{\lambda_n} x - E_{\lambda_0} x \|^2 = \| E(\Delta_n) x \|^2 = (E(\Delta_n) x, x).$$

由于 $E_{x,x}$ 是正测度, 且 $\Delta_1 \supseteq \Delta_2 \supseteq \cdots$, 及 $\bigcap\limits_{n=1}^{\infty} \Delta_n = \varnothing$, 所以 $\lim\limits_{n \to \infty} (E(\Delta_n) x, x) = 0$. 故

$$\lim_{n \to \infty} E_{\lambda_n} x = E_{\lambda_0} x.$$

再由 E_λ 的单调性, 容易证明 $\lim\limits_{\lambda \to \lambda_0 + 0} E_\lambda x = E_{\lambda_0} x$, 即右连续性成立.

现在的问题是: 如果给出 $\mathbf{R}$ 上的一个谱系 E_λ, 是否存在一个 $\mathbf{R}$ 上有紧支集的谱测度? 我们有下面的结论:

定理 2   设 E_λ 是 $\mathbf{R}$ 上的一个谱系, 则必存在唯一的 $\mathbf{R}$ 上有紧支集的谱测度 $E(\Delta)$, 使 $E_\lambda = E((-\infty, \lambda])$ $(\lambda \in \mathbf{R})$.

证明   对任意 $x \in H, (E_\lambda x, x)$ 是 $\mathbf{R}$ 上的单调上升的右连续函数, 则由这个函数可以作出一个 Lebesgue–Stieltjes (勒贝格–斯蒂尔切斯) 测度, 记为 μ_x. 显然, 对任意 $x \in H, a, b \in \mathbf{R}$, 有

$$\mu_x((a, b]) = ((E_b - E_a) x, x).$$

固定一个 Borel 集 A_0, 令 $\varphi_{A_0}(x) = \mu_x(A_0)$, 由于

$$(E_\lambda(\alpha x), \alpha x) = |\alpha|^2 (E_\lambda x, x), \alpha \in \mathbf{C},$$

所以

$$\mu_{\alpha x}(A_0) = |\alpha|^2 \mu_x(A_0),$$

即

$$\varphi_{A_0}(\alpha x) = |\alpha|^2 \varphi_{A_0}(x).$$

又

$$(E_\lambda(x+y), x+y) + (E_\lambda(x-y), x-y) = 2(E_\lambda x, x) + 2(E_\lambda y, y),$$

所以

$$2\mu_x + 2\mu_y = \mu_{x+y} + \mu_{x-y}.$$

故

$$\varphi_{A_0}(x+y) + \varphi_{A_0}(x-y) = 2\varphi_{A_0}(x) + 2\varphi_{A_0}(y).$$

因为

$$0 \leqslant \varphi_{A_0}(x) = \mu_x(A_0) \leqslant \mu_x(\mathbf{R}) = \| x \|^2,$$

所以 φ_{A_0} 是实的有界二次形式, 由本章 §2 定理 1 和定理 2, 存在唯一的有界自伴算子 T_{A_0} 使 $\varphi_{A_0}(x) = (T_{A_0} x, x)$, 即

$$(T_{A_0} x, x) = \mu_x(A_0).$$

将这个算子记为 $E(A_0) = T_{A_0}$.

由 $E((a, b]) = E_b - E_a$, 可以证明 $E(\Delta)$ 是 $\mathbf{R}$ 上的谱测度.

E 具有紧支集很容易从谱系的条件 (iii) 得到. 证毕.

从前面的讨论我们知道, 在 $\mathbf{R}$ 上, 谱系与谱测度的概念本质上是一致的. 但在 $\mathbf{R}^n$ 上, 因为没有谱系的概念, 所以谱测度是一个更有用、更一般的概念.

有了谱系和谱测度, 我们就可以给出谱积分的概念了. 先考虑直线上的谱积分.

设 $\{E_\lambda\}$ 是 $\mathbf{R}$ 上的谱系, $E_a = 0, E_b = I$, 则对于任意 $x \in H, (E_\lambda x, x)$ 是 $\mathbf{R}$ 上的单调增加的有界函数, 从而是有界变差实函数. 对任意 $x, y \in H$, 由于

$$(E_\lambda x, y) = \frac{1}{4}\left[(E_\lambda(x+y), x+y) - (E_\lambda(x-y), x-y) + \mathrm{i}(E_\lambda(x+\mathrm{i}y), x+\mathrm{i}y) - \mathrm{i}(E_\lambda(x-\mathrm{i}y), x-\mathrm{i}y)\right],$$

从而 $(E_\lambda x, y)$ 是复值的有界变差函数. 事实上, 对 $[a, b]$ 的任一分划:

$$a = \lambda_0 < \lambda_1 < \cdots < \lambda_n = b,$$

记 $\Delta_k = (\lambda_{k-1}, \lambda_k], E(\Delta_k) = E_{\lambda_k} - E_{\lambda_{k-1}} (k = 1, 2, \cdots, n)$, 则有

$$(E(\Delta_i)x, E(\Delta_j)x) = 0, \quad i, j = 1, 2, \cdots, n.$$

从而

$$\sum_{k=1}^n \| E(\Delta_k)x \|^2 = \left\| \sum_{k=1}^n E(\Delta_k)x \right\|^2 = \| x \|^2.$$

所以

$$\sum_{k=1}^n \left| (E(\Delta_k)x, y) \right| = \sum_{k=1}^n \left| (E(\Delta_k)x, E(\Delta_k)y) \right|$$

$$\leqslant \sum_{k=1}^n \| E(\Delta_k)x \| \; \| E(\Delta_k)y \|$$

$$\leqslant \left(\sum_{k=1}^n \| E(\Delta_k)x \|^2 \right)^{\frac{1}{2}} \left(\sum_{k=1}^n \| E(\Delta_k)y \|^2 \right)^{\frac{1}{2}}$$

$$= \| x \| \; \| y \|.$$

故 $(E_\lambda x, y)$ 是有界变差函数, 而且其全变差 $V_a^b(E_\lambda x, y) \leqslant \| x \| \; \| y \|$. 因此, $(E_\lambda x, y)$ 定义了 $\mathbf{R}$ 上的 Lebesgue-Stieltjes 测度. 对任意 $[a, b]$ 上的有界 Borel 可测函数 $f(\lambda)$, Lebesgue-Stieltjes 积分 $\int_a^b f(\lambda)\mathrm{d}(E_\lambda x, y)$ 存在.

定义 3 设 $\{E_\lambda\}$ 是 H 上的谱系, $E_a = 0, E_b = I, f(\lambda)$ 是 $[a, b]$ 上的有界 Borel 可测函数, 若存在 $T \in B(H)$, 使对任意 $x, y \in H$, 有

$$(Tx, y) = \int_a^b f(\lambda)\mathrm{d}(E_\lambda x, y),$$

则称 T 为函数 $f(\lambda)$ 关于 E_λ 的**弱谱积分**, 记为 $T = (弱)\int_a^b f(\lambda)\mathrm{d}E_\lambda$.

如果 $f(\lambda)$ 是 $[a,b]$ 上的连续函数，Lebesgue–Stieltjes 积分 $\int_a^b f(\lambda)\mathrm{d}(E_\lambda x,y)$ 也是 Riemann–Stieltjes 积分，为积分和 $\sum_{i=1}^n f(\xi_i)[(E_{\lambda_i}x,y)-(E_{\lambda_{i-1}}x,y)]$ 当 $\eta=\max_{1\leqslant i\leqslant n}|\lambda_i-\lambda_{i-1}|\to 0$ 时的极限. 或者说，T 是和式 $\sum_{i=1}^n f(\xi_i)(E_{\lambda_i}-E_{\lambda_{i-1}})$ 当 $\eta\to 0$ 时的弱极限. 但算子空间 $B(H)$ 中除弱收敛概念外，还有一致收敛和强收敛的概念，是不是可以定义相应的一致谱积分和强谱积分呢? 事实的确如此.

定义 4   设 E_λ 是 $\mathbf{R}$ 上的谱系，并且 $E_a=0, E_b=I$. 设 $f(\lambda)$ 是 $[a,b]$ 上定义的有界 Borel 可测函数. 用分点

$$a=\lambda_0<\lambda_1<\cdots<\lambda_n=b$$

将 $(a,b]$ 分成一组左开右闭的区间 $\Delta_k=(\lambda_{k-1},\lambda_k]$，并令 $E(\Delta_k)=E_{\lambda_k}-E_{\lambda_{k-1}}(k=1,2,\cdots,n)$. 任取 $\xi_k\in\Delta_k$，作和

$$\sum_{k=1}^n f(\xi_k)E(\Delta_k).$$

令 $\eta=\max_{1\leqslant k\leqslant n}|\lambda_k-\lambda_{k-1}|$，若当 $\eta\to 0$ 时，不论分划如何作出，也不论 ξ_k 如何选取，上述和式都在算子范数意义下收敛于一个给定的算子 T，即对任意 $\varepsilon>0$，存在 $\delta>0$，只要 $\eta<\delta$，就有

$$\left\|\sum_{k=1}^n f(\xi_k)E(\Delta_k)-T\right\|<\varepsilon,$$

则称 T 为 $f(\lambda)$ 关于谱系 E_λ 的 **一致谱积分**，记为 $T=(\text{一致})\int_a^b f(\lambda)\mathrm{d}E_\lambda$.

若对任意 $\varepsilon>0, x\in H$，存在 $\delta>0$，只要 $\eta<\delta$，就有

$$\left\|\sum_{k=1}^n f(\xi_k)E(\Delta_k)x-Tx\right\|<\varepsilon,$$

则称 T 为 $f(\lambda)$ 关于 E_λ 的 **强谱积分**，记为 $T=(\text{强})\int_a^b f(\lambda)\mathrm{d}E_\lambda$.

注   如果有一个 $\mathbf{R}^n$ 中具紧支集的谱测度 $E(\Delta)$，我们仍可以按类似的方法定义在各种收敛意义下的谱积分.

是不是对任意的谱系，相应的谱积分都存在? 下面的定理回答了这一问题.

定理 3   设 $\{E_\lambda\}_{\lambda\in\mathbf{R}}$ 是 H 上的谱系，$E_a=0, E_b=I, f(\lambda)$ 是 $[a,b]$ 上的有界 Borel 可测函数，则存在 $T\in B(H)$，使对任意 $x,y\in H$，

$$(Tx,y)=\int_a^b f(\lambda)\mathrm{d}(E_\lambda x,y).$$

即弱谱积分是存在的.

证明   前面已经指出，对任意 $x,y\in H$，积分 $\int_a^b f(\lambda)\mathrm{d}(E_\lambda x,y)$ 存在. 令

$$\varphi(x,y) = \int_a^b f(\lambda)\, \mathrm{d}(E_\lambda x, y).$$

显然，$\varphi(x,y)$ 是 H 上的双线性形式. 又

$$|\varphi(x,y)| \leqslant \|f\|\,\|x\|\,\|y\|,$$

所以 φ 还是有界的，由本章 §2 定理 1，存在唯一的有界线性算子 $T \in B(H)$，使

$$\varphi(x,y) = (Tx, y).$$

即 T 是弱谱积分. 证毕.

下面这个定理讨论了各种谱积分之间的关系.

定理 4   设 $\{E_\lambda\}_{\lambda \in \mathbf{R}}$ 是 H 上的谱系，且 $E_a = 0, E_b = I, f(\lambda)$ 是 $[a,b]$ 上的连续函数，则（一致）$\displaystyle\int_a^b f(\lambda)\, \mathrm{d}E_\lambda$ 存在，而且弱谱积分就是一致谱积分.

证明   对连续函数 $f(\lambda)$ 而言，Lebesgue–Stieltjes 积分也是 Riemann–Stieltjes 积分，由定理 3，弱谱积分存在. 设 $T \in B(H)$，且对任意 $x, y \in H$,

$$(Tx, y) = \int_a^b f(\lambda)\, \mathrm{d}(E_\lambda x, y).$$

往证在一致收敛意义下 $T = \displaystyle\int_a^b f(\lambda)\, \mathrm{d}E_\lambda$.

首先设 $f(\lambda)$ 是实函数，在 $[a,b]$ 中插入分点

$$a = \lambda_0 < \lambda_1 < \cdots < \lambda_n = b,$$

任取 $\mu_k \in [\lambda_{k-1}, \lambda_k]$, $k = 1, 2, \cdots, n$，令

$$\varepsilon = \max_{1 \leqslant k \leqslant n}\ \sup_{\lambda_{k-1} \leqslant \lambda \leqslant \mu \leqslant \lambda_k} |f(\lambda) - f(\mu)|, \quad \delta = \max_{1 \leqslant k \leqslant n} \{\lambda_k - \lambda_{k-1}\}.$$

由于 f 在 $[a,b]$ 上连续，从而是一致连续的，故当 $\delta \to 0$ 时，$\varepsilon \to 0$. 令

$$S = \sum_{k=1}^n f(\mu_k) E(\Delta_k),$$

其中 $E(\Delta_k) = E_{\lambda_k} - E_{\lambda_{k-1}}$. 对任意 $x \in H$，有

$$(Tx, x) = \sum_{k=1}^n \int_{\lambda_{k-1}}^{\lambda_k} f(\lambda)\, \mathrm{d}(E_\lambda x, x),$$

$$(Sx, x) = \sum_{k=1}^n \int_{\lambda_{k-1}}^{\lambda_k} f(\mu_k)\, \mathrm{d}(E_\lambda x, x),$$

从而

$$(Tx, x) - (Sx, x) = \sum_{k=1}^n \int_{\lambda_{k-1}}^{\lambda_k} [f(\lambda) - f(\mu_k)]\, \mathrm{d}(E_\lambda x, x).$$

由于 $(E_\lambda x, x)$ 单调增加，所以

$$|((T-S)x, x)| \leqslant \varepsilon \|x\|^2,$$

于是

$$\sup_{\|x\|=1} |((T-S)x, x)| \leqslant \varepsilon.$$

但 $T - S$ 是自伴算子（见下面的定理 6），所以上式左端为 $\max\{|m(T-S)|,$

$|M(T-S)|\} = \| T-S \|$，即

$$\| T-S \| \leq \varepsilon.$$

这说明，当 $\delta \to 0$ 时，$S \to T$，即 $T = \int_a^b f(\lambda)\,dE_\lambda$ 在算子范数收敛意义下成立.

对复值函数，只要考虑实、虚部分解即可. 证毕.

显然一致谱积分是强谱积分，因此根据这个定理，对于连续函数，三种谱积分实际上是一样的.

我们简单地讨论一下谱积分的性质. 假设以下的谱积分都是弱谱积分. 对于一致谱积分和强谱积分，只要所涉及的积分存在，结论也是对的.

定理 5 设 E_λ 是 $\mathbf{R}$ 上的谱系，$E_a = 0$，$E_b = I$，$f(\lambda)$，$g(\lambda)$ 是 $[a,b]$ 上的有界 Borel 可测函数. 则

(i) $\int_a^b [f(\lambda) + g(\lambda)]\,dE_\lambda = \int_a^b f(\lambda)\,dE_\lambda + \int_a^b g(\lambda)\,dE_\lambda$；

(ii) $\int_a^b \alpha f(\lambda)\,dE_\lambda = \alpha \int_a^b f(\lambda)\,dE_\lambda$；

(iii) $\left(\int_a^b f(\lambda)\,dE_\lambda \right)^* = \int_a^b \overline{f(\lambda)}\,dE_\lambda$；

(iv) $\int_a^b f(\lambda) g(\lambda)\,dE_\lambda = \left(\int_a^b f(\lambda)\,dE_\lambda \right) \left(\int_a^b g(\lambda)\,dE_\lambda \right)$.

注 性质 (i)，(ii)，(iii) 与普通的抽象积分的性质一样，也很容易从定义证明. 我们要特别注意的是性质 (iv)，这个性质与普通的积分是不同的，以前我们所接触的积分都不具有这个性质！

证明 仅证明性质 (iv). 设

$$T_1 = \int_a^b f(\lambda)\,dE_\lambda, \quad T_2 = \int_a^b g(\lambda)\,dE_\lambda, \quad S = \int_a^b f(\lambda) g(\lambda)\,dE_\lambda.$$

则对任意 $x, y \in H$，有

$$
\begin{aligned}
(T_1 T_2 x, y) &= \int_a^b f(\lambda)\,d(E_\lambda T_2 x, y) \\
&= \int_a^b f(\lambda)\,d(T_2 x, E_\lambda y) \\
&= \int_a^b f(\lambda)\,d\int_a^b g(\mu)\,d(E_\mu x, E_\lambda y) \\
&= \int_a^b f(\lambda)\,d\int_a^b g(\mu)\,d(E_\lambda E_\mu x, y).
\end{aligned}
$$

由于当 $\mu > \lambda$ 时，$E_\mu E_\lambda = E_\lambda$，当 $\mu \leq \lambda$ 时，$E_\mu E_\lambda = E_\mu$，所以上式最后一个积分为

$$\int_a^b f(\lambda)\,d\int_a^\lambda g(\mu)\,d(E_\mu x, y) = \int_a^b f(\lambda) g(\lambda)\,d(E_\lambda x, y) = (Sx, y).$$

故 $T_1 T_2 = S$. 证毕.

推论 设 E_λ，$f(\lambda)$，$g(\lambda)$ 同定理 5，则

（i）$\int_a^b f(\lambda)\,\mathrm{d}E_\lambda$ 与 $\int_a^b g(\lambda)\,\mathrm{d}E_\lambda$ 可交换；

（ii）$\int_a^b f(\lambda)\,\mathrm{d}E_\lambda$ 与每个 $E(\Delta)$ 可交换，其中 Δ 是 Borel 集；

（iii）$\left\| \int_a^b f(\lambda)\,\mathrm{d}E_\lambda \right\| \leqslant \sup\limits_{\lambda \in [a,b]} |f(\lambda)|.$

前面两点容易从上述定理 5 得到，下证（iii）. 由于

$$\left| \int_a^b f(\lambda)\,\mathrm{d}(E_\lambda x, y) \right| \leqslant \|f\|_\infty V_a^b(E_\lambda x, y) \leqslant \sup_{\lambda \in [a,b]} |f(\lambda)|\,\|x\|\,\|y\|,$$

所以 $\left\| \int_a^b f(\lambda)\,\mathrm{d}E_\lambda \right\| \leqslant \sup\limits_{\lambda \in [a,b]} |f(\lambda)|.$

由定理 5 易得下面的定理.

定理 6　设 E_λ 是 $\mathbf{R}$ 上的谱系，$f(\lambda)$ 是 $[a,b]$ 上的有界 Borel 可测函数，则

（i）若 $f(\lambda)$ 是实值函数，则 $\int_a^b f(\lambda)\,\mathrm{d}E_\lambda$ 是自伴算子；

（ii）若 $f(\lambda) \geqslant 0$，则 $\int_a^b f(\lambda)\,\mathrm{d}E_\lambda$ 是正算子；

（iii）若 $|f(\lambda)| \equiv 1$，则 $\int_a^b f(\lambda)\,\mathrm{d}E_\lambda$ 是酉算子；

（iv）一般地，$\int_a^b f(\lambda)\,\mathrm{d}E_\lambda$ 是正规算子.

4.2　有界自伴算子的谱分解定理

有了前面的准备工作，现在可以建立有界自伴算子的谱分解理论了.

定理 7　设 T 是 Hilbert 空间上的有界自伴算子，则存在谱系 $\{E_\lambda\}_{\lambda \in \mathbf{R}}$，满足：

（i）对每个 λ，$E_\lambda T = T E_\lambda$；

（ii）$E_\lambda = \begin{cases} 0, & \text{对每个 } \lambda < m(T), \\ I, & \text{对每个 } \lambda \geqslant M(T); \end{cases}$

（iii）对任意的 $x, y \in H$，及实系数多项式 p，有

$$(p(T)x, y) = \int_\alpha^\beta p(\lambda)\,\mathrm{d}(E_\lambda x, y),$$

其中 $\alpha < m(T), \beta \geqslant M(T)$.

证明　设 $p(\lambda)$ 是任一实系数多项式，则 $p(T)$ 是自伴算子，从而 $p(T)$ 的谱半径是 $\|p(T)\|$. 又由谱映射定理，有 $\sigma(p(T)) = p(\sigma(T))$，故

$$\|p(T)\| = \sup_{\lambda \in \sigma(T)} |p(\lambda)|.$$

记 $C_R([m(T), M(T)])$ 为区间 $[m(T), M(T)]$ 上的实值连续函数全体组成的实 Banach 空间，取上确界范数. 由 Weierstrass 定理知，实系数多项式全体 P 在 $C_R([m(T), M(T)])$ 中稠密. 任取 $x, y \in H$，令

$$L(p) = (p(T)x, y),$$

易知 L 是 P 上的复值线性泛函,且

$$|L(p)| \leq \|p\|_\infty \|x\| \|y\|,$$

因此 L 是 P 上的连续线性泛函. 由于 P 在 C_R 中稠密,L 可以唯一地延拓成 C_R 上的连续线性泛函,仍记为 L. 由于 C_R 的共轭空间是规范化的实值有界变差函数全体 $V_0[a, b]$(即满足在 (a, b) 内每一点右连续且 $V(a) = 0$ 的有界变差函数 V 全体). 如果设 $L(f) = L_1(f) + iL_2(f)$,其中 L_1, L_2 是 C_R 上的实值连续线性泛函,我们可以得到唯一的复值有界变差函数 $V(\lambda; x, y)$,使

$$(p(T)x, y) = L(p) = \int_{m(T)}^{M(T)} p(\lambda) \, dV(\lambda; x, y), \tag{1}$$

且 $V(\lambda; x, y)$ 满足规范化条件

$$V(m(T); x, y) = 0, V(\lambda; x, y) = V(\lambda+0; x, y), \forall \lambda \in (m(T), M(T)).$$

下面要证明:对固定的 λ,$V(\lambda; x, y)$ 是有界的共轭双线性形式.

(i) 对 $\alpha \in \mathbf{C}$,由于

$$\int_{m(T)}^{M(T)} \lambda^n dV(\lambda; \alpha x, y) = (T^n(\alpha x), y) = \alpha(T^n x, y)$$

$$= \alpha \int_{m(T)}^{M(T)} \lambda^n dV(\lambda; x, y)$$

$$= \int_{m(T)}^{M(T)} \lambda^n d[\alpha V(\lambda; x, y)].$$

所以对任意多项式,且进一步对任意连续函数 f,有

$$\int_{m(T)}^{M(T)} f(\lambda) \, dV(\lambda; \alpha x, y) = \int_{m(T)}^{M(T)} f(\lambda) \, d[\alpha V(\lambda; x, y)].$$

从而 $V(\lambda; \alpha x, y) = \alpha V(\lambda; x, y)$.

(ii) 由完全类似的证明可得

$$V(\lambda; x_1 + x_2, y) = V(\lambda; x_1, y) + (\lambda; x_2, y),$$

及

$$V(\lambda; x, y) = \overline{V(\lambda; y, x)}.$$

(iii) 由第一段的讨论,对 C_R 上的连续线性泛函 L,有

$$\|L\| \leq \|x\| \|y\|.$$

将 L 写成 $L_1 + iL_2$,其中 L_1, L_2 是实的连续线性泛函,则 $\|L_1\|, \|L_2\| \leq \|x\| \|y\|$,因此 L_1, L_2 所对应的有界变差函数的全变差也不大于 $\|x\| \|y\|$. 于是

$$|V(\lambda; x, y)| \leq 2\|x\| \|y\|.$$

这就证明了共轭双线性形式 $V(\lambda; x, y)$ 是有界的,因而存在有界的自伴线性算子 $F(\lambda)$,使

$$V(\lambda; x, y) = (F(\lambda)x, y).$$

由 $V(m(T);x,y)=0$ 得 $F(m(T))=0$.

取 $p\equiv1$,(1)式成为

$$(x,y)=\int_{m(T)}^{M(T)}\mathrm{d}V(\lambda;x,y)=V(M(T);x,y),$$

故 $F(M(T))=I$.

下证对 $\lambda\leqslant\mu$,有

$$F(\lambda)F(\mu)=F(\mu)F(\lambda)=F(\lambda).$$

特别地,$F(\lambda)^2=F(\lambda)$,从而 $F(\lambda)$ 是正交投影. 记

$$U(\lambda;x,y)=\int_{m(T)}^{\lambda}\mu^m\mathrm{d}V(\mu;x,y).$$

由 Stieltjes 积分的性质,有

$$\int_{m(T)}^{M(T)}\lambda^n\mathrm{d}U(\lambda;x,y)=\int_{m(T)}^{M(T)}\lambda^{n+m}\mathrm{d}V(\lambda;x,y)$$

$$=(T^{m+n}x,y)=(T^nx,T^my)=\int_{m(T)}^{M(T)}\lambda^n\mathrm{d}V(\lambda;x,T^my).$$

从而,对于所有的多项式,进一步,对于所有的连续函数 $f(\lambda)$,有

$$\int_{m(T)}^{M(T)}f(\lambda)\mathrm{d}U(\lambda;x,y)=\int_{m(T)}^{M(T)}f(\lambda)\mathrm{d}V(\lambda;x,T^my).$$

由唯一性,有

$$U(\lambda;x,y)=V(\lambda;x,T^my).$$

又

$$V(\lambda;x,T^my)=(F(\lambda)x,T^my)=(T^mF(\lambda)x,y)=\int_{m(T)}^{M(T)}\mu^m\mathrm{d}V(\mu;F(\lambda)x,y),$$

所以

$$\int_{m(T)}^{\lambda}\mu^m\mathrm{d}(F(\mu)x,y)=\int_{m(T)}^{M(T)}\mu^m\mathrm{d}(F(\mu)F(\lambda)x,y).$$

左边的积分可以写为 $\int_{m(T)}^{M(T)}\mu^m\mathrm{d}W(\mu;x,y)$,其中

$$W(\mu;x,y)=\begin{cases}(F(\mu)x,y), & m(T)\leqslant\mu\leqslant\lambda,\\(F(\lambda)x,y), & \lambda\leqslant\mu\leqslant M(T).\end{cases}$$

仍由唯一性,有

$$(F(\mu)F(\lambda)x,y)=(F(v)x,y),$$

此处 $v=\min\{\lambda,\mu\}$. 故当 $\lambda\leqslant\mu$ 时,有

$$F(\lambda)F(\mu)=F(\mu)F(\lambda)=F(\lambda).$$

最后证明 $F(\lambda)$ 的右连续性. 设 $\lambda\in(m(T),M(T))$,$x\in H$,记

$$F(\lambda+0)x=\lim_{\mu\to\lambda+0}F(\mu)x.$$

下证

$$F(\lambda+0)x = F(\lambda)x, \quad \lambda \in (m(T), M(T)).$$

对 $\mu > \lambda$, 由于 $F(\lambda) \leqslant F(\mu)$, 故 $F(\mu) - F(\lambda)$ 也是投影算子, 于是

$$\begin{aligned}
\| F(\mu)x - F(\lambda)x \|^2 &= (F(\mu)x - F(\lambda)x, x) \\
&= (F(\mu)x, x) - (F(\lambda)x, x) \\
&= V(\mu; x, x) - V(\lambda; x, x).
\end{aligned}$$

由于 $V(\lambda; x, y)$ 是规范的, 所以当 $\mu \to \lambda + 0$ 时, 有 $\| F(\mu)x - F(\lambda)x \|^2 \to 0$, 即

$$F(\lambda+0)x = F(\lambda)x, \quad \lambda \in (m(T), M(T)).$$

类似上式的证明, 当 $m(T) < \lambda_1 < \lambda_2$, 且 $\lambda_i \to m(T) + 0 \, (i = 1, 2)$ 时, 有

$$\| F(\lambda_2)x - F(\lambda_1)x \|^2 = (F(\lambda_2)x, x) - (F(\lambda_1)x, x) \to 0.$$

故 $\lim\limits_{\lambda \to m(T)+0} F(\lambda)x$ 存在, 记为 $F(m(T)+0)x$. 由于

$$(p(T)x, y) = \int_{m(T)}^{M(T)} p(\lambda) \, \mathrm{d}(F(\lambda)x, y),$$

定义

$$E_\lambda = \begin{cases} 0, & \lambda < m(T), \\ I, & \lambda \geqslant M(T), \\ F(\lambda+0), & m(T) \leqslant \lambda \leqslant M(T). \end{cases}$$

则当 $m(T) < \lambda \leqslant M(T)$ 时, 有 $E_\lambda = F(\lambda)$. 容易验证 E_λ 的确是谱系, 且当 $\lambda < m(T)$ 时, $E_\lambda = 0$; 当 $\lambda \geqslant M(T)$ 时, $E_\lambda = I$. 但 E_λ 在点 $m(T)$ 可能与 $F(\lambda)$ 不同.

任取 $\alpha < m(T)$ 及 $\beta \geqslant M(T)$, 容易计算

$$\int_{M(T)}^{\beta} p(\lambda) \, \mathrm{d}(E_\lambda x, y) = 0.$$

而

$$\int_{\alpha}^{m(T)} \mathrm{d}(E_\lambda x, y) + \int_{m(T)}^{M(T)} p(\lambda) \, \mathrm{d}[(E_\lambda x, y) - (F(\lambda)x, y)] = 0.$$

故

$$\int_{\alpha}^{\beta} p(\lambda) \, \mathrm{d}(E_\lambda x, y) = \int_{m(T)}^{M(T)} p(\lambda) \, \mathrm{d}(F(\lambda)x, y) = (p(T)x, y).$$

往证 $TE_\mu = E_\mu T$. 因为

$$\begin{aligned}
(E_\mu Tx, y) = (Tx, E_\mu y) &= \int_{\alpha}^{\beta} \lambda \, \mathrm{d}(E_\lambda x, E_\mu y) \\
&= \int_{\alpha}^{\beta} \lambda \, \mathrm{d}(E_\mu E_\lambda x, y) = \int_{\alpha}^{\beta} \lambda \, \mathrm{d}(E_\lambda E_\mu x, y) \\
&= (TE_\mu x, y),
\end{aligned}$$

故 $E_\mu T = TE_\mu$. 定理 7 证毕.

定理 7 中的 $p(T)$ 是 $p(\lambda)$ 在弱收敛意义下的谱积分. 由于多项式是连续函数, 根据定理 4, 弱谱积分也是一致谱积分, 故有下面的主要结论:

定理 8(有界自伴算子的谱分解定理) 设 T 是 Hilbert 空间上的有界自伴算子,则存在谱系 E_λ,使对任意的 $\alpha < m(T), M(T) \leqslant \beta$,及实系数多项式 $p(\lambda)$,有

$$p(T) = (一致) \int_\alpha^\beta p(\lambda) \, dE_\lambda.$$

特别地,有

$$T = (一致) \int_\alpha^\beta \lambda \, dE_\lambda.$$

满足定理 7 中条件的谱系 E_λ 是由算子 T 唯一确定的,即若 G_λ 是谱系,满足 $TG_\lambda = G_\lambda T$,及

$$(Tx, x) = \int_\alpha^\beta \lambda \, d(G_\lambda x, x),$$

则 $G_\lambda = E_\lambda$. 这一点我们可以从定理 7 的证明中提到的规范化有界变差函数的唯一性得到. 通常称 $\{E_\lambda\}$ 为 T 的谱系或单位分解.

定理 8 中,$p(T) = \int_\alpha^\beta p(\lambda) \, dE_\lambda$,$p$ 是一个实值多项式,下面我们要将这个公式推广到任意的在 $[m(T), M(T)]$ 上定义的复值连续函数上去. 对 $f \in C[m(T), M(T)]$,扩充 f 的定义:当 $\lambda \in [\alpha, m(T)]$ 时,$f(\lambda) = f(m(T))$;当 $M(T) \leqslant \lambda \leqslant \beta$ 时,$f(\lambda) = f(M(T))$,则 $f(\lambda)$ 是 $[\alpha, \beta]$ 上的连续函数. 由定理 4,$(一致) \int_\alpha^\beta f(\lambda) \, dE_\lambda$ 存在,于是可以令

$$f(T) = \int_\alpha^\beta f(\lambda) \, dE_\lambda. \tag{2}$$

从而将函数演算推广到连续函数情形.

从定理 3 可以看出,即使对于 $[\alpha, \beta]$ 上的有界可测 Borel 函数,仍可以利用

$$(f(T)x, y) = \int_\alpha^\beta f(\lambda) \, d(E_\lambda x, y)$$

定义 $f(T)$,但此时

$$f(T) = \int_\alpha^\beta f(\lambda) \, dE_\lambda$$

不一定在算子范数意义下成立.

自伴算子的函数演算有以下性质:

定理 9 设 f, g 是 $[m(T), M(T)]$ 上的连续函数,如上所述扩充到 $[\alpha, \beta]$ 上,$f(T), g(T)$ 如(2)式定义,则

(i) $(f+g)(T) = f(T) + g(T)$;

(ii) $(\alpha f)(T) = \alpha f(T), \alpha \in \mathbf{C}$;

(iii) $(fg)(T) = f(T)g(T)$;

(iv) $\|f(T)x\|^2 = \int_\alpha^\beta |f(\lambda)|^2 d\|E_\lambda x\|^2$;

（v）若 $f_n, f \in C[\alpha, \beta]$，且 $\|f_n - f\| \to 0$（$n \to \infty$），则

$$\|f_n(T) - f(T)\| \to 0 \quad (n \to \infty);$$

（vi）$S \in B(H)$ 与 T 可交换当且仅当对任意 λ，$SE_\lambda = E_\lambda S$，当且仅当对任意 $f \in C[\alpha, \beta]$，$Sf(T) = f(T)S$.

证明　（i）与（ii）是显然的，（iii）可以从定理 5 的（iv）得到.

（iv）的证明：从 $\|f(T)x\|^2 = (f(T)^* f(T)x, x) = \left(\int_\alpha^\beta |f(\lambda)|^2 \mathrm{d}E_\lambda x, x\right) = \int_\alpha^\beta |f(\lambda)|^2 \mathrm{d}(E_\lambda x, x) = \int_\alpha^\beta |f(\lambda)|^2 \mathrm{d}\|E_\lambda x\|^2$ 立即得到.

（v）可以从定理 5 的推论得到.

（vi）的证明：若 S 与 T 可交换，则对任意多项式 p，有 $p(T)S = Sp(T)$. 又因为多项式全体在 $C[\alpha, \beta]$ 中稠密，结合（v），知对任意 $f \in C[\alpha, \beta]$，有 $f(T)S = Sf(T)$. 任取 $x, y \in H$，由 $Sf(T) = f(T)S$，得

$$
\begin{aligned}
\int_\alpha^\beta f(\lambda) \mathrm{d}(E_\lambda Sx, y) &= (f(T)Sx, y) \\
&= (Sf(T)x, y) \\
&= (f(T)x, S^* y) \\
&= \int_\alpha^\beta f(\lambda) \mathrm{d}(E_\lambda x, S^* y).
\end{aligned}
$$

由于 $(E_\lambda Sx, y)$，$(E_\lambda x, S^* y)$ 都是规范化的有界变差函数，而 f 又是任意的，故由唯一性，有 $(E_\lambda Sx, y) = (E_\lambda x, S^* y)$，从而 $E_\lambda S = SE_\lambda$.

反之，如果对任意 λ，$E_\lambda S = SE_\lambda$，由 T 作为积分和的极限知 $TS = ST$. 证毕.

自伴算子的谱系 E_λ 实际上反映了 T 的谱的性质. 下面两个定理说明了这一点.

定理 10　设 T 是 Hilbert 空间 H 上的自伴算子，若 $\lambda_0 \in \mathbf{R}$，则 $\lambda_0 \in \rho(T)$ 当且仅当存在 $\varepsilon > 0$，使 E_λ 在 $[\lambda_0 - \varepsilon, \lambda_0 + \varepsilon]$ 上取常值.

证明　为证充分性，令 $f(\lambda) = \lambda_0 - \lambda$，

$$
g(\lambda) = \begin{cases} \dfrac{1}{\lambda_0 - \lambda}, & \lambda \notin [\lambda_0 - \varepsilon, \lambda_0 + \varepsilon], \\[2mm] \text{线性函数}, & \lambda \in [\lambda_0 - \varepsilon, \lambda_0 + \varepsilon], \end{cases}
$$

则当 $\lambda \notin [\lambda_0 - \varepsilon, \lambda_0 + \varepsilon]$ 时，$f(\lambda)g(\lambda) = 1$. 由于 E_λ 在 $[\lambda_0 - \varepsilon, \lambda_0 + \varepsilon]$ 上取常值，故

$$f(T)g(T) = \int_\alpha^\beta f(\lambda)g(\lambda) \mathrm{d}E_\lambda = \int_\alpha^\beta \mathrm{d}E_\lambda = I.$$

所以 $g(T)$ 是 $\lambda_0 I - T = f(T)$ 的逆，故 $\lambda_0 \in \rho(T)$.

下证必要性. 设 $\lambda_0 \in \mathbf{R}$，且 $\lambda_0 \in \rho(T)$. 由于 $\lambda_0 \neq m(T)$，$\lambda_0 \neq M(T)$，而当 $\lambda < m(T)$ 时，$E_\lambda = 0$；当 $\lambda > M(T)$ 时，$E_\lambda = I$，故只需对 $\lambda_0 \in (m(T), M(T))$ 证之.

反设对任意 $\varepsilon > 0$, 存在 $\lambda_1, \lambda_2 \in [\lambda_0 - \varepsilon, \lambda_0 + \varepsilon]$, $\lambda_1 < \lambda_2$, 使 $E_{\lambda_1} \neq E_{\lambda_2}$. 由于 $E_{\lambda_1} < E_{\lambda_2}$, 故 $E_{\lambda_1} H \subsetneqq E_{\lambda_2} H$. 取 $y \in E_{\lambda_2} H \ominus E_{\lambda_1} H$, 其中 $E_{\lambda_2} H \ominus E_{\lambda_1} H$ 表示 $E_{\lambda_1} H$ 在 $E_{\lambda_2} H$ 中的正交补, 则 $E_{\lambda_2} y = y, E_{\lambda_1} y = 0$.

当 $\lambda \leqslant \lambda_1$ 时, $E_\lambda y = E_\lambda E_{\lambda_1} y = 0$;

当 $\lambda \geqslant \lambda_2$ 时, $E_\lambda y = E_\lambda E_{\lambda_2} y = E_{\lambda_2} y = y$.

所以

$$\| (\lambda_0 I - T) y \|^2 = \int_{\lambda_1}^{\lambda_2} (\lambda_0 - \lambda)^2 d \| E_\lambda y \|^2 \leqslant \varepsilon^2 \| y \|^2.$$

由 ε 的任意性知, $\inf_{\|x\|=1} \| (\lambda_0 I - T) x \| = 0$, 所以 $\lambda_0 \in \sigma(T)$. 这与假设矛盾. 证毕.

定理 11   设 T 是 Hilbert 空间 H 上的有界自伴算子, 则

(i) $\mu \in \mathbf{R}$ 是 T 的点谱的充要条件是 $E_\mu \neq E_{\mu-0}$ 且相应于 μ 的特征子空间是投影算子 $E_\mu - E_{\mu-0}$ 的值域;

(ii) $\mu \in \mathbf{R}$ 属于 T 的连续谱的充要条件是 $E_\mu = E_{\mu-0}$ 且 E_λ 在 μ 的任何邻域都不取常值.

证明 $E_{\mu-0}$ 的存在性由定理 1 立得. 由于当 $\lambda \leqslant \mu$ 时, $E_\lambda E_\mu = E_\lambda$, 所以当 $\mu > \lambda$ 时, 有 $E_\lambda E_{\mu-0} = E_\lambda$. 故 $E_{\mu-0}$ 及 $E_\mu - E_{\mu-0}$ 也是投影算子.

若 $E_\mu \neq E_{\mu-0}$, 则存在 $y = (E_\mu - E_{\mu-0}) x$, 使 $y \neq 0$. 因为当 $\lambda < \mu$ 时,

$$E_\lambda y = (E_\lambda E_\mu - E_\lambda E_{\mu-0}) x = 0;$$

当 $\lambda \geqslant \mu$ 时,

$$E_\lambda y = (E_\lambda E_\mu - E_\lambda E_{\mu-0}) x = (E_\mu - E_{\mu-0}) x = y.$$

所以

$$\| (\mu I - T) y \|^2 = \int_\alpha^\beta (\mu - \lambda)^2 d \| E_\lambda y \|^2 = \int_\alpha^\mu (\mu - \lambda)^2 d \| E_\lambda y \|^2 = 0,$$

故 μ 是 T 的特征值.

反之, 设 μ 是 T 的特征值, $y \neq 0$ 满足 $Ty = \mu y$, 则

$$0 = \int_\alpha^\beta (\mu - \lambda)^2 d \| E_\lambda y \|^2.$$

不妨设 $M(T) < \beta$, 则 $\alpha < m(T) \leqslant \mu < \beta$. 取 $\varepsilon > 0$, 使 $\alpha < \mu - \varepsilon$ 及 $0 < \mu + \varepsilon < \beta$. 由于 $(\mu - \lambda)^2 \geqslant 0$, 故有

$$\int_\alpha^{\mu-\varepsilon} (\mu - \lambda)^2 d \| E_\lambda y \|^2 \leqslant \int_\alpha^\beta (\mu - \lambda)^2 d \| E_\lambda y \|^2 = 0.$$

但左端积分 $\geqslant \varepsilon^2 (\| E_{\mu-\varepsilon} y \|^2 - \| E_\alpha y \|^2) = \varepsilon^2 \| E_{\mu-\varepsilon} y \|^2$, 从而 $E_{\mu-\varepsilon} y = 0$, 所以 $E_{\mu-0} y = 0$. 同样考虑积分 $\int_{\mu+\varepsilon}^\beta (\mu - \lambda)^2 d \| E_\lambda y \|^2 = 0$, 可得 $E_\mu y = y$. 故 $E_\mu \neq E_{\mu-0}$. 又 $y = (E_\mu - E_{\mu-0}) y$, 故 T 的相应于 μ 的特征子空间是 $E_\mu - E_{\mu-0}$ 的值域. 结合这个结论与定理 10 可得到 (ii). 证毕.

4.3   正算子

在本章 §2,我们介绍了正算子的概念,并且知道一个算子 $T \in B(H)$ 是正算子的充要条件为 T 是自伴算子且 $\sigma(T) \subseteq \mathbf{R}^+ = \{x \in \mathbf{R} \mid x \geqslant 0\}$. 本小节要利用前面的谱分解定理,进一步讨论正算子的一些性质,特别是给出正算子的平方根的存在性和自伴算子的正负分解. 同时,正如复数 z 可以写成 $z = |z| e^{i \arg z}$ 一样,我们还要讨论一般算子的类似分解,这时,正算子扮演了与复数模 $|z|$ 类似的角色.

对正算子 T 而言,$M(T) \geqslant m(T) \geqslant 0$,由本章 §2 定理 7,$M(T) = \|T\|$. 由谱分解定理,存在谱系 $\{E_\lambda\}$ 满足:当 $\lambda < 0$ 时,$E_\lambda = 0$,$E_{\|T\|} = I$,且对任意 $\varepsilon > 0$,有

$$T = \int_{-\varepsilon}^{\|T\|} \lambda \, dE_\lambda.$$

由于 $\lim\limits_{\varepsilon \to 0+0} \int_{-\varepsilon}^{0} \lambda \, dE_\lambda = 0$,故 $T = \int_{0}^{\|T\|} \lambda \, dE_\lambda$.

定理 12   设 T 是 Hilbert 空间 H 上的正算子,则存在唯一的正算子 S,使 $T = S^2$.

证明   由谱分解定理,$T = \int_{0}^{\|T\|} \lambda \, dE_\lambda$. 取 $f(\lambda) = \sqrt{\lambda}$,则 f 是 $[0, \|T\|]$ 上的非负连续函数. 由函数演算,令

$$S = \int_{0}^{\|T\|} \sqrt{\lambda} \, dE_\lambda,$$

则可知 S 也是正算子,且 $S^2 = \int_{0}^{\|T\|} \lambda \, dE_\lambda = T$.

下证唯一性. 设有另一个正算子 S_1,使 $T = S_1^2$,往证 $S = S_1$. 由前面的存在性证明知,有正算子 V, V_1,使 $V^2 = S$,$V_1^2 = S_1$. 任取 $x \in H$,令 $y = (S - S_1) x$,则

$$
\begin{aligned}
\|Vy\|^2 + \|V_1 y\|^2 &= (V^2 y, y) + (V_1^2 y, y) = (Sy, y) + (S_1 y, y) \\
&= ((S + S_1) y, y) = ((S + S_1)(S - S_1) x, y) \\
&= ((S^2 - S_1^2) x, y) = ((T - T) x, y) = 0,
\end{aligned}
$$

故 $Vy = V_1 y = 0$,从而

$$
\begin{aligned}
\|y\|^2 &= (y, y) = ((S - S_1) x, y) \\
&= (V^2 x, y) - (V_1^2 x, y) \\
&= (Vx, Vy) - (V_1 x, V_1 y) = 0.
\end{aligned}
$$

即对一切 $x \in H$,$Sx = S_1 x$,所以 $S = S_1$. 证毕.

通常称定理 12 中的 S 为 T 的平方根,记为 $T^{\frac{1}{2}}$.

推论 1 $T \in B(H)$ 是正算子的充要条件是存在 $S \in B(H)$,使 $T = S^* S$.

证明   若 T 是正算子,令 $S = T^{\frac{1}{2}}$,则有 $T = S^2 = S^* S$.

反之,若 $T = S^* S$,则对任意 $x \in H$,有

$$(Tx,x)=(S^*Sx,x)=(Sx,Sx)=\parallel Sx\parallel^2\geqslant 0,$$

从而 T 是正算子. 证毕.

推论 2 设 T 为正算子, $x_0\in H$, 若 $(Tx_0,x_0)=0$, 则 $Tx_0=0$.

证明 从 $0=(Tx_0,x_0)=(T^{\frac{1}{2}}T^{\frac{1}{2}}x_0,x_0)=\parallel T^{\frac{1}{2}}x_0\parallel^2$, 得 $T^{\frac{1}{2}}x_0=0$, 所以 $Tx_0=T^{\frac{1}{2}}(T^{\frac{1}{2}}x_0)=0$. 证毕.

推论 3 设自伴算子 T_1,T_2 满足 $T_1\geqslant T_2$, 正算子 T 与 T_1,T_2 可交换, 则 $TT_1\geqslant TT_2$.

证明 由于 T_1,T_2 与 T 可交换, 由定理 9 的 (vi), T_1,T_2 与 $T^{\frac{1}{2}}$ 也可交换, 故对任意 $x\in H,(TT_1x,x)=(T^{\frac{1}{2}}T_1x,T^{\frac{1}{2}}x)=(T_1T^{\frac{1}{2}}x,T^{\frac{1}{2}}x)\geqslant(T_2T^{\frac{1}{2}}x,T^{\frac{1}{2}}x)=(TT_2x,x)$. 故 $TT_1\geqslant TT_2$. 证毕.

类似实值函数的正负部分解, 对自伴算子也可作正负部分解, 这就是下面的

定理 13 设 $T\in B(H)$ 是自伴算子, 则存在唯一的正算子 T_+,T_-, 使 $T=T_+-T_-$, $T_+T_-=0$.

证明 设

$$f(x)=\begin{cases}x, & x\geqslant 0,\\0, & x<0,\end{cases}\qquad g(x)=\begin{cases}0, & x\geqslant 0,\\-x, & x<0.\end{cases}$$

则 $f(x),g(x)$ 都是非负连续函数, 且 $f(x)-g(x)=x,f(x)g(x)=0$, 由函数演算, 有 $f(T)-g(T)=T,f(T)g(T)=0,f(T)\geqslant 0,g(T)\geqslant 0$, 令 $T_+=f(T),T_-=g(T)$ 即得存在性.

由 $T=T_+-T_-$ 及 $T_+T_-=0$, 有 $T^2=T_+^2+T_-^2$. 然而, $(T_++T_-)^2=T_+^2+T_-^2$, 所以 $(T_++T_-)^2=T^2$. 由正算子平方根的唯一性, 有 $T_++T_-=(T^2)^{\frac{1}{2}}$. 将右边这个算子记为 $|T|$, 得到 $T_+=\dfrac{|T|+T}{2},T_-=\dfrac{|T|-T}{2}$. 由此可知满足条件 $T=T_+-T_-,T_+T_-=0$ 的正算子 T_+,T_- 是唯一的. 证毕.

为了得到一般算子的分解式, 我们还需找到 $e^{i\arg z}$ 的类似物, 这个类似物就是下面的

定义 5 设算子 $V\in B(H)$, 若对任意 $x\in N(V)^\perp$, 有 $\parallel Vx\parallel=\parallel x\parallel$, 则称 V 为**部分等距算子**, 称 $N(V)^\perp$ 为 V 的**始空间**, $R(V)$ 为 V 的**终空间**.

显然, 若 $N(V)=\{0\}$, 则部分等距算子 V 就是我们在本章 §2 定义 2 中提到的等距算子.

定理 14 设 $V\in B(H)$, 则下列命题等价:

(i) V 是部分等距算子;

(ii) V^* 是部分等距算子;

(iii) VV^* 是投影算子；

(iv) V^*V 是投影算子.

进一步，若 V 是部分等距算子，则 VV^* 是到 V 的终空间的投影算子，V^*V 是到 V 的始空间的投影算子.

证明　设 V 是部分等距算子，任取 $x \in H$，作直交分解

$$x = x_1 + x_2, \quad x_1 \in N(V)^\perp, \quad x_2 \in N(V),$$

则 $\| Vx \|^2 = \| Vx_1 \|^2 = \| x_1 \|^2 = \| x \|^2 - \| x_2 \|^2 \leqslant \| x \|^2$，所以 $\| Vx \| \leqslant \| x \|$. 又

$$((I - V^*V)x, x) = (x, x) - (V^*Vx, x) = \| x \|^2 - \| Vx \|^2 \geqslant 0,$$

所以 $I - V^*V$ 是正算子. 设 $x \in N(V)^\perp$，则 $\| Vx \| = \| x \|$，这推出 $((I - V^*V)x, x) = 0$，由定理 12 的推论 2，$(I - V^*V)x = 0$，即 $V^*Vx = x$，所以 V^*V 是到 V 的始空间的投影算子.

反之，设 V^*V 是投影算子，$x \in N(V^*V)^\perp$，则 $V^*Vx = x$，因此

$$\| Vx \|^2 = (V^*Vx, x) = (x, x) = \| x \|^2,$$

即 V 在 $N(V^*V)^\perp$ 上是等距的. 又从 $\| Vx \|^2 = (V^*Vx, x)$，可知 $N(V^*V) = N(V)$，故 V 是部分等距算子. 这就证明了 (i) 与 (iv) 是等价的.

用 V^* 代替 V，可知 (ii) 与 (iii) 也是等价的.

最后，若 V^*V 是投影算子，则 $V(V^*V) = V$，从而

$$(VV^*)^2 = V(V^*V)V^* = VV^*,$$

故 VV^* 也是投影算子. 证毕.

定理 15（有界线性算子的极分解）　设 $T \in B(H)$，则存在部分等距算子 V，它的始空间是 $N(T)^\perp$，终空间是 $\overline{R(T)}$，使得 $T = V|T|$，其中 $|T| = (T^*T)^{\frac{1}{2}}$. 进一步，若有 $T = UP$，其中 $P \geqslant 0$，U 是部分等距算子，使 $N(U) = N(P)$，则 $P = |T|$，$U = V$.

证明　设 $x \in H$，则 $\| Tx \|^2 = (Tx, Tx) = (T^*Tx, x) = (|T|x, |T|x)$，因此

$$\| Tx \|^2 = \| \, |T|x \|^2.$$

所以 $N(|T|) = N(T)$. 由本章 §1 定理 5，有

$$\overline{R(|T|)} = N(|T|)^\perp = N(T)^\perp.$$

定义 $V : R(|T|) \to R(T)$ 如下：

$$V(|T|x) = Tx,$$

则 V 是等距的，因此可以扩充为 $N(T)^\perp$ 到 $\overline{R(T)}$ 上的等距算子. 当 $x \in N(T)$ 时，定义 $Vx = 0$，则 V 是一个部分等距算子，而且 $V|T| = T$.

至于唯一性，注意到 $T^*T = PU^*UP$. 由定理 14，U^*U 是到 V 的始空间上的投影算子. 又 $N(U)^\perp = N(P)^\perp = \overline{R(T)}$，所以 $T^*T = P(U^*U)P = P^2$. 由正算子平方根的唯一性，有 $P = |T|$. 从 $T = U|T|$，$U|T|x = Tx = V|T|x$，即 U 与 V 在它们共同的始空间

的稠密子集 $R(|T|)$ 上相等,知 $U=V$. 证毕.

§5 酉算子的谱分解定理

酉算子是除自伴算子外另一类结构较为清楚的算子,由于它也是正规算子,故可以利用后面关于正规算子的谱分解理论得到它的谱分解,但本节给出一个较为简洁的证明.

假设 $U \in B(H)$ 是酉算子,对三角多项式 $p(\mathrm{e}^{it}) = \sum_{k=-n}^{n} c_k \mathrm{e}^{ikt}, c_k \in \mathbf{C}$,定义

$$p(U) = \sum_{k=-n}^{n} c_k U^k,$$

其中若 $k<0$,则 $U^k = (U^{-1})^{-k}$. 显然

$$p(U)^* = \sum_{k=-n}^{n} \bar{c}_k U^{-k},$$

且 $p(U)$ 是正规算子.

定理 1 设 U 是 Hilbert 空间 H 上的酉算子,则存在谱系 $\{E_t\}_{t \in \mathbf{R}}$ 使得:

(i) 当 $t \leqslant 0$ 时,$E_t = 0$;当 $t \geqslant 2\pi$ 时,$E_t = I$;

(ii) $E_t U = U E_t$;

(iii) 对任何 $x, y \in H$,以及三角多项式 $p(\mathrm{e}^{it})$,有

$$(p(U)x, y) = \int_0^{2\pi} p(\mathrm{e}^{it}) \mathrm{d}(E_t x, y).$$

证明类似于自伴算子谱分解定理的证明,我们只叙述大概,而不给出详细证明.

首先令 $P[0, 2\pi] = \{f \in C[0, 2\pi] \mid f(0) = f(2\pi)\}$,对每个 $x, y \in H$ 及三角多项式 p,令

$$\Phi(p; x, y) = (p(U)x, y),$$

则

$$|\Phi(p; x, y)| \leqslant \|p(U)\| \|x\| \|y\|.$$

由本章 §2 定理 10 的推论,$\|p(U)\| = \sup_{\mathrm{e}^{it} \in \sigma(U)} |p(\mathrm{e}^{it})|$. 又由于 $\sigma(U) \subseteq \{z \mid z \in \mathbf{C}, |z| = 1\}$,所以 $\|p(U)\| \leqslant \|p\|$. 故

$$|\Phi(p; x, y)| \leqslant \|p\| \|x\| \|y\|.$$

这样对固定的 x, y,Φ 是 p 的有界线性泛函,它可以延拓为 $P[0, 2\pi]$ 上的有界线性泛函. 故存在 $[0, 2\pi]$ 上的规范化的有界变差函数 $g(t; x, y)$ 使

$$\Phi(p; x, y) = \int_0^{2\pi} p(\mathrm{e}^{it}) \mathrm{d}g(t; x, y).$$

规范化保证 $g(0; x, y) = 0, g(2\pi; x, y) = (x, y)$.

可以证明 $g(t;x,y)$ 关于 x,y 是有界的共轭双线性形式,因此存在自伴算子 E_t 使

$$g(t;x,y)=(E_t x,y),$$

且 $E_0=0$ 及 $E_{2\pi}=I$. 将 E_t 补充定义到 $(-\infty,+\infty)$ 上,对 $t<0$,令 $E_t=0$;对 $t>2\pi$,令 $E_t=I$. 可以证明 $\{E_t\}_{t\in\mathbf{R}}$ 是谱系,且满足

$$(p(U)x,y)=\int_0^{2\pi}p(\mathrm{e}^{it})\mathrm{d}(E_t x,y).$$

这就完成了定理的证明.

同样,这个弱收敛意义下的谱分解公式在算子范数意义下也成立.

定理 2 设 U 是 Hilbert 空间 H 上的酉算子,则 $p(U)=\int_0^{2\pi}p(\mathrm{e}^{it})\mathrm{d}E_t$ 在算子范数收敛意义下成立.

证明 只对 $p(\mathrm{e}^{it})=\mathrm{e}^{int}$ 证明此式. 一般情形可由线性性质立即得到. 在 $[0,2\pi]$ 中插入分点

$$0=t_0<t_1<t_2<\cdots<t_m=2\pi.$$

任取 $s_k\in[t_{k-1},t_k]$,记 $\eta=\max_{1\leqslant k\leqslant m}\{t_k-t_{k-1}\}$,作和式

$$S=\sum_{k=1}^m \mathrm{e}^{ins_k}(E_{t_k}-E_{t_{k-1}}).$$

由于 $E_{t_{k-1}}\leqslant E_{t_k}$,所以 $P_k=E_k-E_{k-1}$ 是投影,而且 $P_jP_k=0(j\neq k)$. 故

$$S^*S=SS^*=\sum_{k=1}^m |\mathrm{e}^{ins_k}|^2 P_k=I,$$

即 S 也是酉算子.

记 $A=U^n-S$,则

$$\begin{aligned}\|Ax\|^2&=((U^n-S)x,(U^n-S)x)\\&=(U^n x,U^n x)-(U^n x,Sx)-(Sx,U^n x)+(Sx,Sx)\\&=2(x,x)-(U^n x,Sx)-(Sx,U^n x).\end{aligned}$$

由于

$$(E_\lambda x,U^n x)=(U^{-n}E_\lambda x,x)=\int_0^{2\pi}\mathrm{e}^{-int}\mathrm{d}(E_t E_\lambda x,x)=\int_0^\lambda \mathrm{e}^{-int}\mathrm{d}(E_t x,x),$$

所以

$$\begin{aligned}(Sx,U^n x)&=\sum_{k=1}^m \mathrm{e}^{ins_k}(E_{t_k}x-E_{t_{k-1}}x,U^n x)\\&=\sum_{k=1}^m \mathrm{e}^{ins_k}\int_{t_{k-1}}^{t_k}\mathrm{d}(E_\lambda x,U^n x)\\&=\sum_{k=1}^m \int_{t_{k-1}}^{t_k}\mathrm{e}^{in(s_k-t)}\mathrm{d}(E_t x,x).\end{aligned}$$

于是

$$(U^n x, Sx) + (Sx, U^n x) = 2 \sum_{k=1}^{m} \int_{t_{k-1}}^{t_k} \cos(n(s_k - t)) \, \mathrm{d}(E_t x, x),$$

从而

$$\| Ax \|^2 = 2 \sum_{k=1}^{m} \int_{t_{k-1}}^{t_k} [1 - \cos(n(s_k - t))] \, \mathrm{d}(E_t x, x).$$

对任意 $\varepsilon > 0$,存在 $\delta > 0$,当 $\eta < \delta$ 时,对任意 $t_{k-1} \leqslant t \leqslant t_k$,

$$1 - \cos(n(s_k - t)) < \frac{\varepsilon}{2}.$$

所以 $\| Ax \|^2 \leqslant \varepsilon \sum_{k=1}^{m} \int_{t_{k-1}}^{t_k} \mathrm{d}(E_t x, x) = \varepsilon \| x \|^2$,即 $\| A \| \leqslant \sqrt{\varepsilon}$. 进而

$$\lim_{\eta \to 0} \sum_{k=1}^{m} \mathrm{e}^{\mathrm{i} n s_k} (E_{t_k} - E_{t_{k-1}}) = U^n,$$

即 $U^n = \int_0^{2\pi} \mathrm{e}^{\mathrm{i} n t} \mathrm{d} E_t$ 在算子范数收敛意义下成立. 证毕.

完全类似于自伴算子情形,可以证明 E_t 是由 U 唯一确定的,通常也称 E_t 为 U 的谱系或单位分解.

U 的谱性质可以由 E_t 来反映,此处不再详述.

§6 正规算子的谱分解定理

Hilbert 空间 H 上的算子 $T \in B(H)$ 称为正规算子,若满足 $T^* T = T T^*$,我们前面研究的自伴算子与酉算子都是正规算子的特例. 本节研究正规算子的谱分解.

自伴算子的谱为 $\mathbf{R}$ 的子集,酉算子的谱在单位圆周上. 用拓扑的观点来看,它们的谱都是"一维"的,所以可以表示为谱系的积分. 但对一般的正规算子,我们只知道它的谱是平面的有界闭子集,是二维子集,因此不能表示为谱系的积分. 合适的做法是将它表示为平面上的谱测度的积分.

设 $T \in B(H)$,则 $T_1 = \dfrac{T^* + T}{2}$,$T_2 = \dfrac{T^* - T}{2\mathrm{i}}$ 都是自伴算子,且 $T = T_1 + \mathrm{i} T_2$. 称 T_1, T_2 为 T 的实部和虚部,分别记为 $\mathrm{Re}\, T = T_1$,$\mathrm{Im}\, T = T_2$. 任取 $x \in H$,$\| x \| = 1$,由于 $|(Tx, x)|^2 = |(T_1 x, x)|^2 + |(T_2 x, x)|^2$,所以 $|(T_i x, x)| \leqslant \| T \|$($i = 1, 2$),故有 $\| T_1 \| \leqslant \| T \|$ 及 $\| T_2 \| \leqslant \| T \|$.

定理 1 设 H 是 Hilbert 空间,$T \in B(H)$,则 T 为正规算子的充要条件是 $\mathrm{Re}\, T$ 与 $\mathrm{Im}\, T$ 可交换.

证明 记 $T_1 = \mathrm{Re}\, T$,$T_2 = \mathrm{Im}\, T$,$T = T_1 + \mathrm{i} T_2$,则 $T^* = T_1 - \mathrm{i} T_2$,所以

$$T^* T = T_1^2 + \mathrm{i}(T_1 T_2 - T_2 T_1) + T_2^2,$$
$$T T^* = T_1^2 + \mathrm{i}(T_2 T_1 - T_1 T_2) + T_2^2.$$

故 $T^*T = TT^*$ 的充要条件是 $T_1T_2 - T_2T_1 = T_2T_1 - T_1T_2$,即 $T_1T_2 = T_2T_1$. 证毕.

下面讨论正规算子的谱分解.

设 $T = T_1 + \mathrm{i}T_2$,令 $b = \|T\|$,$a = -\|T\| - 1$,则 $\sigma(T_i) \subseteq (a,b]$,$i = 1,2$. 由于 T_1, T_2 为自伴算子,由自伴算子的谱分解定理,有

$$T_1 = \int_a^b t\,\mathrm{d}E_t = \lim_{n\to\infty} \sum_{k=1}^n \xi_k(E_{t_k} - E_{t_{k-1}}),$$

$$T_2 = \int_a^b s\,\mathrm{d}F_s = \lim_{m\to\infty} \sum_{l=1}^m \eta_l(F_{s_l} - F_{s_{l-1}}).$$

注意到 E_t 与 F_s 可交换,且 $\sum_{k=1}^n (E_{t_k} - E_{t_{k-1}}) = I$,$\sum_{l=1}^m (F_{s_l} - F_{s_{l-1}}) = I$,所以

$$
\begin{aligned}
T &= T_1 + \mathrm{i}T_2 \\
&= \lim \sum_{k,l} \left[\xi_k(E_{t_k} - E_{t_{k-1}})(F_{s_l} - F_{s_{l-1}}) + \mathrm{i}\eta_l(F_{s_l} - F_{s_{l-1}})(E_{t_k} - E_{t_{k-1}}) \right] \\
&= \lim \sum_{k,l} (\xi_k + \mathrm{i}\eta_l)(E_{t_k} - E_{t_{k-1}})(F_{s_l} - F_{s_{l-1}}).
\end{aligned}
$$

对 $(a,b] \times (a,b]$ 内任一子矩形 $\Delta = (\alpha,\beta] \times (\gamma,\delta]$,令

$$G(\Delta) = (E_\beta - E_\alpha)(F_\delta - F_\gamma),$$

则 $T = \lim \sum \lambda_j G(\Delta_j)$,其中 $\lambda_j \in \Delta_j$. 故可将 T 写成

$$\int_{(a,b]\times(a,b]} z\,\mathrm{d}G(z),$$

此即正规算子的谱分解.

然而,需要注意的是,我们仅仅对形如 $(a,b] \times (a,b]$ 的子矩形 Δ 定义了 $G(\Delta)$,所以上述积分实际上没有定义. 这尚不完善,关键是如何将 $G(\Delta)$ 扩充为平面上的谱测度.

6.1　乘积谱测度

设 $\mathscr{B}$ 是 $\mathbf{R}$ 上的 Borel 可测集全体. E, F 是 $(\mathbf{R}, \mathscr{B})$ 上的两个谱测度,由本章 §4,E, F 可由相应的谱系 E_λ, F_λ 给出. 记 $\mathscr{B} \times \mathscr{B}$ 为由 $A \times B$,$A, B \in \mathscr{B}$ 生成的 $\mathbf{R}^2$ 上的 σ 代数. 它实际上是 $\mathbf{R}^2$ 上的 Borel 可测集全体. 若 G 是 $(\mathbf{R}^2, \mathscr{B} \times \mathscr{B})$ 上的谱测度,使对任意 $A, B \in \mathscr{B}$,有

$$G(A \times B) = E(A)F(B).$$

则称 G 为 E, F 的**乘积谱测度**.

显然,乘积谱测度如果存在,一定是唯一的. 现在的问题是:乘积谱测度是否存在? 由于 $G(A \times B) = E(A)F(B)$ 仍为投影,则必须 $E(A)$ 与 $F(B)$ 可交换,这是乘积谱测度存在的必要条件. 那么,如果 E, F 是两个可交换的谱测度,是否存在乘积谱测度? 为讨论这个问题,记 $P = \{A \times B \mid A, B \in \mathscr{B}\}$,称 P 为 $\mathbf{R}^2$ 中的可测矩形全体.

令 $G:P\to B(H)$，$A\times B\mapsto E(A)F(B)$，则 G 具有如下性质：

（i）　若 $\Delta_1=A_1\times B_1$，$\Delta_2=A_2\times B_2$，且 $\Delta_1\cap\Delta_2=\varnothing$，则 $G(\Delta_1)G(\Delta_2)=0$.

事实上，由 $\Delta_1\cap\Delta_2=(A_1\cap A_2)\times(B_1\cap B_2)=\varnothing$ 知，$A_1\cap A_2=\varnothing$ 或 $B_1\cap B_2=\varnothing$. 不妨设 $A_1\cap A_2=\varnothing$，则 $E(A_1)E(A_2)=0$. 故

$$G(\Delta_1)G(\Delta_2)=E(A_1)F(B_1)E(A_2)F(B_2)$$
$$=E(A_1)E(A_2)F(B_1)F(B_2)=0（由交换性）.$$

（ii）　若 $\Delta_1\subseteq\Delta_2$，则 $G(\Delta_1)\leqslant G(\Delta_2)$.

因为 $\Delta_1\subseteq\Delta_2$，则 $A_1\subseteq A_2$，$B_1\subseteq B_2$，从而 $E(A_1)\leqslant E(A_2)$，$F(B_1)\leqslant F(B_2)$，所以 $G(\Delta_1)G(\Delta_2)=E(A_1)E(A_2)F(B_1)F(B_2)=E(A_1)F(B_1)=G(\Delta_1)$（由交换性）. 故

$$G(\Delta_1)\leqslant G(\Delta_2).$$

（iii）　若 $\Delta_1\cup\Delta_2\subseteq\Delta$，且 $\Delta_1\cap\Delta_2=\varnothing$，则 $G(\Delta_1)+G(\Delta_2)\leqslant G(\Delta)$.

因为 $G(\Delta_1)\leqslant G(\Delta)$ 及 $G(\Delta_2)\leqslant G(\Delta)$，又 $G(\Delta_1)G(\Delta_2)=0$，所以 $G(\Delta_1)+G(\Delta_2)$ 仍为直交投影，且值域为 $G(\Delta_1)$ 与 $G(\Delta_2)$ 值域的直交和，从而包含在 $G(\Delta)$ 的值域中，故 $G(\Delta_1)+G(\Delta_2)\leqslant G(\Delta)$. 这一结论可以推广到任何有限和中，即若 $\{\Delta_i\}_{i=1}^{n}\subseteq P$，且 Δ_i 两两不交，$\bigcup\limits_{i=1}^{n}\Delta_i\subseteq\Delta\in P$，则有

$$G(\Delta_1)+G(\Delta_2)+\cdots+G(\Delta_n)\leqslant G(\Delta).$$

（iv）（有限可加性）　设 $\{\Delta_i\}_{i=1}^{n}\subseteq P$，且 Δ_i 两两不交，并设 $\bigcup\limits_{i=1}^{n}\Delta_i$ 仍属于 P，则有

$$G(\Delta_1)+G(\Delta_2)+\cdots+G(\Delta_n)=G\Big(\bigcup\limits_{i=1}^{n}\Delta_i\Big).$$

该性质的证明较复杂，我们仅以 $n=2$ 为例. 设 $\Delta_1=A_1\times B_1$，$\Delta_2=A_2\times B_2$，且 $\Delta_1\cap\Delta_2=\varnothing$，$\Delta_1\cup\Delta_2=\Delta=A\times B$. 由于 $\Delta_1\cap\Delta_2=\varnothing$，不妨设 $A_1\cap A_2=\varnothing$，由 $\Delta_1\cup\Delta_2=A\times B$，得 $A=A_1\cup A_2$，$B=B_1\cup B_2$.

下面证明 $B_1=B_2$. 事实上，若 $y\in B_1$，任取 $x\in A_2$，则 $x\in A$，从而 $(x,y)\in A\times B$ 但 $x\notin A_1$ 所以 $(x,y)\notin\Delta_1$，这说明 $(x,y)\in\Delta_2$，故 $y\in B_2$，即 $B_1\subseteq B_2$. 类似可证 $B_2\subseteq B_1$，因此 $B=B_1=B_2$. 进而

$$G(\Delta)=E(A)F(B)=(E(A_1)+E(A_2))F(B)$$
$$=E(A_1)F(B_1)+E(A_2)F(B_2)=G(\Delta_1)+G(\Delta_2).$$

（v）（次可加性）　设 $\Delta\subseteq\bigcup\limits_{i=1}^{n}\Delta_i$，则从 $4°$ 容易验证 $G(\Delta)\leqslant\sum\limits_{i=1}^{n}G(\Delta_i)$.

记 $P_0=\{(a,b]\times(c,d]\mid a\leqslant b,c\leqslant d\}$，即 P_0 为左下开右上闭的矩阵全体，则 $P_0\subset P$.

引理 1　G 限制在 P_0 上，有可数可加性. 即若 $\{\Delta_k\}_{k=1}^{\infty}\subseteq P_0$，$\Delta_k$ 两两不交，且

$\bigcup\limits_{k=1}^{\infty}\Delta_k=\Delta\in P_0$，则

$$G(\Delta)=\sum_{k=1}^{\infty}G(\Delta_k)$$

在强收敛意义下成立.

证明   对任意 n，由于 $\bigcup\limits_{k=1}^{n}\Delta_k\subseteq\Delta$，所以

$$\sum_{k=1}^{n}G(\Delta_k)\leqslant G(\Delta).$$

又由本章 §3 定理 6，$\sum\limits_{k=1}^{\infty}G(\Delta_k)$ 在强收敛意义下收敛于某一投影算子，记为 P，由 $\left\|\sum\limits_{k=1}^{n}G(\Delta_k)x\right\|\leqslant\|G(\Delta)x\|$，有 $\|Px\|\leqslant\|G(\Delta)x\|$. 故

$$\sum_{k=1}^{\infty}G(\Delta_k)\leqslant G(\Delta).$$

下证 $G(\Delta)=\sum\limits_{k=1}^{\infty}G(\Delta_k)$.

若 $\sum\limits_{k=1}^{\infty}G(\Delta_k)<G(\Delta)$，则存在 x_0，$\|x_0\|=1$，使 $G(\Delta)x_0=x_0$，而对任意 k，$G(\Delta_k)x_0=0$. 设 $\Delta_k=(a_k,b_k]\times(c_k,d_k]$，$\Delta=(a,b]\times(c,d]$，则

$$E((a_k,b_k])F((c_k,d_k])x_0=0.$$

由于 E,F 所对应的谱系是右连续的，故可以取 $\widetilde{\Delta}_k=(a_k,\widetilde{b}_k]\times(c_k,\widetilde{d}_k]$，其中 $\widetilde{b}_k>b_k$，$\widetilde{d}_k>d_k$ 使

$$\|G(\widetilde{\Delta}_k)x_0\|^2<\frac{1}{2^{k+1}}.$$

则 $\widetilde{\Delta}_k\supset\Delta_k$. 设 $\widetilde{\Delta}=(\widetilde{a},b]\times(\widetilde{c},d]$，其中 $\widetilde{a}>a$，$\widetilde{c}>c$，使

$$\|G(\widetilde{\Delta})x_0\|^2>\frac{3}{4}\quad(\text{因为}\|G(\Delta)x_0\|=1).$$

由 $\Delta=\bigcup\limits_{k=1}^{\infty}\Delta_k$ 知，

$$[\widetilde{a},b]\times[\widetilde{c},d]\subseteq\bigcup_{k=1}^{\infty}(a_k,\widetilde{b}_k)\times(c_k,\widetilde{d}_k).$$

由有限覆盖定理知存在 N，使 $\widetilde{\Delta}\subseteq\bigcup\limits_{k=1}^{N}\widetilde{\Delta}_k$. 由次可加性，有

$$G(\widetilde{\Delta})\leqslant\sum_{k=1}^{N}G(\widetilde{\Delta}_k),$$

所以

$$(G(\widetilde{\Delta})x_0,x_0)\leqslant\sum_{k=1}^{N}(G(\widetilde{\Delta}_k)x_0,x_0).$$

但

$$(G(\widetilde{\Delta})x_0,x_0)\geqslant\frac{3}{4},\quad\sum_{k=1}^{N}(G(\widetilde{\Delta}_k)x_0,x_0)\leqslant\frac{1}{2}.$$

这个矛盾说明 $G(\Delta)=\sum_{k=1}^{\infty}G(\Delta_k)$. 证毕.

引理 2　设 E,F 是 $(\mathbf{R},\mathscr{B})$ 上的两个可交换的谱测度,则存在唯一的 $(\mathbf{R}\times\mathbf{R},\mathscr{B}\times\mathscr{B})$ 上的谱测度 G,满足

$$G((a,b]\times(c,d])=E((a,b])F((c,d]).$$

证明　对 $(a,b]\times(c,d]\in P_0$,令

$$G((a,b]\times(c,d])=E((a,b])F((c,d]).$$

由引理 1,G 在 P_0 上具有可数可加性.记 $R(P_0)$ 为由 P_0 生成的环.利用可加性可将 G 延拓到 $R(P_0)$ 上.由于 G 在 P_0 上有有限可加性,易见这种自然延拓是确定的.又因为 G 在 P_0 上有可数可加性,知 G 在 $R(P_0)$ 上具有可数可加性.

下面证明 $R(P_0)$ 上定义的 G 可以(唯一地)延拓成 $\mathscr{B}\times\mathscr{B}$ 上的谱测度.事实上,对任意 $x\in H$,$(G(\Delta)x,x)$ 为 $R(P_0)$ 上的测度,可以唯一地延拓到 $\mathscr{B}\times\mathscr{B}$ 上,记为 μ_x.固定 $M\in\mathscr{B}\times\mathscr{B}$,可以验证 $\mu_x(M)$ 是 x 的有界实二次形式,即满足

$$\mu_{x+y}+\mu_{x-y}=2(\mu_x+\mu_y)$$

及

$$\mu_{\alpha x}=|\alpha|^2\mu_x$$

的有界泛函.故存在有界线性算子 T_M,使 $\mu_x(M)=(T_Mx,x)$.易证 T_M 是投影算子.从 μ_x 有可数可加性,可以证明映射 $M\to T_M$ 有强收敛意义下的可数可加性,从而 $\{T_M\}_{M\in\mathscr{B}\times\mathscr{B}}$ 是谱测度,且是 G 的延拓.证毕.

定理 2　设 E,F 是 $(\mathbf{R},\mathscr{B})$ 上的两个可交换的谱测度,则存在 $(\mathbf{R}\times\mathbf{R},\mathscr{B}\times\mathscr{B})$ 上的 E,F 的乘积谱测度.

证明　取 $G(M)$ 为引理 2 中的 T_M,往证对 $A,B\in\mathscr{B}$ 有

$$G(A\times B)=E(A)F(B).$$

注意到 $\mathbf{R}$ 上左开右闭区间全体张成的 σ 环是 $\mathscr{B}$.固定 A_0 为一个左开右闭区间,由引理 2,对任何左开右闭区间 B,有

$$G(A_0\times B)=E(A_0)F(B).$$

记

$$\mathscr{B}_1=\{B\in\mathscr{B}\mid G(A_0\times B)=E(A_0)F(B)\}.$$

由于 $G(A_0\times B)$ 及 $E(A_0)F(B)$ 都具有可数可加性,故 $\mathscr{B}_1$ 是包含左开右闭区间张成的环的单调类,从而 $\mathscr{B}_1=\mathscr{B}$.进一步,固定 $B_0\in\mathscr{B}$,则由上面的讨论知对任一左开

右闭区间 A 有

$$G(A \times B_0) = E(A) F(B_0).$$

用类似的方法知

$$\mathscr{B} = \left\{ A \in \mathscr{B} \mid G(A \times B_0) = E(A) F(B_0) \right\},$$

故对任意 $A, B \in \mathscr{B}$,有

$$G(A \times B) = E(A) F(B),$$

即 G 是 E, F 的乘积谱测度. 证毕.

6.2 正规算子的谱分解定理

对于 $(\mathbf{R} \times \mathbf{R}, \mathscr{B} \times \mathscr{B})$ 上的谱测度 G,由 $\mathbf{R} \times \mathbf{R}$ 与 $\mathbf{C}$ 的对应关系,可作 $(\mathbf{C}, \mathscr{B})$ 上的谱测度,记为 $\widetilde{G}$.

定义 1 设 H 是 Hilbert 空间,$T \in B(H)$ 是正规算子,E, F 分别是 $\mathrm{Re}\, T, \mathrm{Im}\, T$ 的谱测度,G 是 E, F 的乘积谱测度,由 G 而得的 $(\mathbf{C}, \mathscr{B})$ 上的谱测度 $\widetilde{G}$ 称为 T 的**谱测度**.

定理 3 设 H 是 Hilbert 空间,$T \in B(H)$ 是正规算子,$\widetilde{G}$ 为 T 的谱测度,则在算子范数收敛意义下,有

$$T = \int_{\mathbf{C}} z \mathrm{d} \widetilde{G}(z).$$

证明 由本节开头的做法,对任给的 $\varepsilon > 0$,存在 $[-\|T\|-1, \|T\|] \times [-\|T\|-1, \|T\|]$ 的一个分割 $\{\Delta_k\}_{k=1}^n$,使 $\eta = \max\limits_{1 \leq k \leq n} \{\Delta_k$ 的直径$\} < \varepsilon$,且

$$\left\| T - \sum_{k=1}^n \lambda_k \widetilde{G}(\Delta_k) \right\| < \varepsilon,$$

其中 $\lambda_k \in \Delta_k$. 又由于

$$\left\| \int z \mathrm{d} \widetilde{G}(z) - \sum_{k=1}^n \lambda_k \widetilde{G}(\Delta_k) \right\|$$

$$= \left\| \int z \mathrm{d} \widetilde{G}(z) - \int \sum_{k=1}^n \lambda_k \chi_{\Delta_k}(z) \mathrm{d} \widetilde{G}(z) \right\|$$

$$= \left\| \int \left(z - \sum_{k=1}^n \lambda_k \chi_{\Delta_k}(z) \right) \mathrm{d} \widetilde{G}(z) \right\| \leq \varepsilon.$$

故有

$$\left\| \int z \mathrm{d} \widetilde{G}(z) - T \right\| \leq 2\varepsilon.$$

由 ε 的任意性知,$T = \int z \mathrm{d} \widetilde{G}(z)$. 证毕.

正规算子的谱与谱测度之间有如下的关系.

定理 4 设 Hilbert 空间 H 上的算子 T 是正规算子,$\widetilde{G}$ 是 T 的谱测度,$\lambda_0 \in \mathbf{C}$,则

（i）$\lambda_0 \in \rho(T)$ 的充要条件是存在 $\varepsilon > 0$，使 $\widetilde{G}(O(\lambda_0, \varepsilon)) = 0$;

（ii）λ_0 是 T 的特征值的充要条件是 $\widetilde{G}(\{\lambda_0\}) \neq 0$，此时 $\widetilde{G}(\{\lambda_0\})H$ 就是 T 的相应于 λ_0 的特征子空间.

证明　先证（i）. 若对任意 $\varepsilon > 0$，$\widetilde{G}(O(\lambda_0, \varepsilon)) \neq 0$，则存在 x_0，使 $\|x_0\| = 1$ 且 $\widetilde{G}(O(\lambda_0, \varepsilon))x_0 = x_0$. 所以

$$\|(T - \lambda_0 I)x_0\|^2$$
$$= \left\| \int (z - \lambda_0) \, \mathrm{d}\widetilde{G}(z)x_0 \right\|^2 = \int |z - z_0|^2 \mathrm{d}(\widetilde{G}(z)x_0, x_0)$$
$$= \int_{O(\lambda_0, \varepsilon)} |z - z_0|^2 \mathrm{d}(\widetilde{G}(z)x_0, x_0) \leqslant \varepsilon^2 \|x_0\|^2 = \varepsilon^2.$$

由此，若取 $\varepsilon_n = \dfrac{1}{n}$，则存在 x_n，$\|x_n\| = 1$ 使

$$\|(T - \lambda_0 I)x_n\| \leqslant \frac{1}{n} \to 0 \, (n \to \infty).$$

从而 $\lambda_0 \notin \rho(T)$. 必要性得证.

下证充分性. 若存在 $\varepsilon > 0$，使 $\widetilde{G}(O(\lambda_0, \varepsilon)) = 0$，则

$$\lambda_0 I - T = \int_{\mathbf{C} - O(\lambda_0, \varepsilon)} (\lambda_0 - z) \, \mathrm{d}\widetilde{G}(z).$$

因为 $(\lambda_0 - z)^{-1}$ 在 $\mathbf{C} - O(\lambda_0, \varepsilon)$ 上是有界连续函数，所以 $S = \displaystyle\int_{\mathbf{C} - O(\lambda_0, \varepsilon)} (\lambda_0 - z)^{-1} \mathrm{d}\widetilde{G}(z)$ 是有界线性算子. 然而 $(\lambda_0 I - T)S = S(\lambda_0 I - T) = \displaystyle\int \mathrm{d}\widetilde{G}(z) = I$，所以 $\lambda_0 \in \rho(T)$.

再证（ii）. 对任意 $\lambda_0 \in \mathbf{C}$ 及 $x_0 \in H$，有

$$\|(T - \lambda_0 I)x_0\|^2 = \int |z - \lambda_0|^2 \mathrm{d}(\widetilde{G}(z)x_0, x_0).$$

所以 $(T - \lambda_0 I)x_0 = 0$ 的充要条件是 $(\widetilde{G}(\{\lambda_0\})x_0, x_0) = (x_0, x_0)$，即 $\widetilde{G}(\{\lambda_0\})x_0 = x_0$. 故 λ_0 为 T 的特征值的充要条件是存在 $x_0 \neq 0$ 使 $\widetilde{G}(\{\lambda_0\})x_0 = x_0$，即

$$\widetilde{G}(\{\lambda_0\}) \neq 0.$$

于是，

$$\{x_0 \mid Tx_0 = \lambda x_0\} = \{x_0 \mid \widetilde{G}(\{\lambda_0\})x_0 = x_0\} = \widetilde{G}(\{\lambda_0\})H,$$

即 T 的相应于 λ_0 的特征子空间是 $\widetilde{G}(\{\lambda_0\})H$. 证毕.

定理 5　设 H 是 Hilbert 空间，$T \in B(H)$ 是正规算子，$\widetilde{G}$ 是 T 的谱测度，则 $\widetilde{G}$ 集

中在 $\sigma(T)$ 上. 具体地说:

(i) $\widetilde{G}(\sigma(T)) = I$;

(ii) 对 $\sigma(T)$ 的任何真闭子集 F, $\widetilde{G}(F) \neq I$.

证明　(i) 由定理 4, $\lambda_0 \in \rho(T)$ 的充要条件是存在 $\varepsilon > 0$, 使 $\widetilde{G}(O(\lambda_0, \varepsilon)) = 0$. 由于开集 $\rho(T)$ 可以写成所有这种 $O(\lambda_0, \varepsilon)$ 之并, 从中可以选出可数多个, 其并为 $\rho(T)$, 所以 $\widetilde{G}(\rho(T)) = 0$, 即 $\widetilde{G}(\sigma(T)) = I$.

为证 (ii), 反设存在 $\sigma(T)$ 的真闭子集 F, 使 $\widetilde{G}(F) = I$, 设 $\lambda_0 \in \sigma(T)$, 但 $\lambda_0 \notin F$, 由此存在 $\varepsilon > 0$, 使

$$O(\lambda_0, \varepsilon) \cap F = \varnothing.$$

因为 $\widetilde{G}(F) = I$, 所以 $\widetilde{G}(O(\lambda_0, \varepsilon)) = 0$. 这导致 $\lambda_0 \in \rho(T)$, 与假设矛盾. 证毕.

推论　设 T 是 Hilbert 空间 H 上的正规算子, 则

(i) 若 $\sigma(T) \subseteq \mathbf{R}$, 则 T 是自伴算子;

(ii) 若 $\sigma(T) \subseteq$ 单位圆周, 则 T 是酉算子;

(iii) 若 $\sigma(T) \subseteq \{\lambda \in \mathbf{R} \mid \lambda \geqslant 0\}$, 则 T 是正算子.

应该注意的是, 如果去掉"正规"条件, 推论的结论可能不成立.

定理 6 (谱测度的唯一性)　若 G_1 是 $(\mathbf{C}, \mathscr{B})$ 上的谱测度, 且 $T = \int_{\mathbf{C}} z \mathrm{d} G_1(z)$ 是有界算子, 则 T 是正规算子且 $G_1(A) = \widetilde{G}(A)$, $A \in \mathscr{B}$, 其中 $\widetilde{G}$ 是按前述方法作出的 T 的谱测度.

证明　易知 T 是正规算子且 G_1 集中在 $\sigma(T)$ 上. 又 $\mathrm{Re}\, T = \int (\mathrm{Re}\, z) \mathrm{d} G_1(z)$, 令 E, F 分别为 $\mathrm{Re}\, T$ 与 $\mathrm{Im}\, T$ 的谱测度, 相应的谱系为 E_t, F_t. 令

$$E_t' = G_1((-\infty, t] \times (-\infty, +\infty)).$$

容易证明 E_t' 是谱系, 且 $\mathrm{Re}\, T = \int t \mathrm{d} E_t'$. 由自伴算子的谱系的唯一性, 知 $E_t' = E_t$.

类似可作

$$F_t' = G_1((-\infty, +\infty) \times (-\infty, t]),$$

并可证明 $F_t' = F_t$.

由上述做法知 G_1 是 E', F' 的乘积谱测度, $\widetilde{G}$ 是 E, F 的乘积谱测度, 故 $G_1 = G$. 证毕.

*§7 函数空间上的算子

函数空间中的算子分两大类,一类是微分与积分算子,其研究的侧重点是算子对应的方程解的存在性、唯一性、稳定性等,这些方程大多与某个特定的物理现象有关,常常需要针对不同的方程采取不同的方法与技巧.另一类是具有比较好的结构的函数空间上的算子,由于空间结构比较清楚,这些空间上算子的结构也就相对清楚一点,特别是将空间的度量与解析函数相结合可以得到各种不同结构的解析函数空间,这使得人们可以将丰富的解析函数论工具运用到算子的研究中,从而可以得到关于算子的更精细的结论.人们常研究的是三类算子是:Toeplitz 算子、Hankel(汉克尔)算子及复合算子.

7.1 Toeplitz 算子

Toeplitz 算子的原型是 Toeplitz 矩阵,即如下形式的特殊矩阵:

$$A=\begin{pmatrix} a_0 & a_1 & a_2 & \cdots & a_n \\ a_{-1} & a_0 & a_1 & \cdots & a_{n-1} \\ a_{-2} & a_{-1} & a_0 & \cdots & a_{n-2} \\ \vdots & \vdots & \vdots & & \vdots \\ a_{-n} & a_{-n+1} & a_{-n+2} & \cdots & a_0 \end{pmatrix}, a_i \in \mathbf{C}(\text{或 }\mathbf{R}), i=0,\pm1,\cdots,\pm n.$$

这类矩阵来自控制论中的系统传输矩阵,迄今仍是计算学界研究的对象.在无限维可分 Hilbert 空间中,有一个 Toeplitz 矩阵的推广,即下面的无限矩阵

$$A=\begin{pmatrix} a_0 & a_1 & a_2 & a_3 & \cdots & a_n & \cdots \\ a_{-1} & a_0 & a_1 & a_2 & \cdots & a_{n-1} & \cdots \\ a_{-2} & a_{-1} & a_0 & a_1 & \cdots & a_{n-2} & \cdots \\ \vdots & \vdots & \vdots & \vdots & & \vdots & \\ a_{-n} & a_{-n+1} & a_{-n+2} & a_{-n+3} & \cdots & a_0 & \cdots \\ \vdots & \vdots & \vdots & \vdots & & \vdots & \end{pmatrix}, a_i \in \mathbf{C}(\text{或 }\mathbf{R}).$$

这类矩阵的特点是对角线及所有次对角线上的元素均为常值.

有限维 Toeplitz 矩阵的一个重要问题是特征值的计算,它对应的是系统极点的分布.对无限维的 Toeplitz 算子而言,其核心问题也是谱问题与结构问题,然而这些问题异常复杂,作为一般算子的特例,许多一般算子的问题在 Toeplitz 算子(矩阵)情形都可以提出相对应的问题,这些问题常常是非平凡的甚至是十分困难的.例

如,我们也可以对 Toeplitz 算子提出不变子空间问题,遗憾的是,这个问题至今仍然悬而未决.

在 20 世纪 60 年代,Brown(布朗)与 Halmos(哈尔莫斯)将 Toeplitz 矩阵与函数论联系起来之前,有关 Toeplitz 矩阵的研究进展甚微,其根本原因在于人们没有一个行之有效的工具. Brown 与 Halmos 将 Toeplitz 矩阵的表值与函数的 Fourier 系数巧妙地联系起来,从而将 Toeplitz 矩阵与函数空间上的算子相对应,使得人们可以借助强大的函数论工具来研究这类矩阵,这就是 Toeplitz 算子的由来. 虽然 Toeplitz 算子源于控制论,但随着这一理论的发展与深入,人们在泛函分析与经典的函数论之间架设了一座桥梁,这类算子在数学上的意义已经远远超越了它的实际应用价值,它不仅为泛函分析提供了丰富多彩的例子,也为一些经典函数论的研究带来了新的思路与新的视角.

定义 1   假设 $\varphi \in L^{\infty}(\mathbb{T})$,$P$ 是 $L^2(\mathbb{T})$ 到 $H^2(\mathbb{T})$ 的正交投影,定义 $H^2(\mathbb{T})$ 上的算子 T_{φ} 为

$$T_{\varphi}f = P(\varphi f), f \in H^2(\mathbb{T}),$$

T_{φ} 称为**具有符号 φ 的 Toeplitz 算子**,φ 称为 T_{φ} 的**符号**.

从定义 1 似乎看不出 Toeplitz 算子与 Toeplitz 矩阵之间有什么内在关系,但只要考察一下这个算子在 $H^2(\mathbb{T})$ 中标准正交基 $\{e^{in\theta}\}_{n=0}^{\infty}$ 下的表示就清楚了.

定义 2   设 T 是 Hilbert 空间 H 上的有界线性算子,$\{e_n\}_{n \in \Lambda}$ 是 H 的正交基,则 T **在正交基 $\{e_n\}_{n \in \Lambda}$ 下的矩阵**指的是矩阵

$$T = \{(Te_n, e_m)\}_{n,m \in \Lambda},$$

其中 (Te_n, e_m) 表示位于 (m,n) 处的表值.

定理 1   假设 $\varphi \in L^{\infty}(\mathbb{T})$ 的 Fourier 级数为

$$\varphi \sim \sum_{n=-\infty}^{\infty} a_n e^{in\theta},$$

则以 φ 为符号的 Toeplitz 算子 T_{φ} 在 $\{e^{in\theta}\}_{n=0}^{\infty}$ 下的矩阵表示为

$$T_{\varphi} = \begin{pmatrix} a_0 & a_{-1} & a_{-2} & a_{-3} & \cdots \\ a_1 & a_0 & a_{-1} & a_{-2} & \cdots \\ a_2 & a_1 & a_0 & a_{-1} & \cdots \\ a_3 & a_2 & a_1 & a_0 & \cdots \\ \vdots & \vdots & \vdots & \vdots & \end{pmatrix}.$$

定理 1 的证明不是件难事,直接计算就行了.

Toeplitz 矩阵是否必为 Toeplitz 算子? 答案是肯定的,但由于其证明比较复杂,故略去详细讨论.

定理 2 若 $H^2(\mathbb{T})$ 上的有界线性算子在标准正交基 $\{e^{in\theta}\}_{n=0}^{\infty}$ 下的矩阵是 Toeplitz 矩阵,则它一定是 Toeplitz 算子.

Toeplitz 算子作为一个重要的算子类,对它的研究已经形成一套丰富的理论,并且该理论又被推广到 Bergman 空间、高维复空间中的各种区域上的函数空间中,其中待解决的问题很多.

7.2 Hankel 算子

与 Toeplitz 算子密切相关的另一类算子是 Hankel 算子. 从 Toeplitz 算子的定义可以看出,有两个概念至关重要,一个是从 $L^2(\mathbb{T})$ 到 $H^2(\mathbb{T})$ 的正交投影 P,另一个是 $L^{\infty}(\mathbb{T})$ 中的函数 φ,如果暂不考虑投影 P,仅用 φ 与 $H^2(\mathbb{T})$ 中的函数相乘,得到的是 $L^2(\mathbb{T})$ 中的元素,即对任意 $f \in H^2(\mathbb{T})$,$\varphi f \in L^2(\mathbb{T})$. 正如平面内的向量可以分解成两个坐标轴方向的分量一样,Toeplitz 算子作用到 f 等于 φf 在 $H^2(\mathbb{T})$ "方向" 的分量,另一个方向是什么呢? 当然是 $H^2(\mathbb{T})$ 在 $L^2(\mathbb{T})$ 中的正交补,因此 φf 的另一个分量在 $H^2(\mathbb{T})$ 的正交补中. 这个正交补到底是个什么样的空间? 我们只要看看 $L^2(\mathbb{T})$ 中函数的 Fourier 展开式就清楚了.

假设 $f \in L^2(\mathbb{T})$ 有 Fourier 展开式

$$f = \sum_{n=-\infty}^{\infty} a_n e^{in\theta},$$

右端的级数按 $L^2(\mathbb{T})$ 中的范数收敛,即

$$\left\| f - \sum_{n=-k}^{l} a_n e^{in\theta} \right\|_2 \to 0 \, (k, l \to \infty).$$

显然 f 在 $H^2(\mathbb{T})$ 中的 "分量" 为

$$Pf = \sum_{n=0}^{\infty} a_n e^{in\theta},$$

不难看出,f 在 $H^2(\mathbb{T})$ 的正交补中的 "分量" 为

$$f - Pf = \sum_{n=-\infty}^{-1} a_n e^{in\theta}.$$

若记 I 为 $L^2(\mathbb{T})$ 上的恒等算子,则 $I-P$ 即为 $L^2(\mathbb{T})$ 到 $H^2(\mathbb{T})$ 的正交补的投影,且

$$(I-P)f = \sum_{n=-\infty}^{-1} a_n e^{in\theta}.$$

由此可以定义 $H^2(\mathbb{T})$ 到 $H^2(\mathbb{T})$ 在 $L^2(\mathbb{T})$ 中正交补的算子.

定义 3 设 $\varphi \in L^{\infty}(\mathbb{T})$,$P$ 是 $L^2(\mathbb{T})$ 到 $H^2(\mathbb{T})$ 的正交投影,算子

$$H_{\varphi} f = (I-P)(\varphi f), f \in H^2(\mathbb{T})$$

称为**具有符号 φ 的 Hankel 算子**,φ 称为 H_{φ} 的**符号**.

由 Toeplitz 算子的定义很容易验证 $T_{\varphi} = 0$ 当且仅当 $\varphi = 0$,然而非零的符号却可

能诱导一个零 Hankel 算子,例如若 $\varphi \in H^\infty(\mathbb{T}) = \{f \in L^\infty(\mathbb{T}) \mid f$ 有 Fourier 展开式

$f \sim \sum\limits_{n=0}^{\infty} a_n \mathrm{e}^{in\theta}\}$,则 $H_\varphi = 0$. 由此可得

　　定理 3　设 $\varphi, \psi \in L^\infty(\mathbb{T})$,则 $H_\varphi = H_\psi$ 当且仅当 $\varphi - \psi \in H^\infty(\mathbb{T})$.

　　与 Toeplitz 算子不同的是,在 Hardy 空间上,存在很多紧 Hankel 算子甚至有限

秩 Hankel 算子,例如,若 $p(z) = \sum\limits_{n=0}^{k} a_n z^n$ 是多项式, $\widetilde{p}(z) = \sum\limits_{n=0}^{k} a_n \bar{z}^n$,则 $H_{\widetilde{p}}$ 是有限秩算

子(能否算出 $H_{\widetilde{p}}$ 的秩是多少?). 正由于此,Hankel 算子的一个重要问题是:对什么

样的符号 φ, H_φ 是有限秩算子或紧算子? 著名的 Kronecker(克罗内克)定理告诉

我们

　　定理 4　设 $\varphi \in L^\infty(\mathbb{T})$,则 H_φ 是有限秩算子当且仅当 φ 是 $\bar{z}$ 的多项式与

$H^\infty(\mathbb{T})$ 中函数之和.

　　紧 Hankel 算子也有特征刻画,这就是著名的 Hartman(哈特曼)定理.

　　定理 5(Hartman 定理)　Hankel 算子 H_φ 是紧算子当且仅当存在 $\varphi_1 \in H^\infty(\mathbb{T})$,

$\varphi_2 \in C(\mathbb{T})$,使得 $\varphi = \varphi_1 + \varphi_2$,其中 $C(\mathbb{T})$ 指 $\mathbb{T}$ 上的连续函数全体.

　　记

$$H^\infty(\mathbb{T}) + C(\mathbb{T}) = \{\varphi_1 + \varphi_2 \mid \varphi_1 \in H^\infty(\mathbb{T}), \varphi_2 \in C(\mathbb{T})\},$$

这是个很有趣的函数空间,我们知道,两个 $H^\infty(\mathbb{T})$ 中的函数乘积还在 $H^\infty(\mathbb{T})$ 中,

两个 $C(\mathbb{T})$ 中的函数乘积也在 $C(\mathbb{T})$ 中,直觉上两个 $H^\infty(\mathbb{T}) + C(\mathbb{T})$ 中的函数乘

积似乎不在 $H^\infty(\mathbb{T}) + C(\mathbb{T})$ 中,因为乘积中会出现 $H^\infty(\mathbb{T})$ 中函数与 $C(\mathbb{T})$ 中函数

的乘积,看起来 $H^\infty(\mathbb{T})$ 中的函数与 $C(\mathbb{T})$ 中的函数相乘未必在 $H^\infty(\mathbb{T}) + C(\mathbb{T})$

中,神奇的是,$H^\infty(\mathbb{T}) + C(\mathbb{T})$ 中两个函数的乘积仍然在 $H^\infty(\mathbb{T}) + C(\mathbb{T})$ 中,不仅如

此,$H^\infty(\mathbb{T}) + C(\mathbb{T})$ 还是 $L^\infty(\mathbb{T})$ 的闭子空间,换句话说,$H^\infty(\mathbb{T}) + C(\mathbb{T})$ 是一个代

数. 证明 $H^\infty(\mathbb{T}) + C(\mathbb{T})$ 是一个代数其实不难,只要注意到 $C(\mathbb{T})$ 中的函数可以用

多项式逼近,而对于多项式 $p(z) = \sum\limits_{n=0}^{k} a_n z^n + \sum\limits_{l=1}^{m} b_l \bar{z}^l$ 及 $\varphi \in H^\infty(\mathbb{T})$,

$$\varphi + p(z) = \left(\varphi + \sum_{n=0}^{k} a_n z^n\right) + \sum_{l=1}^{m} b_l \bar{z}^l$$

$$= \left[\left(\varphi + \sum_{n=0}^{k} a_n z^n\right) z^m + \sum_{l=1}^{m} b_l z^{m-l}\right] \bar{z}^m$$

$$= \widetilde{\varphi}(z) \cdot \bar{z}^m,$$

其中 $\widetilde{\varphi}(z) = \left(\varphi + \sum\limits_{n=0}^{k} a_n z^n\right) z^m + \sum\limits_{l=1}^{m} b_l z^{m-l} \in H^\infty(\mathbb{T})$,这说明 $\varphi + p(z)$ 可以表示成 $H^\infty(\mathbb{T})$

中函数与 $\bar{z}^m$ 的乘积,反之,$H^\infty(\mathbb{T})$ 中函数与 $\bar{z}^m$ 的乘积也可以写成 $H^\infty(\mathbb{T})$ 中函数与

多项式的和,由此可见

$$H^{\infty}(\mathbb{T})+P[\mathbb{T}]=\{\varphi+p \mid \varphi \in H^{\infty}(\mathbb{T}), p \text{ 是多项式}\}$$

是代数,通过极限过程可以证明 $H^{\infty}(\mathbb{T})+C(\mathbb{T})$ 是代数.

值得指出的是, $H^{\infty}(\mathbb{T})+C(\mathbb{T})$ 是代数这一结论在复空间 $\mathbf{C}^n$ 中单位球面情形仍然成立,然而其证明却十分复杂(它最早为 W. Rudin(鲁丁)所证明),可见单变量到多变量并非简单的推广.

Hankel 算子的定义有几种,另一种常见的定义是

定义 4 设 $\varphi \in H^{\infty}(\mathbb{T})$, J 是 $L^2(\mathbb{T})$ 到自身的算子:

$$Jf(z)=f(\bar{z}),$$

算子

$$\widetilde{H}_{\varphi} f=PJ(\varphi f), f \in H^2(\mathbb{T})$$

称为 $H^2(\mathbb{T})$ 上的 **Hankel 算子**, φ 称为 $\widetilde{H}_{\varphi}$ 的**符号**.

与 H_{φ} 不同的是, $\widetilde{H}_{\varphi}$ 是 H^2 到自身的算子, $\varphi \in H^{\infty}(\mathbb{T})$ 也不意味着 $\widetilde{H}_{\varphi}=0$,事实上,若 φ 是常数,则 $\widetilde{H}_{\varphi} \neq 0$,然而,若 $\varphi \in H^{\infty}(\mathbb{T})$ 的 Fourier 展开式中不含常数项,则可以证明 $\widetilde{H}_{\varphi}=0$,因此有下面的

定理 6 设 $\varphi, \psi \in L^{\infty}(\mathbb{T})$,则 $\widetilde{H}_{\varphi}=\widetilde{H}_{\psi}$ 当且仅当 $\varphi-\psi \in zH^{\infty}(\mathbb{T})$.

定理 6 是说, $\widetilde{H}_{\varphi}$ 与 $\widetilde{H}_{\psi}$ 相等当且仅当 φ 与 ψ 相差一个不含常数项的 H^{∞} 中的函数.

把定理 4、定理 5 中的 H_{φ} 换成 $\widetilde{H}_{\varphi}$,结论仍然成立.

Toeplitz 算子与 Hankel 算子之间有着内在的关系,事实上,由它们的定义不难验证

$$T_{\varphi} T_{\psi}-T_{\varphi\psi}=-H_{\bar{\varphi}}^* \cdot H_{\psi}.$$

7.3 复合算子

函数的复合是一种基本运算,其直观解释是一个区域经过了某种变换后,区域上的函数会发生怎样的变化,从算子的角度研究复合运算开始于 20 世纪 60 年代,人们的兴趣主要是关于复合算子的代数性质、谱性质等. 我们既可以考察 L^2 (或 L^p)空间上的复合算子,也可以考察 H^2 (或 H^p)空间上的复合算子,所不同的是,由于 H^2 空间中的函数有着丰富的结构,有关的理论工具很强大,因此解析函数空间上算子的结构更为精细,可以运用的手段更多.

定义 5 设 φ 是复平面内开单位圆盘 D 到自身的解析映射,对任意 $f \in H^2(D)$,定义算子 C_{φ} 为

$$C_\varphi f(z) = f(\varphi(z)).$$

称 C_φ 为 $H^2(D)$ 上的**复合算子**, φ 称为 C_φ 的**符号**.

　　细心的读者或许会发现,这里涉及的 Hardy 空间与 Toeplitz 算子的定义中所涉及的 Hardy 空间不同,我们知道, $H^2(\mathbb{T})$ 与 $H^2(D)$ 是等距同构的, φ 作为 D 到 D 的解析映射,其径向极限自然是存在的,即

$$\varphi^*(\mathrm{e}^{i\theta}) = \lim_{r \to 1^-} \varphi(r\mathrm{e}^{i\theta})$$

几乎处处存在,那么,可不可以利用 φ^* 定义 $H^2(\mathbb{T})$ 到自身的复合算子? 如此定义的复合算子与定义 5 本质上是否相同? 换句话说, $(C_\varphi f)^*$ 与 $f^* \circ \varphi^*$ 是否相等? 其中 $f \in H^2(D)$, $f^* \in H^2(\mathbb{T})$ 是 f 的径向极限.幸运的是,在复平面内的单位圆盘上,上述两种定义是等价的,即

$$(C_\varphi f)^* = (f \circ \varphi)^* = f^* \circ \varphi^*.$$

有意思的是,在高维复空间 $\mathbf{C}^n$ 的单位球 $B_n = \{z \in \mathbf{C}^n \mid |z| < 1\}$ 中,类似的结论不再成立,事实上,高维复空间中的复合算子比复平面内的复合算子要复杂很多,其中有许多本质不同的现象.

　　一个显而易见的事实是,两个复合算子的乘积仍是复合算子,事实上由

$$(C_\varphi C_\psi f)(z) = (C_\varphi(f \circ \psi))(z) = (f \circ \psi \circ \varphi)(z) = (C_{\psi \circ \varphi} f)(z)$$

立知

$$C_\varphi C_\psi = C_{\psi \circ \varphi}.$$

复合算子范数的计算以及代数性质是比较复杂的问题,没有一个行之有效的方法来计算复合算子的范数,只能给出一个粗略的估计.

　　定理 7　设 φ 是 D 到自身的解析映射,则 C_φ 是 $H^2(D)$ 上的有界算子,且

$$\| C_\varphi \| \leqslant \sqrt{\frac{1 + |\varphi(0)|}{1 - |\varphi(0)|}}.$$

由于 $C_\varphi 1 \equiv 1$,可见 $\| C_\varphi \| \geqslant 1$,因此,若 $\varphi(0) = 0$,则有 $\| C_\varphi \| = 1$.

　　对 $z \in D$,令 $K_z(w) = \dfrac{1}{1 - \bar{z}w}$,这个函数在 $H^2(D)$ 中充当了十分重要的角色,如第一章 §6 所说,它通常称之为 $H^2(D)$ 的**再生核函数**,该名称缘于此函数具有如下性质:

$$(f, K_z) = f(z), f \in H^2(D),$$

这里 (f, K_z) 指的是 f 与 K_z 的内积,即

$$(f, K_z) = \frac{1}{2\pi i} \int_0^{2\pi} f^*(\mathrm{e}^{i\theta}) \cdot \overline{K_z(\mathrm{e}^{i\theta})} \, \mathrm{d}\theta$$

(能否看出这个等式像什么? 是否似曾相识?).复合算子的共轭作用在再生核上还是个再生核,即有下面的

　　定理 8　设 φ 是 D 到自身的解析映射,则对任意 $z \in D$,有

$$C_\varphi^* K_z = K_{\varphi(z)},$$

其中 C_φ^* 是 C_φ 的共轭算子.

对复合算子的范数还有一个双边估计,即

定理 9　设 φ 是 D 到自身的解析映射,则

$$\frac{1}{\sqrt{1-|\varphi(0)|^2}} \leqslant \|C_\varphi\| \leqslant \frac{2}{\sqrt{1-|\varphi(0)|^2}}.$$

前面的定理 7 告诉我们,若 $\varphi(0)=0$,则 $\|C_\varphi\|=1$,上述定理则说明,若 $\|C_\varphi\|=1$,则必有 $\varphi(0)=0$,换言之,$\|C_\varphi\|=1$ 当且仅当 $\varphi(0)=0$.

善于思考的读者可能会提出这样的问题:除了复合算子的共轭能把再生核变成再生核,还有没有其他的算子能做到这一点? 下面的定理完满回答了这个问题.

定理 10　$H^2(D)$ 上的算子 A 是复合算子当且仅当 A^* 将再生核映为再生核.

与 Toeplitz 算子不同的是,Hardy 空间上存在很多的紧复合算子,事实上,只要 φ 将 D 映到 D 的某个紧子集,则 C_φ 就是个紧算子(请读者试着证明). 有关紧复合算子的更一般结论可以参考专门的著作(如 J. H. Shapiro 所著文献[12]),既然存在紧复合算子,能否计算出紧复合算子的谱呢? 有一个很有意思的结论,即

定理 11　设 φ 是 D 到自身的解析映射,C_φ 是 H^2 上的紧算子,则存在 $a\in D$,使得 $\varphi(a)=a$,且

$$\sigma(C_\varphi) = \{0\} \cup \{1\} \cup \bigcup_{k=1}^\infty \{(\varphi'(a))^k\}.$$

Toeplitz 算子、Hankel 算子及复合算子作为三个函数空间上的重要算子类各自形成了一套丰富的理论,而且迄今为止,这三类算子仍是人们广泛研究的课题,这里作点粗浅的介绍供有兴趣者参考.

习题三

1. 设 M,N 是 Hilbert 空间 H 的两个闭子空间,且 $M\subseteq N$,证明 $N^\perp \subseteq M^\perp$.

2. 设 $\{M_i \mid i\in I\}$ 是 H 的闭子空间族,证明:$\bigcap_{i\in I} M_i = [V\{M_i \mid i\in I\}]^\perp$,$[\bigcap_{i\in I} M_i]^\perp = V\{M_i^\perp \mid i\in I\}$.

3. 设 M,N 是 Hilbert 空间的子空间,$M\perp N$,$L=M+N$,证明:L 是闭子空间的充要条件是 M 与 N 都是闭子空间.

4. 设 f 是 Hilbert 空间 H 的闭子空间 M 上的有界线性泛函,则 f 在 H 上有唯一的延拓 F,使 $\|F\|=\|f\|_M$.

5. 设 A 是 l^2 上的有界线性算子,当 $x=\{x_\mu\}\in l^2$ 时,记 $A_x=\{y_\nu\}$,

$$y_\mu = \sum_{\nu=1}^\infty a_{\mu\nu} x_\nu, \quad \mu = 1, 2, \cdots.$$

设 $A^* x = \{y_\nu^*\}$，$y_\mu^* = \sum_{\nu=1}^\infty a_{\mu\nu}^* x_\nu, \mu = 1, 2, \cdots$，证明：$a_{\mu\nu}^* = \overline{a_{\nu\mu}}$.

6. 假设 S 是单侧位移算子，计算 SS^* 与 S^*S，进一步计算 $S^n S^{*n}$ 与 $S^{*n} S^n$.

7. 若 A 与 B 是自伴算子，证明 AB 是自伴算子的充要条件是 $AB = BA$.

8. 设 H 是复内积空间，$T \in B(H)$，若对任意 $x \in H, (Tx, x) = 0$，证明 $T = 0$. 在实内积空间中，该结论是否正确？

9. 设 A 与 B 是 Hilbert 空间 H 到自身的线性映射，且对任意 $x, y \in H$，有 $(Ax, y) = (x, By)$，证明：$A \in B(H)$ 且 $B = A^*$.

10. 设 H 为 Hilbert 空间，$T \in B(H)$，若对一切 $x \in H$，有 $\mathrm{Re}(Tx, x) = 0$，证明 $T = T^*$.

11. 设 P 是 Hilbert 空间 H 到闭子空间 M 上的投影算子，证明：$Px = x$ 的充要条件是 $x \in M, Px = 0$ 的充要条件是 $x \perp M$.

12. 设 P 是非零的投影算子，证明：$\|P\| = 1$.

13. 对 $P \in B(H)$，若 $P^2 = P$，称 P 为**幂等算子**. 假设 P 为幂等算子，证明下列命题等价：

（ⅰ）P 是投影算子；

（ⅱ）$\|P\| = 1$；

（ⅲ）P 是正规算子.

14. 设 $\{e_k\}$ $(k = 1, 2, \cdots)$ 是 Hilbert 空间 H 中的直交系，M 是由 $\{e_k\}$ 张成的线性子空间，证明：$\overline{M}$ 上的投影算子 P 可表示为

$$Px = \sum_{k=1}^\infty (x, e_k) e_k \quad (x \in H).$$

15. 设 P_1, P_2 为可交换的投影算子，证明：$P = P_1 + P_2 - P_1 P_2$ 也是投影算子，且 $P \geqslant P_1, P \geqslant P_2$. 当任一投影算子 Q 满足 $Q \geqslant P_1, Q \geqslant P_2$ 时，则必满足 $Q \geqslant P$.

16. 设 $\{P_n\}_{n=1}^\infty$ 是投影算子列，P 是投影算子，证明：$P_n \xrightarrow{\text{弱}} P(n \to \infty)$ 的充要条件是 $P_n \xrightarrow{\text{强}} P(n \to \infty)$.

17. 设 $\sum_{n=0}^\infty \alpha_n z^n$ 是幂级数，收敛半径为 $R, 0 < R \leqslant \infty$. 若 $A \in B(H)$ 且 $\|A\| < R$，证明：存在 $\in B(H)$，使得对任意的 $x, y \in H$，

$$(Tx, y) = \sum_{n=0}^\infty \alpha_n (A^n x, y)$$

（若 $f(z) = \sum_{n=0}^\infty \alpha_n z^n$，则算子 T 通常记为 $f(A)$）.

18. 设 A 与 T 如第 17 题, 证明: $\left\| T - \sum\limits_{k=0}^{n} \alpha_k A^k \right\| \to 0 \, (n \to \infty)$. 若 $BA = AB$, 证明: $BT = TB$.

19. 若 A 是自伴算子, 证明 e^{iA} 是酉算子.

20. 设 φ 是内积空间上的双线性泛函, 若

$$\sup_{\|x\|=1} |\varphi(x, x)| < \infty,$$

则 φ 是否有界?

21. 若 T 是紧自伴算子, 证明: 存在一实数列 $\{\mu_n\}$ 和 $N(T)^{\perp}$ 的一正规直交基 $\{e_n\}$, 使得对任意 h, 有

$$Th = \sum_{n=1}^{\infty} \mu_n (h, e_n) e_n.$$

22. 设 T 是紧自伴算子, $\{e_n\}$ 和 $\{\mu_n\}$ 如第 21 题, h 是 H 中的给定向量, 证明: 存在一向量 $f \in H$ 使 $Tf = h$ 的充要条件是 $h \perp N(T)$ 且 $\sum\limits_{n=1}^{\infty} \mu_n^{-1} |(h, e_n)|^2 < \infty$.

23. 设 $T \in B(H)$, 证明: T 是等距算子的充要条件是 $\|Tx\| = \|x\|$.

24. 若 H 是有限维的, 证明: H 上的每一个等距算子都是酉算子.

25. 设 $\{E_\lambda\}_{\lambda \in \mathbf{R}}$ 是 H 中的谱系, 对每个实数 t, 作 H 中的算子

$$U(t) = \int e^{it\lambda} \mathrm{d} E_\lambda.$$

证明: $U(t)$ 是 H 中的酉算子, 且 $\{U(t), -\infty < t < \infty\}$ 是 H 中的单参数群, 即 $U(t_1 + t_2) = U(t_1) U(t_2)$, $-\infty < t_1 < t_2 < \infty$.

26. 设 T 是正规算子, 证明: T 是单射的充要条件是 T 的值域在 H 中稠密.

27. 设 μ 是 $D = \{z \in \mathbf{C} \mid |z| < 1\}$ 上的面积测度, 定义 $A: L^2(\mu) \to L^2(\mu)$ 为

$$(Af)(z) = zf(z), \quad |z| < 1, f \in L^2(\mu).$$

找出 A 的一个非平凡的约化子空间和一个非约化的不变子空间.

28. 证明本章 §4 例 3.

29. 证明本章 §4 例 4.

30. 设 $T \in B(H)$, 证明: T 是正规算子的充要条件是存在酉算子 U 和正算子 P, 使 $T = UP$ 及 $UP = PU$.

31. 设 $T \in B(H)$ 是正规算子, $T = T_1 + iT_2$, T_1 与 T_2 为 T 的实部与虚部, 证明:

(i) $\|T\|^2 = \|T^* T\| = \|T_1^2 + T_2^2\|$;

(ii) 当 n 是正整数时, $\|T^n\| = \|T\|^n$;

(iii) 当 $\lambda \in \rho(T)$ 时, $\|(\lambda I - T)^{-1}\| = \dfrac{1}{\min\limits_{z \in \sigma(T)} |\lambda - z|}$.

参考文献

索引